귀 얇은 사람을 위한

똑똑한 음식책

AN APPLE A DAY

귀 얇은 사람을 위한

똑똑한 음식책

조 슈워츠 지음 | 김명남 옮김

바다출판사

무엇을 어떻게 먹어야 할까?

식사만큼 단순한 일도 또 없었다. 맛 좋고, 보기 좋고, 양만 많다면, 우리는 만족했다. 그런데 과학이 식사에 끼어들고서부터 갑자기 식탁에 앉는 일이 과학 실험처럼 바뀌었고, 그나마도 뭐가 뭔지 혼란스러운 실험이 되고 말았다.

생선을 많이 먹어라. 흔히 듣는 말이다. 오메가 3 지방산이 풍부한 식품이니까. 생선을 조심해라. 다른 기사는 말한다. 아무리 '좋은' 지방이 담겨 있다고 해도 PCB와 수은도 포함하고 있으니까. 버터보다 마가린에 포화지방이 적게 들었다기에 우리는 당장 마가린으로 바꿨다. 그런데 이제 와서는 마가린에 든 트랜스지방산도 포화지방만큼이나 동맥경화에 나쁘다고 한다. 콩을 먹어라. 흔히 듣는 말이다. 콜레스테롤을 낮춰 주니까. 콩을 먹지 마라. 갑상샘 기능에 영향을 미치니까. 우유를 마셔라. 칼슘이 필요하니까. 우유를 마시지 마라. 점액을 형성하니까. 커피를 마셔라. 항산화물질이 잔뜩 든 음료이니까. 커피를 마시지 마라. 혈압을 높이니까.

이른바 '전문가' 들이 권하는 세세한 금과옥조들도 있다. MSG를 멀리 하라. 아질산염으로 보존 처리한 식품을 입에 대지 마라. 아황산염도 마찬가지이다. 농약 잔류물을 경계하라. 유전자 조작 재료가 사용된 식품을 피하라. 테플론으로 코팅한 냄비에 요리하지 마라. 전자레인지도 안 된다. 설탕을 멀리 하라. 인공감미료는 꿈도 꾸지 마라!

전문가들은 이렇게 경고한다. 하지만 그 전문가들이란 대체 누구인가? 우리는 귀리, 아마씨, 망고스틴 주스, 마늘, 오레가노를 잔뜩 먹으라는 조언을 듣는다. 연구자들이 그 각각의 효능을 확인했다는 것이다. 그러나 통곡물 빵만 보더라도, 어느 날은 권장 목록에 포함되었다가, 어느 날은 빠진다. 유용한 섬유소와 비타민이 많다고 했다가, 발암물질로 추정되는 아크릴아마이드가 껍질에서 검출되었다고도 한다.

혼란스러운 영양학적 정보들로 머리가 복잡해진 나머지, 사람들은 예전의 식단으로 돌아가 버린다. 그것은 아주 좋지 않은 일이다. 영양은 정말 중요하기 때문이다. 우리의 과제는 쭉정이 정보들에서 알짜를 골라내고, '카더라' 통신이 아닌 확실한 과학에 의거하여 우리가 먹어야 할 것에 대한 현실적인 결론을 내리는 일이다.

이 일은 쉽지 않다. 인체가 지구에서 가장 복잡한 기계임을 고려하면 더욱 그렇다. 인체를 구성하는 분자적 요소들은 어마어마하게 다양하기 때문에, 컴퓨터나 의료용 스캐너나 우주선 같은 것도 단순하게 보일 정도이다. 생명이란 매 순간마다 우리 몸 모든 세포들 속에서 벌어지고 있는, 놀랍도록 복잡한 분자 활동들의 결과이다. 그 섬세한 곡예를 수행하는 분자들은 다 어디에서 왔을까? 경로의 차이가 있을지언정, 모두들 결국 우리가 먹는 음식에서 왔다.

그렇다면 식단의 조성이 우리 몸의 분자적 구성에 영향을 미칠 테고, 따라서 틀림없이 건강에도 영향을 미칠 것이다. 그런데 식단과 건강의 관계는 단순하지 않다. 음식은 화학적으로 무척 복잡한 물질이다. 사과만 보더라도 300가지 서로 다른 화합물들로 구성된다. 우리가 밥 한 끼만 먹어도 몸속에는 수천 가지 화합물들이 넘쳐나게 되는데, 그중에는 과학자들이 한 번도 분리하거나 확인하지 못한 것도 많다.

영양이 건강을 결정하는 중요한 요인인 것은 분명하지만, 음식처럼 복잡한 것을 몸처럼 복잡한 것 안에 넣었는데 그 결과를 손쉽게 예측할 수 있으리라고 기대해서는 곤란하다. 그러므로 식단 조절로 병을 고칠 수 있다는 주장은 어느 정도 회의적인 시각으로 바라보는 것이 옳다. 반면에 식단을 바꾸어 병을 예방한다는 이야기는 현실성이 있다. 다만 얼마나 현실적이냐는 것이 문제이다.

나는 1973년에 처음 화학을 가르치기 시작했을 때부터 합리적인 주장과 비합리적인 주장을 구별하는 방법을 알리는 일에 집중했다. 이 책은 영양 백과사전이 아니고, 건강한 먹을거리에 대한 완벽한 지침서도 아니다. 나는 그저 건전한 영양학적 판단을 위한 사고의 틀을 제공할 것이고, 다채로운 분자들이 뭉쳐 이루어진 식품이라는 물질을 몸에 넣을 때 우리가 어떤 문제를 걱정할 필요가 있고, 어떤 문제를 걱정할 필요가 없는지 보여 주려고 할 뿐이다.

사람들은 음식 이야기를 할 때도 음식을 고를 때만큼이나 입맛이 제각각 다르다. 어떤 사람은 특정 식품의 영양학적 가치에 관심이 있다. 어떤 사람은 항산화물질의 작용에 흥미가 지대하다. 또 어떤 사람은 식품첨가물의 안전성을 걱정한다. 독자 여러분이 이 책을 읽을 때 음식을 고르는 것처럼 까다롭게 일부만 골라 읽을지도 모른다. 그래서 나는 한 장씩 따로 읽어도 무방하도록 모든 장의 내용을 독립적으로 구성했다. 그리고 각 주제에 대하여 최신의 정보를 담도록 노력했다.

1부에서는 식품에 원래 포함되어 있는 자연적 성분들의 역할을 알아본다. 토마토, 콩, 브로콜리 속의 무엇이 몸에 좋을까? 2부에서는 사람들이 식품에 인위적으로 개입한 결과를 살펴본다. 식품첨가물이나 유전자 조작의 위험과 편익은 무엇일까? 특수한 박테리아를 식품에 뿌리는 이유는 뭘까? 3부에서는 가공 과정에서 의도치 않게 식품에 들어간 물질을 다룬다. 가령 잔류 농약, 잔류 항생제, 트랜스지방, 플라스틱에서 나온 화학물질 등이다. 어렵사리 과학적 내용을 헤쳐 나간 뒤에는 덤이 있다. 4부에서는 몇 가지 아리송한 영양학적 속설들에 대해 토론해 볼 것이다.

하나같이 구미가 당기는 주제들이다. 이제 변죽은 그만 울리고 재미있는 내용으로 어서 넘어가자.

치례

제2부 식품 조작의 득과 실

제3부 음식물에 스며든 오염물질

제4부 잘못된 속설 바로잡기

제1부

음식물이 들려주는 이야기

정말로 하루 사과 한 알이면 될까?

AN APPLE
A DAY

음식과 건강의 관계를 이야기하는 첫 주자로 사과만큼 적당한 것이 또 있을까? "하루에 사과 한 알이면 의사를 멀리 한다"는 말도 있지 않은가? 사과를 의사에게 던지면 정말로 그럴지도 모른다. 사실 세상에는 마술처럼 건강이 좋아지는 단 하나의 음식이란 없다. 좋은 식단과 나쁜 식단이 있을 뿐이다. 사과를 전혀 먹지 않고도 좋은 식단을 유지할 수 있고, 사과를 걸신들린 듯 먹고도 끔찍한 식단을 유지할 수 있다. 영양학적으로 정말 중요한 것은 우리가 먹는 모든 음식 속의 화학물질들이 어우러져 내는 종합적인 효과이다. 그렇다, 화학물질들. 독자들이 의심의 눈초리로 눈썹을 추켜올리는 모습이 눈에 선하다. '독성' 같은 형용사를 앞에 붙이지 않은 채 '화학물질'이라는 단어를 쓰는 게 낯설게 보일 수도 있겠지만, 사실 '독성 화학물질'이라는 용어는 적절한 맥락 없이 사용한다면 무의미한 말에 지나지 않는다.

살리실산[p.129]을 예로 들어 보자. 살리실산은 여러 과일과 채소에 자연적으로 존재하는 물질로, 사과에도 들어 있다. **아스피린**[p.101]이 몸속에서 대사될 때 형성되는 물질이기도 하다. 사실 아스피린의 생리학적 효력을 내주는 것이 바로 살리실산이다. 가령 아스피린이 응혈 위험을 낮추는 효과가 있는 것도 살리실산 때문이다. 그 효력 때문에 심장발작 치료에 아스피린이 쓰이고, 심장병 예방 차원에서 아스피린을 소량씩 복용하라고 하는 것이다.

"파라켈수스가 500여 년 전에 현명하게 통찰했듯이 용량이 독을 결정한다. 여기에 한마디 덧붙여도 좋겠다. 또한 용량이 치료 효과를 결정한다."

그런 살리실산도 과다하게 복용하면 치명적이다. 어린이 안전 포장이 도입되기 전에는 아스피린 중독으로 죽는 아이들이 많았다. 그러니 만약 피 검사에서 살리실산이 검출되었다면 우리는 어떻게 반응해야 할까? 독성 화학물질이 나왔다고 겁을 먹어야 할까, 심장병 예방 효과가 있겠다며 안도해야 할까? 적절한 맥락을 모르고서는 어느 쪽이 옳은 반응인지 알 수 없다는 게 정답이다. 웃어야 할지 울어야 할지 결정하려면, 혈중 살리실산 농도가 어느 정도를 넘으면 위험하고 어느 정도까지는 질병 예방 수준인지 알아야 한다. 화학물질이 존재한다는 사실만으로는 아무런 결론을 내릴 수 없다. 파라켈수스가 500여 년 전에 현명하게 통찰했듯이 "용량이 독을 결정한다." 여기에 한마디 덧붙여도 좋겠다. "또한 용량이 치료 효과를 결정한다."

그러니 음식에 든 화학물질 때문에 신경쇠약에 걸리진 말자. 세상 만물이 화학물질로 이루어졌기 때문에, 만약 화학물질이 전혀 없는 식단을 고집하고 싶다면 진공에서 식사를 해야 할 것이다. 이 점을 염두에 두고, 본격적으로 사과 속 화학물질들을 탐구해 보자. 한 가지 질문으로 시작해 보자. 여러분은 매니큐어 제거제를 식단에 포함시키고 싶은가? 소독용 알코올은? 그렇다면 사과를 드시라! 그렇다. 사과에는 아세톤과 아이소프로판올이 들어 있다. 별로 유독하게 들리지 않는다면, 덤으로 사이아나이드를 떠올려도 좋다. 그것도 들어 있다. 사람이 아니라 자연이 사과에 넣어 둔 물질들이다. 그러면 우리는 사과를 먹

"남성 805명의 5년간 플라보노이드 섭취량을 계산한 결과, 폴리페놀 섭취량이 심장병 사망률과 반비례했다. 폴리페놀의 주 공급원은 차, 양파, 사과였다."

을지 말지 걱정해야 하나? 물론 아니다. 이 화학물질들은 양이 너무 적어서 아무 영향을 미치지 못한다. 앞서 말했듯이 사과에는 300가지가 넘는 자연 화합물들이 들어 있고, 사과가 건강에 미치는 영향은 그 화합물들 모두가 기여한 결과이다. 그런데 과학자들은 그중 폴리페놀이라는 화합물에 특히 관심을 보인다. 왜? **폴리페놀**p.296이 강력한 항산화물질이기 때문이다.

최근 몇 년 동안 항산화물질에 대해 쏟아진 온갖 찬사를 들어보지 못한 사람이 있다면, 틀림없이 정육점에서 많은 시간을 보내는 사람일 것이다. 채소에 들어 있는 이 칭송 받는 물질은 자유 라디칼을 중화시킨다. **자유 라디칼**p.123은 우리가 산소를 들이마실 때 몸속에서 생성되는 고약한 분자 조각이다. 인간은 산소 없이 살 수 없지만 산소를 마시는 대가를 치러야 하는데, 질병, 결국에는 죽음이 그 대가이다. 체세포들이 소비하는 산소의 2~3퍼센트쯤이 자유 라디칼로 바뀌고, 이들은 반응성이 너무 높아서 다른 분자들을 마구 뜯어낸다. 그 피해를 입는 대상이 단백질, 지방, 핵산 같은 필수 생분자들이라면 그 결과로 심장병이나 암이나 치매가 온다. 평범한 노화 과정 역시 자유 라디칼이 입히는 손상 때문이라는 설도 있다.

항산화물질은 과잉 자유 라디칼을 쓸어내는 능력이 있기 때문에, 과학적으로 진지하게 연구할 가치가 있다. 그런데 식물에 든 항산화물질의 종류가 무척 다양하다는 것이 연구의 난점이다. 사람들이 가장 주목한 대상은 비타민 C, 비타민 E, 카로테노이드이지만, 사실 채소의 항산화 기능은 대부분 폴리페놀 덕분이다. 폴리페놀은 엄밀히 말해 서로 관련이 있는 여러 종류의 분자 족들을 가리키는 용어로, 플라보노이드, 안토사이아닌, 칼콘, 하이드록시신나메이트 등을 포함한다. 나아가 각각의 분자 족이 몇몇 분자구조적 공통점들로 인해 서로 연관관계에 있는 많은 화합물들로 구성되기 때문에, 상황이 더 복잡하다. 이런 항산화물질들은 분자구조가 각기 다르기 때문에 항산화 효능도 다 다르다. 그렇다면 우리는 각종 음식에 폴리페놀이 얼마나 들어 있는지 알아야 하고, 어떤 물질의 효력이 가장 뛰어난지도 알아야 할 것이다.

폴리페놀 유행에 냉큼 편승하기에 앞서, 필수적인 질문을 하나 던져 보자. 음식 속 폴리페놀이 몸에 좋다는 증거가 있는가? 화학물질이 시험관에서 자유 라디칼을 중화시킨다는 것과 몸에서 암이나 심장병을 예방한다는 것은 서로 다른 말이다. 폴리페놀이 건강을 증진한다는 가능성을 처음 보여 준 연구는 1993년에 《랜싯》에 발표되었다. 네덜란드의 과학자들은 다양한 식품들 속 **플라보노이드**p.23의 양을 측정하고, 65세에서 84세 사이의 남성 805명에게 설문을 실시하여 각자의 플라보노이드 섭취량을 계산한 뒤, 5년 동안 그들을 관찰했다. 그 결과, 흡연 여부, 몸무게, 콜레스테롤 수치, 혈압, 육체적 활동량, 비타민과 섬유소 섭취량 같은 요인들을 보정한 뒤에도 폴리페놀 섭취량이 심장병 사망률과 반비례했다. 조사 대상들이 주로 폴리페놀을 얻은 공급원은 차, 양파, 사과였다. 하루에 사과 한 알이 정말로 차이를 빚어낸 것이다.

폴리페놀에 항암 효과가 있다는 증거도 있다. 코넬 대학교 과학자들이 **대장암**p.77 및 간암 세포에 사과 추출물을 가했더니 암 세포 확산이 억제되었다. 사과 속살보다는 껍질의 추출물이 효능이 더 좋았다.

연구진은 또 사과가 유방암 예방에도 좋을지 모른다는 사실을 알아냈다. 연구진은 쥐에게 유방암 유발 물질을 가한 뒤, 사람이 하루에 사과를 한 알, 세 알, 여섯 알 먹는 것과 맞먹는 양의 사과 추출물을 먹였다. 그랬더니 **유방암**p.67 발생률이 각각 17퍼센트, 39퍼센트, 44퍼센트 감소했다.

암이 발생한 후라도 꾸준히 사과를 먹으면 증식이 차단되었고, 여섯 달 뒤에는 종양의 수가 25퍼센트 줄었다. 고작 하루에 사과 한 알로 말이다. 연구자들은 암을 조사하는 데서 그치지 않았다. 쥐들의 뇌세포를 케르세틴이라는 특정 폴리페놀에 노출시켰더니, 뇌세포들이 산화로 인한 손상을 더 잘 견뎠다. 이는 알츠하이머병 같은 뇌 질환의 발병 위험을 낮출 수 있을지도 모른다는 뜻이다. 사우스플로리다 대학교 연구진에 따르면 과일이나 채소 주스를 주 3회 이상 마시는 노인들은 주 1회 미만으로 마시는 노인들보다 알츠하이머병 발병 위험이 현저하게 낮았다.

케르세틴p.103이 실험실에서 사람의 전립샘암 세포 성장을 억제한다는 연구도 있고, 케르세틴 섭취량이 폐암 발병률에 반비례한다는 연구도 있다. 케르세틴은 항산화 효능이 굉장히 강하기 때문에 그럴 만도 하다. 그 케르세틴이 다른 폴리페놀들과 함께 사과 속에 들어 있는 것이다. 하지만 사과에 마술적 지위를 부여하기 전에, 항산화 능력이 더 뛰어난 식품들이 있다는 사실을 명심하자. 강낭콩, 블루베리, 크랜베리는 1회 섭취 분량당 항산화 능력이 사과보다 높다. 오레가노의 항산화 능력은 사과의 40배이다. 그러나 우리에게 중요한 것은 전체 폴리페놀 섭취량이다. 솔직히 말해서 매일 사과를 챙겨 먹는 게 강낭콩을 챙겨 먹는 것보다 쉽지 않은가.

항산화물질을 섭취할 때 중요하게 생각해야 할 점은 다양성이다. 과일과 채소를 다양하게 먹을수록 건강에 좋은 항산화물질들을 더 여러 종류로 섭취할 가능성이 높다. 하루 폴리페놀 섭취 목표량은 1그램쯤으로 잡으면 좋다고 한다. 품종에 따라 다르긴 하겠지만 사과 한 알이 제공하는 폴리페놀 양은 대체로 100에서 300밀리그램이다. 하루에 사과를 두 개씩 먹는 것은 아주 좋은 생각이다. 혹시 누군가가 사과에 방부처리액이 들어 있다면서 겁을 준다면, 자연적으로 생성되는 미량의 폼알데하이드로 인한 악영향은 폴리페놀의 편익으로 상쇄되고도 남는다고 반박하라. 사과를 먹자. 그러면 장의사가 우리에게 방부처리액을 쓰는 그날을 한참 뒤로 미룰 수 있을 것이다.

토마토와 전립샘암의 관계

TOMATOES and LYCOPEN

과학자들은 토마토의 붉은색을 내는 리코펜이라는 화합물에 상당히 들떠 있다. 일반인들도 그렇다. 잡지 광고며 건강용품점의 유혹적인 판촉에 힘입어, 리코펜 보충제가 불티난 듯 팔리고 있다. 특히 **전립샘암**p.123을 걱정하는 남성들이 많이 산다.

리코펜p.282이 전립샘암에 어떤 영향을 미치기에 그럴까? 토마토 제품을 많이 먹는 남자들은 전립샘암 발병률이 낮다는 연구 결과들이 있다. 하버드 대학교 보건대학원의 조사를 보면, 토마토를 재료로 한 식품을 주당 10회 이상 먹는 남자들은 전립샘암 발병률이 45퍼센트 낮았다. 사람들이 가장 많이 먹는 토마토 식품은 스파게티 소스였고, 생토마토나 토마토 주스보다는 익힌 토마토가 예방 효과가 더 뛰어났는데, 그것은 토마토 세포에 든 리코펜 같은 영양소들이 열을 받을 때 빠져나오기 때문인 듯하다. 게다가 소스를 만들 때는 흔히 올리브유를 함께 쓰는데, 리코펜은 지용성이기 때문에 그러면 흡수가 더 잘 된다. 또 소스는 농축식품이라서 생토마토에 비해 그램당 영양소 함량이 높을 수밖에 없다.

리코펜이 체내 생물학적 활성이 높은 이유가 있다. 애초에 토마토가 제 건강을 지키는 데 리코펜을 쓰기 때문이다. 리코펜은 산소나 빛으로 인한 손상으로부터 과일의 씨를 보호한다. 리코펜은 자외선을 흡수하고, 산소 노출로부터 생겨난 자유 라디칼들을 중화시키는 항산화 작용을 한다. 물론 토마토에는 리코펜 외에도 다른 화합물들이 많다.

"하버드 보건대학원의 조사를 보면, 토마토를 재료로 한 식품을 주당 10회 이상 먹는 남자들은 전립샘암 발병률이 45퍼센트 낮았다."

다른 모든 식물과 마찬가지로 토마토도 화학적으로 몹시 복잡한 물질이고, 수백 가지 다양한 화합물들을 담고 있다. 그렇다면 리코펜이 그중 가장 중요한 성분일까? 오하이오 주립대학교의 과학자들은 이 점을 확인해 보기로 했다.

사람에게 암을 일으킨다는 것은 상상조차 할 수 없는 일이므로, 연구진은 쥐를 쓰기로 했다. 쥐는 인간의 전립샘암을 연구하기에 매우 알맞은 모형이다. 연구진은 **테스토스테론**p.303과 N-메틸-N-나이트로소우레아를 섞은 발암물질을 써서 약 200마리의 쥐들에게 전립샘암을 일으켰다. 그 후 일부에게는 토마토 가루를 섞은 먹이를 주었고, 일부에게는 리코펜을 섞은 먹이를 주었다. 절대적인 리코펜 섭취량은 리코펜 먹이 집단이 토마토 가루 집단보다 많았다. 그래서 이 실험의 결과는 놀랍게 느껴질 수밖에 없었다. 순수 리코펜 추출물을 먹은 쥐들의 전립샘암 사망률이 현저하게 높았던 것이다!

결과를 해석하자면, 토마토에는 리코펜 외에도 예방 효과가 있는 다른 물질들이 더 들어 있어서, 통째로 먹는 것은 바람직하지만 일부 요소만 분리한 것은 유익하지 않을지도 모른다는 뜻이다. 이 실험은 쥐를 대상으로 한 것이었지만 우리에게도 다음과 같은 메시지를 준다. 균형 잡힌 식단을 유지하고, 채소와 과일을 많이 먹자. 왜냐하면 지름길은 없을지도 모르기 때문이다.

이 연구에서 의미심장한 발견이 하나 더 밝혀졌다. 연구진은 각 집단의 쥐들 중 일부에게는 칼로리 제한 식단을 시행해 보았다. 이 쥐들은 원하는 만큼 양껏 먹은 다른 쥐들보다 칼로리를 20퍼센트쯤 적게 섭취했다. 어떻게 되었을까? 배를 곯은 쥐들이 내키는 대로 먹은 쥐들보다 더 오래 살았고, 전립샘암도 걸리지 않았다. 소식만 해도 전립샘암을 예방할 수 있는 것이다. 이 연구가 우리에게 주는 종합적인 메시지는 무엇일까? 칼로리 섭취량을 줄이고, 토마토 제품을 많이 먹으라는 것이다. 게다가 토마토 제품은 심장에도 좋을지 모른다. 이탈리아에서 수행된 다른 흥미로운 연구를 보면 그런 결론을 끌어냄 직하다.

상상해 보자. 심장발작 때문에 입원을 했더니, 의사가 피자를 얼마나 자주 먹느냐고 물어본다. 이것은 가상의 상황이 아니라 현실에서 있었던 일이다. 이탈리아 밀라노에 있는 어느 병원 의사들은 1995년에서 1999년 사이에 심장발작 환자 507명과 다른 이유로 입원한 환자 478명에게 그런 질문을 던졌다. 이탈리아 음식이 심장질환에 어떤 역할을 하는지 밝히기 위해서였다. **지중해 식단**p.172이 몸에 좋다고 입에 침이 마르게 칭찬하는 이야기는 다들 들어보았을 것이다. 과학자들은 그중에서도 특히 피자가 심혈관계 질환에 예방 효과가 있는지 알아보려고 한 것이었다.

환자들은 생활 습관과 식단에 관해 의사들과 인터뷰를 했다. 78가지 식품들을 얼마나 자주 먹는지 기록하는 설문지도 작성했다. 그 설문지를 바탕으로 해서 연구진은 환자들을 피자를 먹지 않는 집단, 가끔 먹는 집단(한 달에 한 번에서 세 번), 자주 먹는 집단(일주일에 한 번 이상)으로 나누었다. 분석 결과, 심장발작 환자들은 대조군에 비해서 운동을 적게 했고, 담배를 많이 피웠고, 커피를 많이 마셨고, 술은 덜 마셨다. 여기까지는 별로 놀랄 내용이 없었다. 그들은 또 고혈압 병력이 있을 때가 많았고, 더 많은 칼로리를 섭취했고, 과일과 채소는 적게 먹었다. 여기까지도 놀랄 내용은 없었다. 그런데 피자 먹는 습관을 들여

"피자를 자주 먹는 집단이 전혀 먹지 않는 집단보다 심장발작 위험이 40퍼센트 더 낮았다! 하지만 여기에서 말하는 피자는 이탈리아식 피자이지, 미국식 피자가 아님을 명심하자."

다보니 놀라운 점이 드러났다.

피자를 자주 먹는 집단이 전혀 먹지 않는 집단보다 심장발작 위험이 40퍼센트 더 낮았던 것이다! 왜 그런지는 아직도 미스터리이다. 피자를 자주 먹는다는 것은 지중해 식단을 따른다는 증거인지도 모르고, 지중해 식단은 북아메리카의 통상적인 식단보다 지방이 적어서 그런지도 모른다.

다만 여기에서 말하는 피자는 이탈리아식 피자이지, 미국식 피자가 아님을 명심하자. 치즈를 이중으로 깔고, 도우에도 치즈를 채우고, 페퍼로니를 산처럼 쌓고, **트랜스지방**p.310 가득한 쇼트닝 덩어리를 여기저기 묻힌 그런 피자가 아니다. 얇은 도우에, **올리브유**p.63와 치즈로만 간을 하고, 신선한 토마토소스를 듬뿍 얹은 피자를 말한다. 어쩌면 이 피자 미스터리의 해답은 무엇을 먹느냐가 아니라 무엇을 먹지 않느냐에 있는지도 모른다. 피자 때문에 고지방의 햄버거나 **감자튀김**p.296이 식단에서 밀려난 것인지도 모른다.

연구에서 말한 피자 한 끼 분량은 200그램이었고, 자주 먹는다고 한 사람도 평균적으로 일주일에 500그램 정도만 먹었다는 점을 기억하자. 정말로 피자가 다른 고칼로리 식품들을 식단에서 몰아냈는지도 모르고, 아니면 토마토 씨 주변에 있는 노란색 덩어리가 열쇠인지도 모른다. 그 액체 속에는 **플라보노이드**p.96가 들어 있는데, 플라보노이드는 응혈 방지 기능이 있으므로 적어도 이론적으로는 심장발작 위험을 낮출 수 있다.

프룻플로우를 만드는 회사는 분명히 그렇다고 생각하는 모양이다. 그 회사는 토마토 추출액 특허 제품인 프룻플로우를 각종 음료에 섞어 마시면 심혈관계 건강을 증진할 수 있다고 주장한다. 실험에 따르면 프룻플로우를 탄 주스를 마신 대상자 220명 가운데 70퍼센트가 혈액이 '덜 끈끈하게' 되었고, 그 효과는 18시간 지속되었다. 보통의 토마토 주스도 비슷한 효과를 냈다. 이 효과는 장거리 비행 시에 특히 유용하다. 비행기 좌석처럼 좁은 공간에서 장시간 꼼짝 않고 앉아 있으면 다리에 혈전이 형성되기 쉽고, 혈전이 심장이나 폐로 이동하면 끔찍한 결과를 낳을 수 있다.

깊은정맥혈전증이라는 이 현상은 자칫 목숨을 위협할 수도 있다. 그러니 장거리 비행을 할 때에는 토마토 주스를 (보드카는 빼고) 잔뜩 마시는 게 좋겠다(두 음료를 베이스로 한 '블러디 메리' 칵테일이 있다—옮긴이). 프룻플로우 외에도 효과를 검증 받은 토마토 추출액 제품들이 몇 있다. 이스라엘 과학자들은 리코마토라는 영양보조제를 조사해 보았다. 토마토 네 개 분량에 해당하는 영양소를 (흡수를 돕기 위한 약간의 지방과 함께) 캡슐에 담은 제품인데, 조사 결과 이 것은 경미한 수준의 고혈압 증상을 상당히 완화시켜 주었다. 음, 토마토와 지방이라…… 피자를 굽자! 그리고 꼭 브로콜리를 얹어 만들자!

일리노이 대학교의 영양학 교수 존 에드먼은 사람의 전립샘암 세포를 이식 받은 쥐들에게 건조 토마토 가루를 10퍼센트 함유한 식단, 브로콜리 가루를 10퍼센트 함유한 식단, 둘 다 함유한 식단을 나누어 먹였다. 또 다른 집단에게는 리코펜 보조제를 먹였고, 또 다른 집단은 거세를 시켰다. 22주가 지난 뒤에 전립샘암 치료 효과를 확인해 보았더니, 토마토와 브로콜리를 둘 다 먹은 집단이 종양 크기가 가장 많이 줄었다. 이것은 동물 실험이었으므로 시험관 실험보다 의미가 크다. 더욱 중요한 점은, 종양 축소에 필요한 브로콜리와 토마토의 양이 우리가 음식을 통해 정상적으로 섭취할 만한 양이었다는 사실이다.

쥐들이 먹은 양을 사람의 기준으로 바꿔 보면 매일 브로콜리 한 컵 반, 신선한 토마토 두 컵 반이나 토마토소스 한 컵을 먹는 것이 된다. 그 정도만 섭취하면 전립샘 종양 성장을 효과적으로 저지할 수 있고, 아마 발병률도 낮아지리라는 것이다. 어째서 브로콜리와 토마토를 따로 먹을 때보다 함께 먹을 때 효과가 더 좋은지는 모르겠지만, 식품 속 화합물들이 암을 억제하는 방법은 워낙 여러 가지이니, 어쩌면 독성 제거 효소들을 자극할 수도 있고, 세포사를 유발할 수도 있다. 장차 브로콜리 맛 케첩 시장이 유망할지도 모르겠다.

토마토를 먹으면 건강은 물론, 외모도 좋아질지 모른다. 리코펜은 지용성이라서 지방 조직에 축적된다. 가령 피하지방층 같은 데에 쌓인다. 이 분자는 자외선을 효과적으로 흡수하기 때문에 햇볕에 의한 피부 손상을 어느 정도 막아 준다. 영국의 두 피부과 전문의가 BBC 텔레비전 프로그램 〈음식에 관한 진실〉에서 이 가설을 시험해 본 적이 있다. 의사들은 과학을 위해 기꺼이 맨살을 드러내겠다는 20세에서 50세 사이의 여성 23명을 모집한 뒤, 그들을 자외선에 노출시켰다.

자원자들 가운데 절반은 리코펜을 토마토 페이스트 세 티스푼에 해당하는 16밀리그램씩 매일 먹었다. 지용성인 리코펜의 흡수를 돕고자 올리브유도 10그램씩 곁들여 먹었다. 나머지 여성들은 올리브유만 먹었다. 그밖에는 두 집단의 식단이 같았다. 결과는? 리코펜 집단이 피부 붉어짐이나 DNA 손상이 적었다. 토마토 페이스트를 좋아하지 않는다면 토마토 주스 한 잔이나 토마토 수프 한 컵도 괜찮다. 하지만 생토마토로 같은 효과를 보려면 매일 적어도 6개쯤은 먹어야 한다.

이런 흥미로운 연구들에 힘입어, 토마토 제품 제조사들은 자기 제

"하나의 '슈퍼 푸드'나 '슈퍼' 물질이라는 개념은 결코 과학적이지 않다. 한 가지 음식이나 보조제만 먹는 것은 정답이 될 수 없다."

품에 건강식 딱지를 붙이게 해달라고 미국 식품의약국(FDA)에 청원했다. 콩이나 **귀리**[p.79]를 포함하는 제품들은 콜레스테롤 저감 딱지를 붙일 수 있고, 칼슘 보조제는 골다공증 위험 저감 딱지를 붙일 수 있는데, 토마토 제품이라고 암 발생 저감 딱지를 붙이지 말란 법이 없지 않은가? FDA는 발암률 감소를 뒷받침하는 증거가 부족하다고 판단했지만, 토마토가 건강에 이롭다는 사실은 인정했기 때문에 다음과 같은 공지를 붙여도 좋다고 허락했다. "극히 제한적이고 예비적인 단계이긴 하지만, 토마토나 토마토소스를 매주 반 컵에서 한 컵씩 먹으면 전립샘암 위험이 낮아진다는 과학적 연구가 있습니다. 하지만 아직은 이 주장을 뒷받침하는 과학적 증거가 부족하다는 것이 FDA의 결론입니다." 물론 토마토 제품 제조사들은 FDA의 요건이 너무 엄격하다고 생각한다. 리코펜에 관한 증거가 이미 충분하기 때문에 더 강하게 주장해도 문제가 없다고 생각한다.

미국 국립암연구소와 프레드허친슨 암연구센터의 과학자들은 FDA의 회의적 시각에 동의한다. 리코펜이 정말 암을 예방한다면, 혈중 리코펜 농도가 높은 사람은 암 발생률이 낮아야 할 것이다. 하지만 그렇지 않은 듯하다. 과학자들은 전립샘암 병력이 없는 55세에서 74세 사이 남성 2만 8000명 이상을 추적해 보았다. 8년의 추적 기간 동안 1320명이 전립샘암 진단을 받았는데, 혈중 리코펜 농도와 발병 사이에는 아무런 연관관계가 없었다.

물론 이 연구가 토마토 논쟁에 막을 내리진 못할 것이다. 토마토 섭취와 암 예방의 연관관계를 보여 주었던 기존의 연구들을 그리 간단히 기각해 버릴 수는 없다. 토마토는 화학적으로 복잡한 식품이고, 리코펜 외에도 수많은 화합물들을 포함하고 있다는 사실을 기억하자. 그 다른 화합물들 역시 단독으로든 리코펜과 상호 작용해서든 항암 물질로 기능할 수 있을 것이다. 우리가 정말 중요하게 여겨야 할 점은, 하나의 '슈퍼 푸드'나 '슈퍼' 물질이라는 개념은 과학적으로 지지될 수 없다는 사실이다. 암 예방 잠재력을 지닌 여러 화합물들은 각종 채소, 과일, 통곡물에 널리 들어 있다. 한 가지 음식이나 보조제만 먹는 것은 답이 아니다. 유익한 화학물질들을 포함한 여러 식품들을 고루 먹는 것이 관건이다. 물론 토마토 제품도 말이다.

어쩌면 미래에는 정말 유익한 리코펜 보조제가 나올지도 모르지만, 좌우간 현재로서는 보조제가 토마토 제품들보다 유효하다는 확실한 증거는 없다.

크랜베리의 요로감염 예방 효과

CRANBERRY EFFECT

크랜베리와 칠면조는 궁합이 잘 맞는다. 크랜베리와 사람도 마찬가지이다. 오해는 하지 말자. 나는 식인 풍습을 제안하려는 게 아니다. 크랜베리가 우리 건강에 이로운지 과학적으로 살펴보자는 말을 하려는 것이다.

크랜베리 주스라고 하면 '요로감염'이라는 말이 단번에 머리에 떠오른다. 요로가 세균에 감염되어 자주 소변이 마렵고 따끔따끔한 경험을 한 사람이 적지 않을 것이다. 요즘은 항생제로 문제를 해결하지만, 옛날 사람들은 어떻게 했을까? 요로에 '물을 흘려 씻어내는 것'이 논리적인 접근법인 듯했다. 그야말로 온갖 음료들이 시험되었을 테지만, 1800년대 중반까지 민간의학 책들이 가장 권했던 것이 바로 크랜베리 주스였다. 크랜베리 주스로 효험을 보았다는 증언들이 등장했고, 크랜베리는 요로감염 치료제 및 예방제로서 확고한 명성을 쌓아 갔다.

요로감염의 원인이 박테리아라는 것이 알려지자, 과학자들은 크랜베리 주스가 어떤 메커니즘을 통해서 진정 효과를 주는지 밝혀내려고 애썼다. 크랜베리가 소변을 산성화하여 박테리아가 살지 못하는 환경으로 만든다는 가설도 있었고, 성분 중 한 가지인 마뇨산이 항생 작용을 한다는 설도 있었다. 하지만 크랜베리가 실제로 효과가 있다는 사실을 확인하기 전에 왜 그런지부터 밝히려고 하는 것은 주객이 전도된 상황이었다.

마침내 1994년, 하버드 과학자들이 임상 실험을 통해 효능을 확인해 보기로 했다. 연구자들은 나이 든 여성 153명을 모집한 뒤, 절반에게는 크랜베리 주스를 매일 285밀리리터씩 마시게 하고, 나머지에게는 비슷하게 보이지만 크랜베리가 들어가지 않은 주스를 마시게 했다. 그 후 여성들의 소변 속 박테리아 농도를 측정하여 감염 위험을 평가했더니, 크랜베리 주스를 마신 여성들은 마시지 않은 여성들에 비해 요로감염 확률이 58퍼센트나 낮았다. 뒤이어 밝혀진 바에 따르면 그 효과는 소변의 산성 때문도, 마뇨산의 항생 효과 때문도 아니었다. 박테리아가 요로 내벽에 달라붙지 못하도록 막는 화합물들이 있었다.

박테리아는 요로 내벽 조직에 달라붙어 영양소를 쉽게 구하기 위해서 부착제 역할을 하는 분자들을 내놓는다. 이 분자들은 내벽 상피세포에 있는 특정 수용체들에 꼭 들어맞는다. 1994년에 예일 대학교 연구진이 교묘한 실험을 통해 밝혀낸 바에 따르면 크랜베리 화합물들은 이 수용체를 차단한다. 연구진은 실험 참가자들의 소변을 채취한 뒤에 크랜베리 주스 115밀리리터를 마시게 하고, 그로부터 4시간에서 6시간 뒤에 다시 소변을 채취했다. 그런 뒤, 요로감염의 주범으로 종종 기능하는 **대장균**p.277을 소변에서 배양시켜 보았다.

아울러 주스 230밀리리터를 마시게 하는 실험도 병행했다. 연구진이 사람의 방광 내벽 세포를 배양한 후에 그 소변 표본들 속에 넣었더니, 놀랍게도 크랜베리 주스를 마신 여성의 소변에서는 대장균들이 방광 세포에 잘 붙지 못했다. 게다가 주스를 더 많이 마셨을 경우에 박테리아의 부착력이 더 떨어졌다. 주스 속의 어떤 성분이 이런 효과를 내는지는 정확하게 파악되지 않았지만, 아마도 프로사이아니딘이라는 삼량체 분자가 요인인 듯하다.

프로사이아니딘의 능력은 요로감염 예방 이상인지도 모른다. 위궤양은 대개 **헬리코박터 파일로리**p.95 박테리아에 감염됨으로써 발생하는데, 프로사이아니딘은 이 박테리아도 막아 주는 듯하다. 중국 과학자

"크랜베리는 박테리아가 치아에 달라붙는 것을 막음으로써 충치도 예방하는 듯하다. 연구진이 사기질의 재료인 수산화인회석에 크랜베리 주스를 발라 보았더니, 실제로 박테리아 부착이 상당히 방지되었다."

들이 헬리코박터 감염률이 높은 인구를 골라서 위약 대조군을 설정한 이중맹검 실험을 수행한 적이 있었다. 참가자 97명에게 90일 동안 크랜베리 주스 500밀리리터를(두 컵이 조금 넘는다) 매일 마시게 하고, 다른 92명에게는 위약을 주었다. 그랬더니 주스를 마신 집단에서는 헬리코박터균이 근절된 사람이 14명 나왔지만 위약 집단에서는 다섯 명에 불과했다. 이것은 세상을 뒤흔들 만큼 놀라운 차이는 아니지만 의미 있는 수준임은 분명하다. 요즘은 항생제에 대한 내성이 갈수록 가중되는 상황이라 더욱 그렇다.

크랜베리는 스트렙토코쿠스 뮤탄스 박테리아가 치아에 달라붙는 것을 막음으로써 **충치**p.185도 예방하는 듯하다. 이 박테리아는 당을 소화해서 산으로 바꿈으로써 치아의 사기질을 부식시키는 주범이다. 로체스터 대학교 연구진이 사기질의 재료인 수산화인회석에 크랜베리 주스를 발라 보았더니, 실제로 박테리아 부착이 상당히 방지되었다. 하지만 크랜베리 주스로 입을 헹구라고 권하는 사람은 없다. 왜냐하면 시판되는 주스들에는 설탕이 잔뜩 들어 있어서 오히려 치아에 나쁘기 때문이다. 설탕은 물론 몸에도 좋지 않지만, 순수한 크랜베리 주스는 너무 시어서 마실 수가 없다. 그렇기 때문에 과학자들은 크랜베리 속의 핵심 성분을 분리해서 캡슐로 만들려고 애쓰고 있다.

크랜베리의 효과는 박테리아를 막는 것 이상일지도 모른다. 웨스턴온타리오 대학교 연구진은 암컷 생쥐 24마리에게는 정상적인 먹이를 주고, 다른 24마리에게는 물 대신 크랜베리 주스를 마시게 하고, 또 다른 24마리에게는 먹이의 1퍼센트를 크랜베리 고형물질로(주스를 짜낸 뒤에 남은 물질) 채운 식사를 12주 동안 공급했다. 그러고 나서 일주일 뒤에 사람의 유방암 세포 100만 개를 쥐들의 젖샘에 주입했다. 이 생쥐들은 유전자 조작에 의해 면역계가 억제된 특수한 계통들이었기 때문에 곧 모두 암에 걸렸다.

그런데 주스를 마신 쥐들은 보통의 먹이를 섭취한 쥐들보다 2주 늦게 종양을 발생시켰고, 크랜베리 고형물질을 먹은 쥐들은 4주 늦게 문제를 일으켰다. 부검을 해보니 크랜베리를 섭취한 쥐들은 폐나 림프절로 번진 종양의 수가 절반 이상 적었다. 좋은 소식을 더 듣고 싶은가? 프린스에드워드아일랜드 대학교 연구진에 따르면 크랜베리는 뇌졸중으로 인한 뇌 손상도 예방해 줄지 모른다.

벌써 크랜베리 주스 잔으로 손이 가 있는 독자들이 있겠으나, 단점도 들어봐야 하지 않겠는가? 크랜베리에 든 화합물질들은 몇몇 의약품의 분해를 담당하는 효소들을 훼방하는 듯하다. 쿠마딘(널리 쓰이는 '혈액 희석제')을 복용하는 사람이 크랜베리 주스를 마시고 출혈을 일으켰다는 사례가 몇 차례 보고되었다. 쿠마딘을 복용하는 사람은 안전을 위해서 크랜베리 주스 섭취를 제한하는 게 좋다. 한 가지 더. 남성들이 어떤 냄새에 성적으로 흥분하는지 조사한 결과, 라벤더와 호박파이 냄새를 섞은 것이 가장 유혹적으로 느껴진다는 결과가 나왔다. 가장 유혹적이지 않은 냄새는? 크랜베리였다.

콜레스테롤 수치를 낮추는 자몽

GRAPEFRUIT
and
CHOLESTEROL

자몽 생산자들은 웃어야 할지 울어야 할지 모를 판이다. 자몽을 먹거나 주스로 마시면 혈중 콜레스테롤 농도가 낮아진다는 증거가 있는 반면, 자몽이 고콜레스테롤에 처방되는 일부 스타틴 약제들을 비롯하여 몇몇 약물들의 효능을 방해한다는 심란한 연구 결과도 있다. 이 얼마나 난감한 상황인가. 주스와 약 중에서 하나를 포기해야 할까? 게다가 자세한 상황은 겉보기보다 훨씬 복잡하다.

"우리는 에탄올과 약물의 상호 작용을 조사하던 중, 감귤류 주스가 몇몇 약물들의 생체이용률을 현저하게 높일 수 있다는 사실을 우연히 발견했다." 1991년 세계 최고 권위의 의학 잡지인 《랜싯》에 실린 어느 논문의 서두이다. 웨스턴온타리오 대학교의 데이비드 베일리 박사 연구진은 혈압강하제 펠로디핀이 알코올과 상호 작용을 하는지 조사했다.

연구진은 이중맹검 기법을 써서 일부 피험자들에게는 약물과 알코올을 함께 먹이고, 일부에게는 약물만 먹여 보기로 했다. 그러자면 알코올의 맛을 숨겨야 했고, 이런저런 실험 끝에 자몽 주스가 제격이라는 결론이 나왔다. 그런데 알코올은 아무런 영향을 미치지 못한다는 결론이 나온 한편, 두 집단 모두 혈중 펠로디핀 농도가 예상보다 세 배 높게 나타났다. 베일리 박사는 뭔가가 있다고 직감했다. 그리고 박사는 도전을 좋아하는 사람이었다. 그는 캐나다 사람으로는 최초로 1마일을 4분 안에 주파해 낸 사람이 아니었던가!

이 열성적인 과학자는 스스로 모르모트가 되기로 했다. 그는 하루는 펠로디핀을 물로 삼키고, 다음 날은 자몽 주스로 삼켰다. 그리고 매번 피를 뽑아서 약물 농도를 검사했다. 사실 굳이 검사 결과를 기다리지 않아도 '자몽 효과'가 명백했다. 약을 자몽 주스와 함께 먹은 뒤에는 현기증이나 몽롱한 느낌 같은 전형적인 저혈압 징후들이 드러났다. 펠로디핀을 자몽 주스와 함께 먹으면 혈압 강하 효과가 예상보다 훨씬 크게 나타나는 게 분명했다.

뒤따라 많은 질문들이 떠올랐다. 자몽 주스는 어떤 메커니즘을 통해서 약의 효력을 증강시킬까? 다른 주스들도 이런 효과를 낼까? 다른 약물들과의 상호 작용은 어떨까? 주스를 약과 함께 마시지 않고 하루 중 다른 때에 마시면 어떨까? 이 발견에는 희망적인 전망이 있을까? 약을 자몽 주스와 함께 먹임으로써 복용량을 줄일 수 있을까?

《랜싯》에 그의 논문이 실린 뒤 후속 연구들이 봇물 터지듯 쏟아졌고, 오래지 않아 오직 자몽만이 이 특수한 효능을 지니고 있다는 사실이 밝혀졌다. 자몽에만 존재하는 어떤 화합물이 내장 벽에 있는 CYP3A4라는 효소를 방해하는 듯했다. 이 효소는 인체 해독계의 일부로서, 약물처럼 외부에서 들어온 침입자를 처리하는 일을 한다. 따라서 이 효소의 활동이 망가지면 외부 물질의 혈중 농도가 높아질 수 있다. CYP3A4는 여러 약물들의 대사에 관여한다고 알려져 있으므로, 과학자들은 자몽 효과를 받는 약품이 펠로디핀만은 아닐 것이라고 추측했다.

실제로 그랬다. 심박 조절제에서 면역 억제제, **에스트로겐**p.67 보충제, AIDS 치료제에 이르기까지 다양한 경구투약제들이 자몽 주스와 상호 작용했다. 효과는 최장 24시간까지 지속될 수 있기 때문에, CYP3A4에 의해 대사되는 약을 복용할 때에는 하루 중 언제든 자몽 주스를 마시지 말아야 한다. 어떤 약들이 이 부류에 속하는지 정확하게 알 수 없고, 체내 CYP3A4 농도가 사람마다 다르다는 사실을 감안할 때, 종류를 불문하고 약을 복용하는 사람은 자몽 주스를 피해야 한다고 주장하는 전문가들도 있다. 이에 따라서 많은 병원들이 자몽 주스를 식단에서 뺐다.

자몽 산업 관련자들은 자기들이 불공평한 취급을 받는다고 불평한다. 약품과 음식이 상호 작용하는 사례는 그밖에도 무수하게 존재한다는 것이다. 옳은 말이다. 유제품은 몇몇 항생제의 작용을 방해하고, 브로콜리는 항응고제의 효능을 약화시키며, 타이라민 함량이 높은 식품을(숙성 치즈, 적포도주, 간장, 사우어크라우트, 살라미) 모노아민 산화효소(MAO) 저해제 계열의 항우울제와 함께 복용하면 혈압이 급격히 상승하고, 오트밀 같은 곡물 제품은 (울혈성심부전에 복용하는) 디곡신의 흡수를 방해한다. 그러나 이런 정보들이 모두 사실이라고 해서 자몽의 멍에를 벗겨 줘도 되는 것은 아니다.

그런데 앞서 언급했듯이 자몽 주스가 콜레스테롤을 낮춘다면, 스타틴 약품은 잊고 그냥 자몽 주스만 마시면 안 될까? 이스라엘 과학자 셜라 고린스타인이 하루에 붉은자몽 한 알로 **'나쁜 콜레스테롤'** p.41인 LDL를 20퍼센트까지 낮출 수 있다는 연구 결과를 발표하자, 사람들은 그렇게 묻기 시작했다. 붉은자몽은 혈중 트라이글리세라이드(글리세롤과 지방산 세 개가 결합된 것으로, 대부분의 지방이 여기 속한다—옮긴이) 수치도 상당히 낮춰 주었다. 하지만 잠깐, 고린스타인의 피험자들은 모두 얼마 전에 혈관우회로 수술을 받은 환자들이었고, 스타틴에 내성을 보였고, 총 칼로리 섭취량의 9퍼센트만을 지방에서 얻는 엄격한 식단을 따르는 사람들이었다. 그러니 이 결과를 콜레스테롤 수치가 높은 보통 사람들에게 간단히 외삽해서 적용할 수는 없다.

그러면 우리는 어떻게 해야 할까? 포화지방과 트랜스지방을 적게 먹고, 과일과 채소와 통곡물을 많이 먹자. 물론 자몽도 많이 먹자. 감,

포멜릿(자몽과 포멜로를 교배한 것이다), 페일 라거 맥주도 좀 먹자. 모두 심장병 위험을 낮추는 식품이라고 고린스타인이 확인한 것들이다. 그러고도 효과가 없으면 그때는 스타틴을 쓰는 수밖에. 그리고 현재로서는 스타틴을 복용할 때는 자몽 주스를 마시지 않는 게 좋겠다.

노스캐롤라이나 대학교 과학자들 덕분에 앞으로는 어쩌면 이 제약이 풀릴지도 모르지만 말이다. 연구진은 자몽 주스 속 원인 물질이 푸라노쿠마린이라는 화합물임을 밝혀냈고, 그 물질을 제거할 수 있다는 것도 알아냈다. 푸라노쿠마린을 제거한 주스는 혈중 약물 농도 상승 효과가 없었다.

이 연구는 다른 방면으로도 유익하게 쓰일지 모른다. 푸라노쿠마린을 의약품에 넣어서 복용량과 부작용을 동시에 줄일 수 있을지도 모르니까 말이다. 그런 발명이 이뤄지는 날에는 자몽 농부들도 조금이나마 시큼한 기분을 털어 버릴 수 있을 것이다.

블루베리를 먹으면 정말로 오래 살까?

BLUEBERRIES and LONGEVITY

인생은 줄타기와 비슷하다. 우리는 질병, 노화와 싸우면서 균형을 유지하려고 애쓰지만, 아무리 노력해도 결국에는 밧줄에서 떨어지고 말리라는 사실을 잘 안다. 밧줄 위에서 조금이라도 오래 버티게 도와주는 것이라면 그 무엇이든 우리는 환영한다. 블루베리 속의 안토사이아닌이 그런 물질인지도 모르겠다. 보스턴 소재 터프츠 대학교의 과학자들이 밝혀냈듯이 안토사이아닌이 적어도 쥐의 수명을 늘리는 것만은 분명하다.

과학자들은 어째서 쥐와 블루베리라는 신기한 조합을 생각해 냈을까? 블루베리의 검푸른 색깔을 내는 화합물인 안토사이아닌이 강력한 항산화물질이기 때문이다. 여러 과일들과 채소들의 항산화 효능을 검사해 보면 블루베리는 늘 상위에 오른다. 항산화물질은 혈액 응고를 막고, 밤눈을 좋게 하고, 황반변성을 늦추고, 일반적으로 심장질환 및 암 위험을 낮추며, 뇌 세포들의 노화를 예방한다.

터프츠 연구진은 이 노화방지 효능에 관심을 가졌다. 그들은 나이 든 쥐 한 무리에게 블루베리가 풍부하게 든 먹이를 주고, 다른 무리에게는 평범한 사료를 주었다. 그런 뒤에 두 집단에게 48시간 동안 고농도의 산소를 쬐었다. 산소를 과다하게 마시면 자유 라디칼도 많이 생긴다. 연구진은 몸속에 안토사이아닌이 돌아다니는 쥐들과 그렇지 않은 쥐들의 자유 라디칼 작용을 비교해 보기로 했다.

"쥐는 좁은 평균대에서 얼마나 오래 균형을 잡는지를 통해 나이를 알 수 있다. 나이 든 쥐들에게 8주 동안 블루베리 추출물을 먹였더니 막대 위에 머무르는 시간이 11초로 늘었고, 미로도 더 잘 통과했다."

자유 라디칼p.16이 체내 모든 분자들을 공격한다는 것은 잘 알려진 사실이다. 신경계 기능을 담당하는 분자들도 예외가 아니다. 그러니 평범한 사료를 먹은 쥐들이 블루베리를 먹은 쥐들보다 신경 기능이 더 많이 손상되었다는 결과는 그다지 놀랍지 않았다. 고농도의 산소에 노출되어 생긴 자유 라디칼들을 안토사이아닌이 중화하는 것이 분명했다. 그런데 실제적으로 중요한 의미가 있는 뜻밖의 발견이 하나 더 있었다.

쥐는 평균대처럼 길고 좁은 막대 위를 걷는 것을 좋아하고, 아주 능숙하다. 하지만 나이가 들면 다르다. 쥐가 좁은 평균대에서 얼마나 오래 균형을 잡는지 그 시간을 측정하면 쥐의 나이를 알 수 있을 정도이다. 사람 나이로 65세에서 70세에 해당하는 19개월쯤 된 쥐는 원래 평균 13초였던 그 시간이 5초로 줄어든다. 나이 든 쥐들은 미로 통과 능력도 떨어진다. 실험실 쥐의 입장에서는 큰 문제가 아닐 수 없다. 이제 의외의 결과를 말해 보자. 나이 든 쥐들에게 8주 동안 블루베리 추출물을 먹였더니 막대 위에 머무르는 시간이 11초로 늘었고, 미로도 더 잘 통과했다. 대중매체가 잽싸게 이 연구를 소개하면서 블루베리를 기적의 식품으로 격상시킨 것도 무리가 아니다.

물론 세상에 기적의 식품은 없다. 좋은 식단과 나쁜 식단이 있을 뿐이다. 그리고 안토사이아닌은 다른 과일이나 채소에도 들어 있다.

체리 속에 특히 많다. 체리에서 추출한 안토사이아닌에 항염 성질이 있다는 것, 그래서 관절염 퇴치에 유용할지도 모른다는 것을 밝힌 연구도 있었다. 당뇨 환자들도 식단에 안토사이아닌을 포함시키면 좋을 것이다. 미시건 주립대학교의 무랄리 나이르 박사에 따르면 동물의 이자(췌장) 세포에 안토사이아닌을 처리하자 인슐린 생산량이 50퍼센트 가량 늘었다.

블루베리의 장점은 안토사이아닌만이 아니다. 최근에 과학자들은 역시 블루베리에 들어 있는 항산화물질 프테로스틸벤이 콜레스테롤을 낮춘다는 사실을 알아냈다. 흥미로운 발견이긴 해도 이 실험은 사람을 대상으로 한 것이 아닐 뿐더러 살아 있는 동물을 대상으로 한 것도 아니었고, 시험관에서 쥐의 간 세포를 대상으로 한 실험이었다. 연구자들이 밝혀낸 바를 보자면 콜레스테롤과 트라이글리세라이드 수치를 낮추는 일에 관련된 특정 간 세포 수용체들을 프테로스틸벤이 활성화하는 것은 분명하다. 하지만 이 화합물을 블루베리 상태로 삼켰을 때 사람의 간에서도 같은 작용이 일어날지, 애초에 간까지 닿기나 할지 모를 일이다.

블루베리를 얼마나 많이 먹어야 혈중 콜레스테롤이 낮아지는지도 알 수 없다. 블루베리 머핀이나 베이글로는 절대 안 될 거라는 것만은 틀림없다. 블루베리 팬케이크도 마찬가지이다. 안토사이아닌이나 프테로스틸벤 보충제를 알약 형태로 섭취해도 몸에 좋다는 사실이 언젠가 밝혀질지도 모르겠지만, 그때까지 나는 일주일에 여러 번 블루베리를 반 컵씩 먹는 것으로 만족하련다. 건강에 어떤 유익한 영향이 있을지는 나도 잘 모르겠지만, 알약보다 블루베리가 맛이 좋다는 사실은 확실히 안다.

감귤류 속 콜레스테롤 저하 물질

CITRUS FRUITS
and
CHOLESTEROL

햄스터에게 기름진 음식을 잔뜩 먹여서 혈중 콜레스테롤 농도를 높이자. 그런 뒤에 '슈퍼 플라보노이드'를 먹이에 추가해서 고지방 식단의 폐해가 완화되는지 살펴보자. 왜? **플라보노이드** p.17가 정말로 콜레스테롤을 낮춘다면, 시장에 선보일 제품을 만들 수 있을 것이기 때문이다. 더욱이 슈퍼 플라보노이드는 오렌지 껍질에 있는 물질이므로, '자연' 제품이라고 광고하여 소비자들에게 쉽게 다가갈 수 있을 것이다. 오렌지 껍질 추출물은 적어도 햄스터에게서만큼은 기대한 결과를 보였다. 오렌지 껍질에서 추출한 '폴리메톡실 플라본'(PMF) 화합물들의 몇 가지 표준 형태를 고콜레스테롤 환자에게 추천하는 날이 올 가능성이 충분하다. 하지만 성급하게 결론을 내리지는 말자.

사람들은 흔히 콜레스테롤을 나쁜 것으로 생각한다. 대중매체에서 주워들은 정보로만 판단하면, 콜레스테롤 수치가 높다고 진단된 사람은 장의사와 만날 날이 임박한 것처럼 여겨지기 마련이다. 콜레스테롤 수치가 높으면 심장질환 위험이 큰 것은 사실이다. 하지만 콜레스테롤은 여러 요인들 중 하나일 뿐이다. 심장질환에는 고혈압, 가족력, 당뇨, 운동부족, 대기오염에 대한 노출 등도 영향을 미친다. 사실 심장발작을 겪는 사람들 중 절반은 콜레스테롤 수치가 정상이거나 정상치보다 낮다. 그야 어쨌든 콜레스테롤 수치가 높은 것을 알게 되면 낮추려고 노력해야 마땅하다.

어떻게 하면 좋을까? 의사들은 간단히 스타틴 약품 처방전을 써주곤 한다. 이것은 굉장히 효과적인 처방이지만, 부작용도 따른다. 근육통이 오거나 간에 문제가 생길 가능성이 있다. 약값도 만만치 않다. 그래서 사람들은 더 순한 치료법을 찾고, 가급적 '자연'에서 효능을 얻고 싶어 한다. 자연 제품은 합성된 약보다 안전하리라 믿기 때문이다. 그러나 물질의 안전성은 공급원이 아니라 분자 구조에 따라 좌우된다. 화학자가 실험실에서 만들어 낸 것이냐 자연에서 얻은 것이냐는 상관이 없다. 물질의 안전성과 효능에 관한 연구 결과들이 어떠한가가 중요할 뿐이다.

자연에서 뽑아 낸 물질로 만든 영양보조제 중 **콜레스테롤 저하**p.32 효과가 있다고 주장하는 제품은 수도 없이 많다. 구굴나무에서 추출한 구굴리피드처럼 이국적인 물질도 있고, 사탕수수에서 뽑아 낸 폴리코사놀이나 마늘에서 뽑아낸 알리신처럼 꽤 친숙한 물질도 있다. 그런 제품을 선전하는 사람들은 저마다 효능을 떠벌리느라 여념이 없지만, 대개 증거가 희박하다는 게 과학계의 중론이다. 그래도 실제로 효력이 있는 자연 제품을 찾는 노력은 계속되고 있으며, 계속되어 마땅하다. 이러니저러니 해도 과일과 채소를 많이 먹는 사람들이 콜레스테롤 수치가 낮은 것은 사실이기 때문이다.

문제는 그런 사람들이 기름진 고기 같은 음식을 먹지 않기 때문에 그런 것인가, 아니면 식물성 재료 속에 정말로 콜레스테롤 저하 물질이 들어 있어서 그런 것인가 하는 점이다. 과학자들은 수많은 자연 화합물들을 분리해 내고 각각의 콜레스테롤 저하 효과를 시험해 보았다. 감귤류의 껍질에 들어 있는 탄제레틴, 헤스페리딘, 나린진 등을 통칭하는 폴리메톡실 플라본도(PMF) 그런 후보 물질이다.

이 화합물들이 특별히 관심을 끄는 까닭은 무엇일까? 여러 이유가 있다. 첫째, PMF는 항산화물질이라서 콜레스테롤이 보다 위험한 산화

"감귤류 껍질 추출물이 햄스터의 인슐린 저항을 낮춘다는 결과도 있다. 어쩌면 감귤이 당뇨 예방에도 도움이 될지 모르는 일이다."

형태로 바뀌는 것을 막아 줄지도 모른다. 또 배양 세포를 대상으로 한 연구 결과를 보면 PMF는 스타틴 약품과 마찬가지로 콜레스테롤과 트라이글리세라이드(피 속의 지방)의 간내 합성을 억제하는 효과가 있다. 아울러 플로리다 주에서만도 오렌지 껍질이 매년 70만 톤씩 버려진다는 사실이 있다. PMF를 추출할 원재료는 풍부한 셈이니, 제품을 개발하면 수지 맞을 잠재력이 있다. 정말로 PMF가 유효하다는 것만 확인하면 만사형통이다.

햄스터에게는 확실히 그런 것 같다. 자연 화합물의 질병 예방 효과나 의약적 성질을 조사하는 전문업체인 캐나다의 KGK 시너자이즈가 앞서 말한 햄스터 실험을 실시했더니, 먹이에 탄제레틴을 섞은 경우에 LDL(악명 높은 **'나쁜 콜레스테롤'** p.106)의 수치가 40퍼센트 가까이 떨어졌다. 적어도 연구자들에게는 자못 흥분되는 결과이다. 아마 햄스터들에게도 그럴 것이다. 그렇지만 우리에게는 어떤 의미일까?

우리는 오렌지 껍질을 먹지 않는다. **오렌지 주스**p.146에도 PMF가 들어 있으니 주스를 많이 마실 수는 있다. 하지만 실험 대상이었던 햄스터만큼 슈퍼 플라보노이드를 섭취하려면 하루에 주스를 20잔씩 마셔야 한다. 말이 난 김에 말인데, '슈퍼 플라보노이드'라는 용어는 자신들의 실험 결과에 잔뜩 고무된 KGK 시너자이즈 과학자들이 지어 낸 표현이다. 그들은 내처 감귤류 껍질 추출물과 비타민 E를 혼합한 시트리놀이라는 특허 제품도 개발했다.

과학자들은 시트리놀에 콜레스테롤 강하 효과가 있기를 바란다. 사람을 대상으로 한 예비 실험에서는 실제로 긍정적인 결과가 나왔다. 웨스턴온타리오 대학교 연구진이 콜레스테롤 수치가 높은 사람들에게 매일 시트리놀 캡슐 300밀리그램씩을(폴리메톡실 플라본 270밀리그램과 비타민 E 30밀리그램) 먹였더니, 4주 뒤에 피험자들의 총 콜레스테롤 수치와 LDL 수치가 현저하게 낮아졌고(각각 20퍼센트와 22퍼센트 줄었다), 이른바 '좋은 콜레스테롤'이라 불리는 HDL 콜레스테롤 수치는 높아졌다. 안타까운 점은 참여 피험자가 10명에 불과했다는 것이다. 굵직한 결론을 끌어내기는 턱없이 부족한 수이다. 그러나 더 크고 상세한 후속 연구를 이끌어낼 만한 결론임에는 분명하다. 더구나 감귤류 껍질 추출물이 햄스터의 **인슐린**p.82 저항을 낮춘다는 결과도 있으니, 어쩌면 **당뇨**p.58 예방에도 도움이 될지 모르는 일이다.

심지어 이 물질이 암을 예방하리라는 기대도 있다. 시험관 실험이긴 하지만 탄제레틴이 사람의 유방암 세포 성장을 억제한다는 결과가 있었다. 널리 쓰이는 약품인 타목시펜과 비슷한 효능이다. 하지만 살아 있는 동물을 대상으로 한 실험에서는 탄제레틴이 예방 효과를 발휘하지 않았고, 오히려 타목시펜의 작용을 둔화시켰다. 그러므로 타목시펜 치료를 받는 여성들은 감귤류 껍질 제품으로 콜레스테롤 관리를 해서는 안 될 것이다. 나머지 사람들에게는 감귤류의 플라보노이드 성분이 유익할 가능성이 있지만, 좌우간 '슈퍼'라는 수식어는 시기상조로 보인다.

아사이베리의 못 믿을 '항산화 잠재력'

ACAI BERRIES
and
ANTIOXIDANT

브라질 북부의 벨렘 시는 인구가 약 200만 명이다. 벨렘 시민들이 암, 동맥경화증, 알츠하이머병 같은 질병의 발병률이 눈에 띄게 낮다는 게 밝혀진다면, 참 흥미로운 일일 것이다. 왜냐하면 벨렘 시에는 '아사이 판매대' 가 무려 3000곳쯤 있고, 곳곳마다 시민들이 길게 줄을 서서 아사이 야자나무 열매의 과육으로 만든 주스를 사 마시기 때문이다. 걸쭉한 진보라색 주스는 하루에 20만 리터씩 팔리고, 이것은 도시의 우유 소비량을 능가한다.

아사이베리 주스를 북아메리카로 수입해 판매하기 시작한 업체들의 말을 믿자면, 이 열매는 환상적인 항염증 효과와 항균 효과와 항돌연변이 효과를 자랑하고, 무엇보다 항산화 능력이 대단하다! 어느 배급 업체는 '자연에서 가장 완벽한 과일' 이라고 허풍을 떨었다. 또 다른 업체는 '아마존의 비아그라' 라고 과장했다. 이제나 저제나 세월을 멈춰 세울 기적의 물질을 찾아 헤매는 미국인들이 아사이베리 주스 한 통에 40달러를 기꺼이 지불하는 것도 놀랄 일이 아니다. '지구상의 식용 베리류 가운데 항산화물질을 가장 많이 함유한' 열매라니까 말이다.

우리가 항산화물질에 관해서 단 한 가지 확실하게 말할 수 있는 사실은, 판매에 도움이 된다는 것이다. '항산화물질 함유' 라는 딱지를 요란하게 내걸면 음식이든 음료든 영양보조제든 불티나게 팔려 나간다. 우리가 산소를 마시는 대가로 몸속에서 만들어지는 고약한 자유 라디칼들을 항산화물질이 중화한다는 사실이 밝혀졌기 때문이다. 자유 라디칼은 많은 질병들의 원인으로 지목되고 있다. 그러니 녀석들의 활동을 차단할 수 있다면 논리상 우리는 건강해질 것이다.

식단에서 항산화물질의 주 공급원은 과일과 채소이다. 식물성 음식을 많이 먹는 인구가 더 건강한 까닭도 식물 속 항산화물질 때문이라는 의견이 팽배하다. 하지만 정작 항산화물질 보충제를 시험한 연구들을 보면, 긍정적인 결과를 얻는 데 거듭 실패해 왔다. 채소 속에는 생리학적 활성이 있는 화합물들이 물경 수십 가지는 들어 있을 테고, 식물성 제품이 건강에 좋은 것은 그것들이 종합적으로 작용한 결과인 것이다. 달리 말하자면, 전체가 부분들의 합보다 큰 것이다.

음식을 통해서 과일과 채소 속 항산화물질을 섭취하는 게 중요하다는 사실에는 의심의 여지가 없지만, 특정 음식이나 음료에 항산화물질이 얼마나 들었느냐가 그렇게 중요한 사실인지는 의문스럽다. 중요한 것은 항산화물질 총 섭취량이다. 무게로만 따지면 아사이베리가 사과보다 항산화물질 함량이 높지만, 많이 먹기에 편한 쪽은 사과이다.

중요하게 따져 봐야 할 점이 하나 더 있다. 식품의 항산화 능력은 실험실 측정으로 결정한다. 흔히 쓰이는 기법으로 알파-케토-감마-메싸이오뷰티르산(KMBA)이라는 혀 꼬이는 이름의 화합물에 자유 라디칼을 가해 화학반응을 일으키는 방법이 있다. 자유 라디칼들은 KMBA를 공격하여 분해하면서 에틸렌 기체를 낸다. 그 에틸렌을 기체 크로마토그래피라는 분석 기법으로 감지하고 측량하면 된다. 항산화물질이 든 식품 추출물을 이 용액에 섞으면, **자유 라디칼들이 중화**p.134됨에 따라 에틸렌 배출량이 줄 것이다. 그 정도를 따져서 그 식품의 '항산화 수치' 라고 부른다.

아사이베리가 유독 뛰어난 항산화 식품이라고 주장하는 사람들은 그러한 측정 결과를 근거로 든다. 하지만 시험관은 인체와는 비교도 안 될 만큼 단순한 환경이다. 식품 속 항산화물질이 혈류로 얼마나 잘

"망고스틴이나 아사이 주스가 우리 몸의 항산화 상태를 크게 개선해 줄 가능성은 낮아 보인다. 그보다는 평범한 과일이나 채소를 매일 다섯에서 열 줌씩 먹는 데 집중하는 편이 낫다."

흡수될지 알 수 없고, 그것들이 인체처럼 복잡한 환경에서도 실험실에서처럼 자유 라디칼 중화 효과를 잘 낼지도 알 수 없다. 게다가 그것들이 얼마나 활약을 하든, 그것만으로 특정 질병을 충분히 예방할 수 있는지는 전혀 알 수 없다. 이것을 확인하는 길은 통제 실험뿐이다. 대규모 인구집단에게 정기적으로 아사이 주스를 마시게 하고, 비슷한 규모의 다른 집단에게는 위약을 마시게 한 뒤에, 몇 년 동안 그들을 추적하여 질병 패턴을 관찰하는 것이다. 아직 아무도 이런 실험을 하지 않았으니 아사이가 몸에 좋다는 주장은 순전히 추측에 불과하다.

물론 아사이베리의 건강 증진 속성을 더 깊이 조사해 볼 필요가 없는 것은 아니다. 항산화 수치가 높은 식품은 무엇이든 조사 가치가 충분하다. 가령 최근에 플로리다 대학교가 수행한 연구를 보면, 아사이베리 추출액은 배양접시에 담긴 백혈병 세포들을 아주 많이 파괴했다. 흥미로운 결과이다. 그러나 엄청나게 특별한 결과는 아니다. 망고와 포도 추출액도 마찬가지 결과를 보이기 때문이다. 게다가 추출액이 체내 백혈병 세포에도 같은 효과를 발휘한다는 것을 보여 주기까지는 갈 길이 멀다. 그야 어쨌든 이런 연구는 부도덕한 장사꾼들에게 목소리를 높일 근거를 제공하기에는 충분해서, 아사이 주스에 '항암' 효과가 있다고 떠벌리는 사람들이 등장하는 형편이다.

그런 장사꾼들에게는 '장고' 제조사의 사례를 교훈 삼아 들려주고 싶다. 망고스틴 주스 제품인 장고는 한때 미국에서 선풍적인 인기를 누렸으나, 회사가 미국 식품의약국(FDA)의 경고를 받자 유행은 막을 내렸다. 경고 내용은 회사가 주장한 항암 효과, 혈압강하 효과, 동맥경화 예방 효과가 과학적으로 뒷받침되지 않는다는 것이었다. 그런 주장은 의약품에 대해서만 제기할 수 있고, 제품이 의약품이 되려면 FDA 승인을 받아야 하며, FDA 승인을 받으려면 주장을 뒷받침하는 증거들을 내놓아야 한다. 다시 한번 강조하지만, 잔톤이라고 하는 망고스틴 속 화합물이 건강에 유익할 리가 없다는 말이 아니다. 다만 주스로 병을 물리칠 수 있다는 주장은 근거가 없다고 지적하고 싶은 것이다.

망고스틴이나 아사이 주스가 우리 몸의 항산화 상태를 크게 개선해 줄 가능성은 낮아 보인다. 그보다는 평범한 과일이나 채소를 매일 다섯에서 열 줌씩 먹는 데 집중하는 편이 낫다. 아무래도 아사이베리의 진정한 능력은 벨렘 시의 경제를 돕는 것인 듯하다. 벨렘에서는 아사이가 매년 11만 톤가량 상업적으로 가공되며, 그 과정에서 버려지는 씨앗만도 10만 톤이나 된다. 씨도 과실처럼 항산화 수치가 높지만 상업적 응용 가능성은 없다.

어쩌면 아사이 추출물이 각종 식품에 영양 보강용으로 사용될 날이 올지도 모르고, 심지어 농축액의 치료 효과가 밝혀질지도 모른다. 하지만 정말 그런 일이 벌어진다면, 다단계 아사이 주스 판매 조직에 속한 이웃사람이 우리에게 이야기를 해주기 전에 《뉴잉글랜드 의학저널》 같은 학계 간행물들이 먼저 소식을 알려줄 것이다.

생선을 먹으면 정말 똑똑해질까?

FRESH FISH
and
OMEGA-3 FATS

"정어리 말이야, 지브스, 정어리를 먹으라고!" P. G. 우드하우스의 유명한 시리즈 소설에서 주인공 버티 우스터가 늘 하는 말이다. 재치만점인 시종 지브스더러 머리를 좀 굴려서 주인인 자신을 예의 그 낭만적인 곤경에서 구해 달라고 하소연할 때 하는 말이다. 지브스는 언제나 임기응변을 떠올려서 기발한 책략으로 버티를 구해 낸다. 생선을 먹으라는 조언을 지브스가 얼마나 따랐는지는 알 수 없지만, 우드하우스가 이처럼 거듭 생선 섭취와 뇌 활동의 연관을 언급한 걸 보면 이 통념이 얼마나 널리 퍼졌는지 알 만하다. 생선을 먹으면 정말 똑똑해질까? 그럴지도 모른다.

'생선은 머리에 좋은 음식' 이라는 오래된 통념을 과학적 견지에서 해설하려는 시도는 1800년대에 처음 이루어졌다. 세포 에너지의 핵심 분자인 아데노신 삼인산(ATP)에 인이 많이 들어 있다는 사실이 밝혀진 직후였다. ATP는 사고 활동에 소요되는 에너지를 제공하고, 그 과정에서 소모되는 분자이다. 과학자들은 ATP 재생이 정신 능력의 열쇠이고, 생선은 탁월한 인 공급원이기 때문에 '뇌에 좋은 음식' 이라는 논리를 펼쳤다. 하지만 요즘 밝혀진 바, 평균적인 식단을 유지하면 인이 부족할 일이 없기 때문에, 옛 과학자들의 주장은 사실이 아니다.

그런데 재미있게도 생선의 다른 화합물들이 뇌 기능에 기여할지도 모른다는 사실이 알려졌다. 두 가지 지방 물질이 특히 조사 가치가 있었는데, 도코사헥사에노산(DHA)과 에이코사펜타에노산(EPA)이다.

이들이 바로 심장질환 위험까지 낮춰 준다고 하는, 그 유명한 오메가 3 지방들이다. 생선 기름의 분자 구조를 보면 식물성 기름과 마찬가지로 탄소 이중 결합이 곳곳에 있는데, 개중 하나는 반드시 분자 맨 끝의 탄소로부터 세 번째에 해당하는 탄소에 있다. 그리스 어로 끝을 뜻하는 '오메가'를 따서 끄트머리 탄소를 오메가 탄소라고 부르므로, 이런 구조의 지방을 '오메가 3 지방'이라고 한다.

사람의 뇌는 60퍼센트가 지방이다. 어떤 의미에서는 우리 모두 '머리에 기름덩어리만 든' 사람들이다. 그런데 정확하게 어떤 종류의 지방들로 뇌 조직이 구성되어 있느냐에 따라 두뇌 능력을 예측해 볼 수 있는 것 같다. 원숭이를 대상으로 한 연구에서 일찍이 그런 상관관계가 암시된 바 있었다. 원숭이들에게 DHA가 부족한 먹이를 주자 원숭이들의 뇌와 눈이 제대로 발달하지 않았다. 놀랄 일도 아닌 것이, DHA는 뇌와 눈의 망막에서 흔히 발견되는 재료이기 때문이다. 정작 흥미로운 점은 DHA가 든 식단을 주면 원숭이들의 뇌와 눈이 다시 정상적으로 발달했다는 사실이다. 뇌의 조성이 식단에 따라 바뀔 수 있음을 보여 주는 예이다.

사람은 어떨까? 우리가 먹는 것이 우리를 만든다는 말이 있다. 우리의 생각도 우리가 먹는 것에 따라 달라질까? 역학 전문가들이 전 세계의 우울증 발병률을 조사한 결과에서 흥미로운 증거가 포착되었다. 나라마다 발병률이 크게 차이 나는데, 다른 나라들에 비해 발병률이 60퍼센트나 더 높은 나라도 있었다. 미국과 캐나다는 발병률이 가장 높은 쪽에 속하고, 한국과 일본은 가장 낮은 쪽에 속한다. 여기에 각국의 생선 섭취량을 겹쳐 보면 눈에 띄는 상관관계가 드러난다.

생선 섭취량이 많은 나라들은 우울증 발병률이 낮았고, 섭취량이 적은 나라들은 높았다. 게다가 북아메리카 인구에서 DHA가 풍부한 식품들의 섭취량 감소와 우울증 증가율 사이에 상관관계를 확인한 연

“생선 섭취량이 많은 나라들은 우울증 발병률이 낮았고,
섭취량이 적은 나라들은 높았다.”

구도 있었다. 이런 관찰들이 생선을 먹으면 반드시 우울증 위험이 낮아진다는 결론으로 이어지는 건 아니지만, 그런 결론을 암시하는 보강 증거들이 그밖에도 몇 존재한다.

뇌척수액 속에 5-하이드록시-인돌아세트산(5-HIAA)의 농도가 낮으면 우울증과 자살 충동이 야기된다는 믿을 만한 연구 결과가 있다. 또 혈장 속 DHA 농도가 낮은 사람은 5-HIAA 농도도 낮다는 증거가 있다. 흥미로운 일이다. 서리 대학교와 퍼듀 대학교의 연구진들이 밝혀낸 바, 혈중 DHA 농도가 낮으면 난독증, 주의력 결핍 장애, 과다활동성이 생기며, 현재 시장에 나와 있는 이팔렉스 같은 DHA 보충제를 그들에게 적용하면 상태가 개선되었다. 그리고 노인 1000여 명을 9년간 추적 조사한 결과, 혈중 DHA 농도가 높은 사람은 **알츠하이머병**p.119을 포함한 각종 치매 질환에 걸리는 확률이 40퍼센트 낮았다. 알츠하이머병은 아밀로이드라는 단백질이 뇌에 축적되어서 생긴다. 유전자 조작을 통해 알츠하이머병을 일으키도록 만든 쥐들에게 DHA 강화 사료를 먹였더니, 뇌에 쌓이는 아밀로이드의 양이 현저하게 줄었다.

일본의 연구 결과도 보자. 건강한 피험자들에게 DHA 보충제를 복용시켰더니 단기기억력과 야간시력이 좋아졌다. 네덜란드의 연구도 있다. 남성 노인들을 조사한 결과, 인지 능력 손상 및 쇠약 정도가 생선 섭취량에 반비례했다. 상당히 일관된 그림이 그려지지 않는가? 뇌가 건강하게 기능하려면 음식을 통해서 DHA를 적정량 섭취해야 하는 것이다. 이 지방이 얼마나 중요한지 더 잘 알고 싶다면, 멀리 갈 것도

없이 사람이 태어나 처음 하는 식사를 보자. 모유에는 DHA가 고농도로 들어 있다. 아마 신생아의 눈과 뇌 발달에 이 지방이 중요하기 때문에 진화적으로 이런 상황이 생겼을 것이다. DHA의 중요성에 대한 정보가 차곡차곡 쌓이자, 분유 업체들도 제품에 DHA를 첨가하고 있다.

DHA와 EPA는 뇌에 기름칠을 하는 것을 넘어서 심장도 보호할지 모른다. 요즘 의사들은 심장병 환자들에게 생선 기름을 식단에 포함시키라고 권고하곤 하고, 세계보건기구(WHO)도 일주일에 두어 번 생선을 먹으라고 권하며, 슈퍼마켓 선반에는 오메가 3 지방을 강화한 제품들이 우후죽순으로 등장했다. 오메가 3 지방에 대한 낙관론을 정당화하는 과학 연구가 많은 한편, 이상하게도 아무런 편익을 발견하지 못했다는 연구도 있다. 그래서 영국 이스트앵글리아 대학교의 리 후퍼가 나섰다. 후퍼가 이끄는 연구진은 숱한 연구들의 바다에 그물을 쳐서 논란을 잠재울 결론을 낚아 보기로 했다.

연구진은 가장 뛰어난 연구 문헌들만 고른 뒤에 그 결과를 통합해서 오메가 3 지방을 추천할 확고한 증거가 있는지 살펴보기로 했다. 그들은 1만 5000개가 넘는 논문들을 살펴본 끝에, 의미가 크다고 판단한 논문 89개를 골라 냈다. 그 절반 이상은 무작위 통제 시험이었다. 즉 대상자들 가운데 일부를 무작위로 골라서 오메가 3 일정량 또는 위약을 나눠 복용시킨 실험이었다. 나머지 연구들은 코호트 연구였다. 즉 오메가 3 섭취량이 서로 다른 인구들을 추적하여 건강 상태를 분석한 실험이었다. 조사 결과는 놀라웠다. 왜냐고? 자, 그 결과를 잘 이해하기 위해서 먼저 배경지식을 좀 알아보자.

1970년대에 들어설 무렵, 과학자들은 지방 섭취와 심장질환 발생의 상관관계를 이미 충분히 입증했기 때문에, 사람들에게 기름진 음식을 줄이라고 권했다. 그런데 한 가지 수수께끼가 있었다. 북극권에 사는 이누이트 사람들은 거의 기름진 생선만 먹다시피 하면서 사는데도

"시카고의 웨스턴일렉트릭 사 직원들을 추적 조사한 결과, 매일 35그램 이상 생선을 먹는 남자들은 심장병 위험이 현저하게 낮았다."

심장동맥질환에 걸리는 비율이 극히 낮았다. 생선을 많이 먹는 다른 문화들, 가령 일본에서도 비슷한 현상이 확인되었다. 생선 지방은 뭔가 특별한 것일까? 일단 분자 구조는 분명히 달랐다. 오메가 3 지방이 여타 지방들과는 다른 경로로 대사되기 때문에 건강에 미치는 영향이 다른지도 몰랐다. 확인해 볼 방법은 하나뿐이었다.

첫 단서는 역학조사에서 나왔다. 생선을 많이 먹는 사람들은, 전부는 아니지만 다수가 심혈관질환 발병률이 낮았다. 전형적인 한 사례를 보면, 시카고의 웨스턴일렉트릭 사 직원들을 추적 조사한 결과, 매일 35그램 이상 생선을 먹는 남자들은 심장병 위험이 현저하게 낮았다. 개입 실험들도 등장했다. 인도의 연구를 보면, 심장발작으로 입원한 환자들에게 생선 기름 1800밀리그램 또는 위약을 매일 복용시키고서 1년 뒤에 보니, 위약 집단은 '심장 문제'를 다시 일으킨 비율이 35퍼센트였던 반면에 생선 기름 집단은 25퍼센트였다. 흥미롭긴 해도 굉장히 의미 있는 차이라고는 할 수 없었다.

노르웨이에서도 비슷한 실험이 있었는데, 이때는 생선 기름 복용량이 더 많았음에도 유익한 차이는 확인되지 않았다. 어쩌면 노르웨이 사람들은 원래 생선을 많이 먹기 때문에 생선 기름의 예방 효과를 이미 최대로 경험하고 있던 것인지도 모른다. 또 다른 연구를 보면, 혈관조영상에서 심장동맥이 막혔다고 진단된 환자들은 생선 기름 3000밀리그램씩을 매일 섭취하면 경과가 좋았으나, 풍선혈관성형술로 동맥을 뚫은 환자들은 더 많은 양을 섭취해도 별다른 효과를 보지 못했다.

생선 기름의 유익성은 어떤 이론으로 설명할 수 있을까? 오메가 3 지방은 항응고제처럼 작용해서 응혈 형성을 줄이므로, 심장발작 위험이 낮아진다는 뜻이 된다. 항염증 성질도 있는데, 심장질환을 비롯한 여러 질병이 염증과 밀접한 관계가 있다. 그리고 뭐니 뭐니 해도 가장 큰 이점은 부정맥 예방 능력이다. 동물을 대상으로 한 실험에서, 혈중 오메가 3 지방 농도가 높은 동물들은 부정맥 유도 약물에 더 잘 대항했다. 사람을 대상으로 한 실험에서도 보강 증거들이 나왔다.

영국에서 심장병 환자들에게 일주일에 두 번 기름진 생선을 먹거나 매일 생선 기름 캡슐을 복용하라고 지시하고서 2년 뒤에 경과를 보았더니, 이 환자들은 섬유소 섭취량을 늘리고 지방 섭취량을 줄이는 식단을 처방 받은 환자들보다 사망률이 현저하게 낮았다. 이탈리아에서도 비슷한 연구가 있었다. 심장발작 환자 2800명에게 EPA와 DHA가 860밀리그램씩 담긴 생선 기름 캡슐을 섭취하게 했더니 발작 후 9개월 동안의 사망률이 극적으로 낮아졌다. 그러나 보호 효과는 시간이 갈수록 떨어져서, 꾸준히 복용해도 효능이 낮아졌다.

혼란스러운 결과들도 있다. 심방잔떨림 제거기를 이식 받은 환자들은 생선 기름 보충제의 효과를 보지 못했다. 오히려 위험이 증가했다는 조사 결과도 있다. 또한 남성 의사 1만 7000여 명을 수년간 추적한 의사건강조사를 보면, 일주일에 다섯 번 이상 생선을 먹는 남성들은 부정맥의 한 종류인 심방잔떨림 발생 위험이 외려 높았다. 무조건 생선을 많이 먹는 게 능사는 아닌 것이다.

심장질환과 생선 섭취의 관계를 살펴본 연구들은 이처럼 상충되는 결과를 내고 있었다. 리 후퍼와 동료들이 기존의 유력 연구들을 모두 뒤져서 대중에게 추천 근거로 제시할 만한 정보를 걸러 내겠다고 마음먹은 이유가 바로 그 때문이었다. 이제 후퍼의 연구진이 내놓은 놀라운 결과론을 소개하자. 그들이 철저한 분석 끝에 낼 수 있었던 단 한

"일주일에 다섯 번 이상 생선을 먹는 남성들은 부정맥의 한 종류인 심방잔떨림 발생 위험이 외려 높았다. 무조건 생선을 많이 먹는 게 능사는 아니다."

가지 결론은, 오메가 3 지방이 심혈관 이상이나 사망률에 아무런 뚜렷한 효과를 미치지 않는다는 것이었다.

이 결론을 어떻게 이해해야 할지 난감하게 느껴진다. 어째서 어떤 조사에서는 생선에 분명 질병 예방 효과가 있다고 했는데, 마찬가지로 꼼꼼하게 수행된 다른 조사에서는 실망스러운 결과가 나왔을까? 어쩌면 생선 기름이 사람의 나이나 건강 상태에 따라 차별적으로 영향을 미치는지도 모른다. 어쩌면 생선의 효능이 생선 자체에 있는 것이 아니라 생선 때문에 식단에서 빠진 다른 식품들 때문인지도 모른다. 트랜스지방으로 가득 찬 감자튀김이나 햄버거보다는 차라리 생선이 낫다는 식으로 말이다.

자, 요점을 어떻게 정리할까? 연어, 정어리, 청어, 고등어 같은 생선을 일주일에 두 번쯤 먹는 것은 실보다 득이 많을 것 같다. 실이라니? 왜냐하면 생선은 메틸 수은, PCB, 다이옥신 등 건강에 위협이 되는 화합물들로 오염될 수 있기 때문이다. 그래서 임산부나 어린아이는 오염 가능성이 높은 상어, 황새치, 생참치나 냉동참치, 삼치, 옥돔 등을 피하는 게 좋고, 다른 사람들도 이런 생선들은 일주일에 350그램쯤으로 제한하는 게 좋다. 그 정도 먹는 것은 좋은 생각이다. 《랜싯》에 실린 논문에 따르면 일주일에 300그램쯤 생선이나 해산물을 섭취한 임산부는 지능지수가 높은 아이를 낳는 경향이 있다.

중년 남성이나 폐경이 지난 여성이라면 생선을 섭취하는 것이 훨신 좋은 경우이므로, 그렇게 깐깐하게 섭취량을 따질 필요가 없다. 그

"일주일에 300그램쯤 생선이나 해산물을 섭취한 임산부는 지능지수가 높은 아이를 낳는 경향이 있다."

래도 생참치나 냉동참치, 상어, 황새치 등은 일주일에 1000그램 미만으로 제한하는 게 좋다. 보통 캔 참치가 수은 함량이 낮고, 기름기가 적은 '라이트' 제품은 개중에서도 더 낮다. **연어**p.306는 자연산이 수은 등 오염물질 농도가 낮다. 따라서 캔에 든 알래스카 연어를 선택하는 것은 좋은 방법이다.

심장병이 있는 사람은 예외이다. 이들은 하루 1그램까지 오메가 3 지방 섭취량을 늘릴 수도 있는데, 다만 의사와 미리 상의하는 게 좋다. 그것이 어느 정도의 양인가 하면, 정어리 60에서 90그램, 청어 60그램, 연어나 송어 100그램, 대구 500그램을 먹는 수준이다. 참치는 오메가 3 지방 함량이 천차만별인 편인데, 대강 따져서 300그램쯤을 먹어야 오메가 3 지방 1그램을 먹게 된다. 생선철이 아닌 때에는 보충제도 괜찮다. 대부분의 캡슐 제품은 EPA 180밀리그램과 DHA 120밀리그램을 제공하므로 한 번에 여러 개씩 먹어야 한다.

생선 섭취에 문제가 아주 없는 것은 아니다. 우선 냄새가 문제다. 생선을 많이 먹는 사람은 고양이가 침을 질질 흘리며 쫓아다닐 정도로 입 냄새가 심할지도 모른다. 구역질이나 위장장애가 올 가능성도 있다. 그래도 그런 것들을 감수할 만한 가치는 충분하고, 심지어 오메가 3 지방의 편익이 뇌나 심장에만 국한되지 않는지도 모른다. 일주일에 두 번쯤 생선을 먹으면 노인성 시력 상실의 첫째 원인인 황반변성 위험이 낮아진다는 연구가 몇 있었다. 우리가 생선을 먹어 좋아진 시력으로 생선 섭취를 둘러싼 혼란을 꿰뚫어볼 수 있다면 얼마나 좋을까.

아마씨와 오메가 3 지방산의 관계

FLAYSEED
and
OMEGA 3 FAT

생선에만 오메가 3 지방이 들어 있는 것은 아니다. 아마씨, 카놀라, 대두에서 채취한 기름에는 알파리놀렌산(ALA)이 풍부한데, 이것은 DHA나 EPA와 구조는 다르지만 생물학적 작용이 비슷한 분자라서 두뇌 능력과 심장질환에 영향을 미친다. 어떤 ALA는 몸속에서 DHA나 EPA로 변환되기도 한다. 그러니 하버드 대학교 연구진이 수행한 간호사건강조사 결과가 크게 놀라운 것은 아니다. 연구자들은 1984년부터 간호사 7만 6000여 명에게 4년마다 식품 설문지를 작성시키면서 그들의 건강 상태를 추적했다. 분석 결과, 알파리놀렌산을 음식에서 많이 섭취한 여성들은 그렇지 않은 여성들보다 갑작스러운 심장발작으로 사망할 위험이 46퍼센트 낮았다. ALA의 주 공급원은 초록 잎채소, 호두, **카놀라유**p.59, 아마씨 등이었다.

아마인유는 훌륭한 알파리놀렌산 공급원이다. 그리고 아마씨에는 ALA 외에도 좋은 점이 있다. 약 2000년 전의 그리스 의사 히포크라테스도 아마씨의 효능을 알고 있었다. 복부 통증을 호소하는 환자에 대한 히포크라테스의 처방은 실로 간단하다. '아마씨를 먹여라!' 만약 통증이 변비 때문이라면 쓸 만한 조언이다. 린넨을 만드는 식물인 아마의 종자에는 식이섬유가 풍부하기 때문이다. 소화가 되지 않는 식물 성분인 섬유소는 소화관을 내려가면서 물을 잔뜩 흡수하고, 그 과정에서 노폐물까지 쓸어 내려서 완하제 효과를 낸다. 섬유소 가운데 용해성인 부분도 몸에 좋다. 그것은 소화관을 따라 내려가는 동안 담즙산과 결합함으로써, 인체로 하여금 소화액인 담즙산을 더 많이 만들게 한다. 담즙산 합성의 원재료가 콜레스테롤이기 때문에, 곧 혈중 콜레스테롤 수치가 낮아지는 것이다.

알파리놀렌산의 혜택을 누리고 싶을 때 꼭 아마씨를 먹을 필요는 없다. 오메가 3 계란을 먹어도 된다. 계란이라 하면 즉각 '콜레스테롤'이 떠오르고, 동맥이 막혀서 갑자기 저 세상으로 가는 장면이 연상되기 마련이라, 오메가 3 계란이란 좀 얄궂게 느껴진다. 사실 혈중 콜레스테롤 수치는 계란 노른자 속 콜레스테롤보다는 육류나 지방을 제거하지 않은 유제품 속 포화지방에 더 민감하게 반응하지만, 어쨌든 계란의 이미지가 나쁜 것은 사실이고 반면에 오메가 3 지방의 평판은 최근 들어 더할 나위 없이 좋으니, 이 지방을 계란에 넣으면 계란의 이미지 상승에 상당히 도움이 될 것이다. 생선에 축적되기 쉬운 수은이나 PCB 등의 오염물질을 걱정하는 사람들이 많기 때문에, 이것은 더욱 괜찮은 생각이다.

어떻게 계란에 오메가 3 지방을 강화할까? 닭들에게 생선을 원료로 한 사료를 먹일 수도 있지만 그러면 계란에서 비린 맛이 날 테니, 그 대신에 뛰어난 오메가 3 식물성 공급원인 아마씨를 먹인다. 그러면 계란 하나당 ALA 약 35밀리그램과 EPA와 DHA 약 13밀리그램이 농축되는데, 이것은 적지 않은 양이다. 이런 계란을 일주일에 다섯에서 일곱 개쯤 먹으면 대략 생선 한 끼 분량을 먹는 셈이다. 물론 평소에 계란을 거의 먹지 않는 사람은 오메가 3 계란으로 바꿔 봐야 별 효과가 없을 것이다.

아마씨의 재주는 심장질환 예방만이 아니다. 아마씨는 항암 성질이 있다고 알려진 리그난이라는 화합물도 공급한다. 아마에 리그난이 직접 들어 있는 것은 아니고, 그 전구물질인 세코아이소라리시레시놀이 들어 있어서, 이것이 장으로 들어가면 박테리아들이 리그난을 만들

"아마씨를 먹으면 유방암과 전립샘암 위험이 낮아진다. 아마씨는 암 세포 증식을 눈에 띄게 억제한다."

어 낸다. 사람들이 리그난의 효능에 관심을 쏟은 것은 유방암 환자들이 건강한 여성들에 비해 소변 속 리그난 농도가 낮다는 사실이 핀란드에서 밝혀진 뒤였다. 리그난이 **에스트로겐**p.67과 화학적 성질이 비슷하다는 점을 감안할 때, 이것은 흥미로운 발견이었다. (이런 물질들은 식물에서 나왔다 하여 '피토에스트로겐'이라 불린다.)

대부분의 유방암은 에스트로겐 양성이다. 환자 자신의 에스트로겐이 암 세포의 무분별한 증식을 촉진한다는 뜻이다. 혹시 에스트로겐과 비슷한 리그난이 세포의 에스트로겐 수용체에 결합함으로써 에스트로겐이 세포 활동을 자극하지 못하게 막는 것이 아닐까? 자물쇠의 원래 짝이 아니지만 그럭저럭 맞아 들어가는 열쇠를 상상해 보자. 그 열쇠는 자물쇠를 열진 못해도, 원래의 짝이 끼워지지 못하게 막을 수는 있다.

그럴싸한 이론이지만 실험 증거가 필요했다. 이에 토론토 대학교의 릴리언 톰슨 박사가 팔을 걷고 나섰다. 박사는 에스트로겐 민감성 종양을 유도하는 화학물질을 동물들에게 주입한 뒤, 다양한 분량의 아마씨를 먹였다. 결과는 만족스러웠다. 아마씨를 먹은 동물은 종양이 덜 발달했고, 악성인 경우도 적었다. 그런데 종양 감소만이 관찰된 것은 아니었다.

암컷 쥐들 가운데 아마씨를 소량 섭취한 녀석들은 성적 성숙이 더뎌진 반면에 아마씨를 다량 섭취한 녀석들은 일찍 성숙했다. 수컷들은 식단의 5퍼센트를 아마씨로 먹은 경우에는 전립샘 세포 증식이 저지되었지만, 10퍼센트를 먹은 경우에는 촉진되었다. 조금 걱정스러운 결과이다. 혈중 알파리놀렌산 농도와 전립샘암 발병률에 비례관계가 있다는 1994년 연구를 함께 고려하면 더 그렇다. 기존에는 생선 기름이 **전립샘암**p.20 위험을 낮춘다는 결과만 있었던 터라, 이 연구는 꽤 놀라웠다. ALA가 전립샘에 미치는 영향이 여타 오메가 3 지방산들과는 달라서일까? 전립샘암 환자의 혈장 ALA 농도가 높아도 암 조직에서의 농도는 높지 않다는 점도 혼란스러운 사실이다.

어쨌든 아마씨가 건강에 해롭다고 할 수는 없다. 오히려 반대이다. 아마씨를 먹으면 유방암과 전립샘암 위험이 낮아진다. 릴리언 톰슨에 따르면, 유방암 수술을 기다리는 여성들에게 빻은 아마씨 25그램이 든 머핀을 매일 먹였더니 경과가 좋았다. 듀크 대학교 연구진이 전립샘암 수술을 기다리는 남성들에게 빻은 아마씨 세 숟가락을(45밀리리터) 매일 먹였더니 수술 예후가 좋아졌다. 암 세포를 자극하는 호르몬인 테스토스테론의 농도가 낮아졌고, 암 세포 증식이 눈에 띄게 억제되었다.

자, 아마씨와 그 속에 든 오메가 3 지방 ALA에 대해 확실하게 밝혀진 사실들을 정리해 보자. ALA는 심장질환을 예방한다. 아마 염증을 줄이거나 부정맥을 차단하기 때문일 것이다. 아마씨는 훌륭한 용해성 섬유소 공급원이다. 섬유소는 장에서 담즙산과 결합함으로써 간의 담즙산 생산을 촉진하는데, 담즙산의 원재료가 콜레스테롤이므로 요컨대 아마씨는 혈중 콜레스테롤 농도를 낮춘다. 섬유소는 음식물 속 글루코스 흡수를 더디게 만드는 효과도 있다. **당뇨**p.80 환자들에게 아마씨를 규칙적으로 먹였더니 혈중 **글루코스**p.183 농도가 낮아졌다는 조사도 있다. 매일 50그램씩 섭취하자 글루코스 농도가 30퍼센트까지 떨어진 예도 있었다. 물론 리그난의 항암 효과도 빼놓을 수 없다. 한편 부정적인 면을 보면, 아마인유와 전립샘암에 상관관계가 있을지도 모른다는 가능성이 있다. 하지만 대체로 편익이 위험을 넘어서는 듯하다. 그러니까 아침에 귀리 시리얼을 먹을 때 빻은 아마씨 한 숟가락을 듬뿍 뿌리자. 그 위에 베리 류도 한 줌쯤 얹으면 더 좋겠다.

카놀라유의 다양한 혜택

CANOLA OIL BENEFIT

카놀라가 뭘까? 많은 사람들이 궁금해 한다. 카놀라는 사냥해서 잡는 것일까, 낚는 것일까, 기르는 것일까? 하지만 그런 사람들도 카놀라가 식용유로 쓰인다는 것은 안다. 그리고 출처를 모르는 식품에 대해 흔히 그러듯, 혹 건강에 나쁘지 않을까 의심한다. 공연한 불안은 끊어 버리자. 카놀라는 식물이다. 그 씨를 압착하여 기름을 낸다. 그 기름은 식용유들 중에서 가장 질 좋고, 안전하고, 경제적이다.

다른 곳에서 들었거나 읽은 이야기와 다르다고? 카놀라유가 사실 유채 기름인데, 유채 속 독성물질이 녹내장, 호흡 질환, 신경 질환, 면역계 이상 등을 일으키기 때문에 제조업체가 그 사실을 소비자들에게 감추려고 카놀라라는 이름을 지어냈다는 이야기를 여러분이 어디선가 들었을지도 모르겠다. 어쩌면 카놀라유가 무시무시한 화학무기인 겨자 가스의 재료라는 말도 들었을지 모르겠다. 이런 한심한 말을 담은 이메일이 2001년부터 널리 유포되고 있고, 사람들의 손을 거칠수록 말도 안 되는 내용들이 자꾸 덧붙는 듯하다.

최근의 주옥 같은 한 영웅담을 보자. 어느 여성이 팔을 '살짝 부딪쳤는데 피부가 마치 썩은 것마냥 쩍 갈라졌다.' 여성은 엄마에게 전화를 걸어 왜 이런 상처가 나는지 물었다. (팔이 갈라지면 첫 반응은 응당 병원으로 달려가는 것이어야 할 텐데.) 엄마는 단호하게 말했다. "너 카놀라유를 쓰는구나!" 보나마나 찬장에는 커다란 카놀라유 통이 있었다.

"카놀라는 식물이다. 씨를 압착하여 기름을 낸다. 그 기름은 식용유들 중에서 가장 질 좋고, 안전하고, 경제적이다."

세상에 이런 헛소리를 믿는 사람이 있을까? 사람들이 이 주제에 관하여 내게 던지는 질문들로 미루어 볼 때, 안타깝게도 정말 있는 것 같다.

충격적일 만큼 잘못된 정보로 카놀라유를 공격하는 이메일의 근원을 따져 보면, 1994년에 존 토머스라는 사람이 쓴 《다시 젊어지는 법》이라는 책으로 가 닿는다. 저자는 자기가 '생전기적 나이Bioelectic Age'를 (그게 뭐든 간에) 거꾸로 돌렸다고 주장하면서, 그 방법은 카놀라유나 대두유를 치우고, 간 세정제를 사용하고(그가 판다), 특수 여과기로 거른 물을 마시고(그가 판다), 자기 몸의 '주파수'에 맞도록 조절한 영양보조제들을 먹는 것이라고 했다. 독자도 체험할 수 있다. 자신에게 사진을 보내면, 자기가 직접 특수 기계로(그가 구비하고 있다) 독자의 '개인 주파수'를 측정한 뒤에 그에 꼭 맞게 조절한 보조제들을 제공한다고 했다(그가 판다).

'나이를 먹지 않기 때문에 이런 책까지 쓰게 된' 이 놀라운 남자에게 무슨 자격이 있을까? 내가 찾아본 바로는 전혀 없다. 뒷표지에 박힌 흐릿한 사진 한 장 외에는 존 토머스라는 사람의 코빼기도 찾아낼 수 없었다. 정체불명의 사람 하나가 이렇게 많은 사람들로 하여금 카놀라유의 안전성을 의심하게 하다니, 실로 감탄할 일이 아닐 수 없다.

저자가 카놀라유를 공격하며 늘어놓은 헛소리 중에 딱 하나 옳은 내용이 있다. 카놀라가 유채의 한 변종이라는 사실이다. 이 단어는 '캐

"카놀라유는 흔히 쓰이는 기름들 중에서 포화지방 함량이 가장 낮고, 오메가 3 지방산 함량은 아마인유 다음으로 높다."

나다Canada'와 '오일Oil'과 '로 애시드Law Acid(낮은 산성)'를 기발하게 조합한 것이다. 유채유는 오래전부터 윤활유로 쓰였는데, 글루코시놀레이트라는 화합물 때문에 쓴 맛이 나서 식용유로는 문제가 있었다. 또 다른 화합물인 에루스산도 문제였다. 에루스산을 어마어마하게 많이 먹으면 여러 장기에 지방이 축적된다는 사실이 동물 실험에서 드러났기 때문이다. 그래서 20세기에 캐나다 과학자들은 전통적인 품종 교배 기법을 통해서 글루코시놀레이트 함량이 낮고 에루스산 함량도 최저인 유채 품종을 개발했다. 그 식물의 씨를 압착해 얻은 기름이 카놀라유이다.

모든 기름이 그렇듯, 카놀라유도 글리세롤 분자 뼈대에 지방산 세 개가 붙은 구조이다. 지방이나 기름이 식용유로 얼마나 가치가 있고 건강에 어떤 영향을 미치는가 하는 점은 그 지방산들이 어떤 종류이냐에 달린 문제이다. 포화지방은 탄소-탄소 이중결합이 하나도 없는 것을 말한다. 심장질환 위험을 높이는 단점이 있지만 반복해서 가열할 수 있기에 튀김 요리 등에 적합하다. **단일불포화지방**p.311은 이중결합이 하나 있는 것이고, **다중불포화지방**p.311은 이중결합이 많이 있는 것이다. 이들 불포화지방은 심장에는 좋지만 열 안정성이 떨어진다. 앞서 보았듯, 알파리놀렌산(오메가 3 지방산이다) 같은 몇몇 다중불포화지방들은 심장질환 예방 효과마저 있다.

카놀라유는 흔히 쓰이는 기름들 중에서 포화지방 함량이 가장 낮고, 알파리놀렌산 함량은 아마인유 다음으로 높다. 지방의 건강성을 판별하는 방법으로, 포화지방 함량이 낮은지 보는 것 외에도 오메가 6와 오메가 3 지방산의 비율을 계산하는 방법이 있다. (오메가 6이니 3이니 하는 숫자는 분자 구조에서 이중결합이 끝에서 몇 번째 탄소에서 시작되는가 하는 위치를 말한다.) 카놀라유는 그 비율이 2:1이라 이상적이다.

카놀라유는 이처럼 불포화지방 함량이 높기 때문에 오래 가열할 수 없다. 식당에서 튀김 재료로 쓰기에는 적당하지 못하다. 보관도 까다로워서 식품 제조업체들에게 이상적인 기름은 아니다. 기름을 수소화시키면 좀 낫지만, 그러면 트랜스지방이 형성된다. 사실 그래서 콩기름이든 옥수수유든 카놀라유든 종류를 불문하고 수소화지방 섭취는 최소화하는 편이 좋지만, 어쨌든 가정에서 다용도로 쓰는 기름으로는 수소화하지 않은 카놀라유가 안성맞춤이다. 말이 나왔으니 말인데, 불포화지방을 가열하면 트랜스지방이 생긴다는 풍문은 사실이 아니다. 하지만 음식을 고온 조리할 때 발암물질로 추정되는 여러 고약한 화합물들이 생기는 것은 사실이므로, 튀김 요리는 가급적 지양해야 한다.

나도 빈 슈니첼(송아지 고기에 밀가루를 입혀 튀겨낸 커틀릿 요리—옮긴이)을 만들 때 카놀라유를 쓴다. 하지만 기름은 딱 한번만 쓰고, 이 별미를 자주 탐닉하지 않으려 노력한다. 그러나 일단 먹을 때에는 기氣를 빼앗길까 봐 걱정하거나, 사이아나이드에 중독될까 봐 걱정하거나, 광우병 같은 뇌 손상을 입을까 걱정하지 않는다. 아둔한 존 토머스께서는 카놀라유 때문에 그런 결과들이 생긴다고 주장했지만 말이다. 그의 경우를 보자면, 도리어, 카놀라유를 꺼리는 것이 뇌 손상을 일으키는 것만 같다.

올리브유, 그리스의 건강 비결

OLIVE OIL
and
GREEK HEALTH

기원전 1500년 무렵, 크레타 섬이 엄청난 지진으로 흔들렸다. 땅을 뒤흔든 지하 신들의 노여움을 달래고자, 주민들은 가장 귀중한 음식을 깊은 우물로 내려 보냈다. 덕분에 1960년에 고고학자들은 고대 크레타의 우물 바닥에서 커다란 바구니 한가득 담긴 올리브들을 발견했다. 낮은 온도 때문에 올리브들은 잘 보전되어 있었다. 크레타의 옛 주민들은 올리브의 효능을 알았을까? 그야 모를 일이지만, 그들의 후손은 분명히 건강한 사람들인 것 같다. 저명한 역학전문가 안셀 키즈가 1960년대에 확인한 바에 따르면 그렇다.

키즈는 여러 나라 사람들의 질병 패턴을 조사한 뒤에 이것이 생활방식의 요인들과 관계가 있는지 살펴보았다. 그러다 보니 특히 크레타가 흥미로웠다. 크레타 사람들은 수명이 길었고, 심장병이나 암 발생률이 낮았으며, 늙어서도 건강하게 활동하는 경우가 많았다. 키즈는 크레타의 식단이 수백 년간 사실상 전혀 변하지 않았고, 그 기본적인 재료가 버진 올리브유라는 사실을 알아냈다. 키즈도 그 사실 자체에는 그리 큰 의미가 없다는 것을 잘 알았다. 하지만 미국으로 이민 온 크레타 사람들의 심장질환 및 암 발생률이 다른 미국인과 비슷한 수준이라는 사실까지 알고 나니, 상황이 한층 흥미진진해졌다. 식단이 그 원인일까?

키즈가 데이터를 분석한 결과, 한 가지 패턴이 떠올랐다. 육류나 유제품처럼 포화지방이 많은 음식을 많이 먹는 나라들은 심장병 발병

"육류나 유제품처럼 포화지방이 많은 음식을 먹는 나라들은 심장병 발병률이 높았고, 식물성 액체 기름으로 지방을 섭취하는 나라들은 발병률이 현저하게 낮았다."

률이 높았고, 식물성 액체 기름에서 주로 지방을 섭취하는 나라들은 발병률이 현저하게 낮았다. 과학자들은 이 관찰에 대한 구체적인 설명도 제안했다. 심장질환은 혈중 콜레스테롤 수치와 관련이 있고, 콜레스테롤 수치는 식단의 지방 조성에 따라 결정된다는 것이다. 여기에서 핵심은 지방들의 분자 구조에 탄소-탄소 이중결합이 있느냐 없느냐인 것으로 드러났다. 식물성 기름의 불포화지방처럼 이중결합이 있는 지방은 콜레스테롤 수치를 낮춘 반면, 이중결합이 없는 포화지방은 수치를 높였다.

이 상관관계를 알아차린 의사들은 사람들에게 식습관을 바꾸라고 촉구하기 시작했다. 버터와 라드(돼지기름)는 퇴출되고 식물성 기름들이 들어왔다. 심장질환 발병률은 곤두박질쳤다. 하지만 식물성 기름은 빵에 펴 바를 수 없다. 겹겹이 바삭거리는 패스트리도 만들 수 없다. 타협안이 절실했다. 식품산업은 어떻게 하는 게 좋을지 금세 알아차렸다. 제조업체들은 다중불포화지방을 수소 기체와 반응시켜서 '부분적으로 포화된' 고형 지방을 만들었다. 이것은 고약한 포화지방보다는 심장동맥에 무리를 덜 줄 것이었다.

이렇게 만들어진 마가린과 식물성 쇼트닝은 버터보다 포화지방 함량이 적다는 점이 널리 선전되어 곧 가정의 일용품이 되었다. 그렇지만 그 수소화 과정에서 무시무시한 트랜스지방산이 생겨난다는 사실이 뒤늦게 밝혀졌다. 트랜스지방은 확실히 불포화지방이지만 포화지방보다 더 몸에 나쁠지도 모른다. 현재는 수소화 처리의 문제점 때문에 불포화지방이 몸에 좋다는 사실이 가려지면서 상황이 모호해진 셈인데, 이것은 안타까운 일이다. 왜냐하면 불포화지방은 정말 유익하기 때문이다. 물론 올리브유 등처럼 트랜스지방을 포함하지 않는 불포화지방 말이다.

올리브유는 주로 단일불포화지방으로 이루어진다. 화학적으로 설명하면 분자 구조에 탄소-탄소 이중결합이 딱 하나 있는 것이다. 포화지방이 심장질환과 관계 있다는 사실은 이미 보았는데, 불포화지방 함량이 높은 식단도 걱정스럽긴 마찬가지이다. 왜냐하면 과잉의 불포화지방이 대장종양 및 유방종양 성장을 부추긴다는 동물 실험이 있었기 때문이다. 여기에는 이유가 있다. 다중불포화지방은 암에서 노화까지 갖가지 문제들에 연루되는 자유 라디칼을 쉽게 만들기 때문이다. 그러나 단일불포화지방에 관해서는 여전히 좋은 소식들뿐이고, 특히 올리브유가 그렇다. 올리브유는 옥수수유나 콩기름 같은 다중불포화지방처럼 콜레스테롤 수치를 많이 낮추진 못해도, 대신에 그들이 갖추지 못한 장점, 가령 항암 효과 등을 지니고 있다.

1995년에 대중매체들이 그리스에서 이루어진 한 연구를 놓고 수선을 떤 일이 있었다. 하루에 한 번 이상 올리브유를 먹는 여성들의 유방암 위험이 눈에 띄게 낮다는 조사 결과였다. 사실 그것은 몹시 허술한 조사였다. 지난 1년의 식단을 단 한 차례의 설문으로 파악했으니, 신뢰도가 이만저만 떨어지는 조사가 아닐 수 없었다. 그래도 그 연구는 상당한 영향력을 발휘했고, 올리브유의 항암 효과에 대한 후속 연구들을 끌어냈다.

노스웨스턴 대학교 연구진은 올리브 속 단일불포화지방의 주성분인 올레산을 사람의 유방암 세포에 가해 보았다. 처리 용량은 올리브유를 많이 먹는 사람들의 혈중 올레산 농도와 비슷하게끔 했다. 흥미

"기존 식단에 올리브유 몇 숟가락을 더하는 것은 안 된다. 포화지방을 빼고 그 자리에 올리브유를 넣는 것이 중요하다."

롭게도 올레산은 총 유방암 사례들의 5분의 1에서 주요한 역할을 한다고 알려진 HER2/뉴 단백질의 생산량을 반 토막 냈다. 게다가 올리브유에 든 항암물질이 올레산만이 아닐지도 모른다. 얼스터 대학교 연구진은 버진 올리브유 속 특정 페놀들이 결장직장 배양세포의 DNA 손상을 완화시킨다는 사실을 확인했다. 물론 이것은 실험실 결과일 뿐이지만, 올리브유를 풍부하게 섭취하는 지중해 사람들이 결장직장암 발병률이 낮다는 관찰과 맞아떨어지는 듯하다. 최근에는 엑스트라버진 올리브유에 올레오칸탈이라는 소염물질이 들어 있다는 사실도 밝혀졌다. 이 물질은 이부프로펜(애드빌)과 비슷한 약리적 작용을 보인다. 이러니 올리브유가 한층 매력적으로 보일 수밖에 없다.

이제 많은 식당들이 손님들이 올리브유를 선호한다는 것을 알아차리고 버터 대신 작은 올리브유 종지를 식탁에 놓아 둔다. "대신"이라는 대목이 중요하다. 기존 식단에 올리브유 몇 숟가락을 더하는 것은 안 된다는 말이다. 포화지방을 빼고 그 자리에 넣는 것이 중요하다. 이래도 추천의 변이 더 필요하다면 잔 칼멩 여사에게 물어보자. 사실 정말로 물어볼 수는 없다. 그녀는 1997년에 향년 122세로 죽었기 때문이다. 역대 최장수 기록이었다. 그녀가 밝힌 장수 비결은 포트와인과 올리브유였다. 그녀는 피부에도 올리브유를 발랐는데, 한번은 이런 짓궂은 말을 한 적도 있었다. "나는 주름이라곤 딱 하나밖에 없는데, 지금도 바로 그 주름 위에 앉아 있는 거라우."

대두 단백질로 유방암 위험을 피하자?

SOY PROTEIN
and
BREAST CANCER

내가 두부에 열광하는 날이 오게 될 줄은 정말 몰랐다. 솔직히 말해서 두부 맛을 무척 좋아하는 편은 아니다. 하지만 대두 제품에 질병 예방 효과가 있음을 보여 주는 여러 연구들에 대해서는 무척 흥미가 동한다. 일례로 일본 여성들은 북아메리카 여성들에 비해 **유방암**p.90 발병률이 4분의 1에 불과하다. 일본 여성들은 대두 제품을 아주 많이 먹는다. 그렇다고 꼭 대두 섭취가 유방암과 관련이 있는 것은 아니겠지만, 연관성이 그저 우연의 일치만은 아닐 가능성이 높다.

대두의 잠재력을 알아보기 전에, 유방암은 여러 요인들로 인해 빚어지는 복잡한 병이라는 사실을 되새기자. 유방암은 나이와 관련이 있고, 유전적 요소도 있고, 지나친 알코올 섭취와도 관련이 있다. 또 몇몇 지용성 살충제 성분이나 음식 속 특정 지방 성분이 몸에 많이 들어오면 영향을 미친다는 연구 결과도 있다.

대두 예찬의 역사는 1940년대로 거슬러 올라간다. 당시 오스트레일리아 농부들은 특정 종류의 토끼풀을 먹은 양들이 정상적으로 번식하지 못한다는 사실을 눈치챘다. 수의사들이 확인했더니 그런 양들의 오줌에는 에쿠올 함량이 높았다. 그것은 임신한 말의 오줌에 들어 있는 화합물이다. 알고 보니 토끼풀 속의 어느 자연 화합물을 양의 창자 속 박테리아들이 에쿠올로 변환했던 것이다. 에쿠올은 생물학적 활성이 에스트로겐과 비슷하다고 하니, 이 에스트로겐 비슷한 물질이 생식을 방해한 것도 무리가 아니었다. 사람의 생식에서도 에스트로겐은 중요한 역할을 하니까 말이다.

이 일을 계기로 과학자들은 에스트로겐과 비슷한 화합물을 만드는 식물들이 더 있는지 찾아보았고, 이때 대두가 등장했다. 아시아 사람들의 주 식재료인 대두에는 아이소플라본이라는 피토에스트로겐(식물에서 유도된 에스트로겐)들이 풍부했다. 여러 종류의 아이소플라본들 중에서 특히 제니스테인과 다이드제인이 눈길을 끌었는데, 이들이 오줌을 통해 부분적으로 배출되고, 그 배출량이 식단 속 대두의 양과 비례했기 때문이다.

대부분의 과학자들은 피토에스트로겐의 발견에 의외라는 반응을 보였다. 에스트로겐과 유방암이 어떻게든 관련되어 있다는 심증이 이미 있었기 때문이다. 평생 에스트로겐에 자주 노출되는 여성은 유방암에 걸릴 위험이 높다고 알려져 있다. 가령 일찍 초경을 시작한 여성, 폐경이 늦게 오는 여성, 아이를 낳지 않거나 적게 낳은 여성들이다. 한마디로 말해서 평생 경험하는 월경주기의 수가 적을수록 유방암 위험이 낮다.

일본 여성들의 사례로 돌아가 보자. 일본 여성들의 월경주기는 평균 32일로서 북아메리카 여성들의 29일보다 길다. 평생 30에서 40회가량 월경을 덜 하게 된다는 뜻이다. 일본 여성들의 소변 속 피토에스트로겐 농도는 북아메리카 여성들에 비해 1000배 가까이 높았다. 대두 시나리오가 설득력을 얻는 대목은 이제부터이다. 일본 여성들은 대두 제품을 북아메리카 여성들보다 30배나 더 많이 먹는다. 북아메리카로 이민 와서 서양식 식단과 생활방식을 따르는 일본인들은 암 발생률이 다른 미국인들과 비슷한 수준이었다.

아이소플라본과 유방암이 어떤 메커니즘에 따라서 연결되는지 설명하는 가설도 있다. 유방 조직에는 에스트로겐 반응성 세포들이 있다. 열쇠가 자물쇠에 들어 맞듯이, 에스트로겐이 결합할 수 있는 특수 단백질을(에스트로겐 수용체) 지닌 세포라는 뜻이다. 그 결합이 이뤄지면 세포핵에서 일련의 반응들이 벌어져서 세포 증식을 부추기는 단백질들이 만들어지고, 비정상적인 세포 증식은 곧 암으로 이어진다. 아이소플라본은 아마 '약한' 에스트로겐처럼 행세하는 듯하다. 에스트로겐 수용체와 결합하지만 세포 활동은 크게 자극하지 않고, 그러면서도 수용체가 에스트로겐과 결합하지 못하게 막는다. 흡사 잘못된 열쇠가 자물쇠를 틀어막은 것과 같다. 가짜 열쇠는 자물쇠를 돌리지는 못해도, 다른 열쇠가 들어오려는 것은 효과적으로 막아 낸다.

연관이 있을지도 모른다는 암시나 가설은 그만하면 되었다. 대두가 정말로 유방암을 예방한다는 실제적인 증거가 있을까? 대두 혹은 분리한 아이소플라본을 동물에게 먹였더니 종양 발달이 억제되었다는 연구들이 많이 있다. 하버드 연구진은 쥐에게 2주 동안 아이소플라본을 먹인 뒤에 유방암이나 전립샘암 세포를 주입했는데, 그 결과 이 쥐들은 대조군 쥐들보다 종양 발생 수가 훨씬 적었다. 아이소플라본과 차를 함께 먹은 쥐들은 경과가 더 좋았다.

사람을 대상으로 한 데이터는 이렇게 직접적인 것이 드물지만, 아주 없지는 않다. 토론토 대학교의 데이비드 젠킨스 박사는 매일 대두 단백질 33그램을 포함하는 저지방 식단을 자원자들에게 먹인 뒤, 그들의 소변을 검사했다. 그 결과, 유방암 세포계의 영향을 보여 주는 지표인 호르몬 활동성이 낮아진 것을 확인했다. 젠킨스의 해석에 따르면 이것은 정도가 적으나마 실제로 유방암 예방 효과가 있다는 뜻이다.

또한 과학자들은 유방암 환자군을 적절한 일반인 대조군과 비교한 결과, 매일 대두를 먹는 폐경 전 여성들은 위험도가 최대 50퍼센트까지 낮다는 사실을 확인했다. 가령 싱가포르의 한 전형적인 조사 결과를 보면, 유방암 발병률이 규칙적인 대두 단백질 섭취량과 반비례했다. 아시아 여성을 대상으로 한 이런 식의 연구는 스무 건이 넘는다. 매일 두유 한 컵이나(250밀리리터) 두부 반 모만 먹어도 발암률이 낮아진다는 결과도 있었다. 폐경기 여성이 대두 단백질 가루를 매일 20그램씩(대강 콩으로 만든 버거 하나, 아니면 두유 한 컵이나 두부 한 모에 해당한다) 먹기 시작하면 폐경 증상들이 완화된다는 연구도 있다. 척추 골밀도가 증가하는 부수적 편익도 있었다. 폐경 전 여성이 그런 식단을 시행하면 월경주기가 2.5일쯤 늘어났고, 소변 속 아이소플라본 함량이 극적으로 높아졌다. 대두가 에스트로겐처럼 작용한다는 것은 엄연한 사실인 셈이다.

대두 속 주된 아이소플라본 성분인 제니스테인은 또 다른 효과도 있다. 제니스테인은 종양에 영양을 공급하는 혈관이 자라는 현상, 즉 '혈관형성'을 방해하는데, 이것은 큰 항암 효과를 낸다. 소변 속 제니스테인 농도가 높은 남성들은 **전립샘암**p.20에 잘 걸리지 않는다는 관찰을 이 사실로 설명할 수 있는지도 모른다. 아이소플라본은 이처럼 대두의 화합물들 가운데 가장 흥미로운 항암물질이지만, 그밖에도 눈여겨볼 화합물들이 있다. 가령 DNA 돌연변이 형성을 막는다는 엽산도 있다.

하지만 대두를 예찬하는 정보들에는 일관되지 못한 대목이 종종 있다. 일본의 조사에 따르면 유방암에 걸린 여성들도 걸리지 않은 대조군 여성들만큼이나 대두를 많이 먹었다. 중국 여성들은 일본 여성들에 비해 대두 제품 섭취량이 3분의 1이지만, 유방암 발병률은 똑같이 낮다. 어쩌면 어느 정도까지의 섭취량은 예방 효과가 있는 반면에, 그 이상 더 먹는다고 더 좋은 것은 아닐지도 모른다. 오히려 지나치면 위험할지도 모른다. 시험관에서 실험해 보니, 아주 낮은 농도의 제니스테인은 유방암 세포 증식을 도리어 촉진했고, 높은 농도여야 억제 효과가 있었다. 섭취 시기도 중요할 수 있다.

"대두를 일찍부터 먹으면, 유방암 예방 효과가 있을 가능성이 높다. 하지만 이미 유방암에 걸렸을 때는 이야기가 다르다. 아직은 치료 효과를 입증하는 과학적 증거가 부족하다."

암컷 쥐들에게 사춘기 이전에 대두를 먹였을 때에는 유방암 유발 물질에 대한 저항이 생겼지만, 다 자란 뒤에 먹였을 때에는 효과가 없었다. 사람의 경우에도 천연 에스트로겐 농도가 낮은 폐경 후와 에스트로겐이 풍부한 폐경 전에는 아이소플라본의 작용이 서로 다른지도 모른다. 아시아인을 대상으로 한 역학조사들을 보면 실제로 어릴 때 대두를 섭취해야 예방 효과가 있었다. 인생 후반에는 아이소플라본의 경쟁 상대인 천연 에스트로겐의 양이 적기 때문에 대두의 효과가 달라지는지도 모른다. 적어도 이론적으로는 그렇게 볼 수 있다.

폐경 후 여성들은 에스트로겐 분비량이 폭넓게 변하므로, 작은 농도 차이도 큰 영향을 미친다. 만약 에스트로겐 수치가 낮을 때 대두를 많이 먹으면 아이소플라본이 에스트로겐과 비슷한 악영향을 미칠 가능성이 있다. 한편 에스트로겐 수치가 높으면 아이소플라본이 천연 에스트로겐의 부정적 영향을 오히려 막아 줄 수 있다. 이것은 이론적 가능성에만 그치는 생각이 아니다.

웨이크포레스트 대학교의 찰스 우드는 폐경을 맞은 원숭이들에게 다량 혹은 소량의 에스트로겐을 주입한 뒤, 아이소플라본 함량을 여러 수준으로 나눈 식단을 먹였다. 그 결과, 에스트로겐 농도가 낮을 때에는 아이소플라본이 아무 영향도 못 미쳤다. 이것은 폐경 후에 대두를 먹어도 유방암 위험이 높아지지 않는다는 것을 암시한다.

고농도 에스트로겐을 맞은 원숭이들의 결과는 더욱 고무적이었다. 이들이 매일 240밀리그램씩 아이소플라본을 먹으면 유방암에 걸릴 확률이 낮아졌다. 그만큼의 아이소플라본은 보충제로만 섭취 가능하기 때문에, 이 정보를 알게 됐다고 해서 우리가 당장 행동에 나서기는 힘들다. 하지만 적어도 에스트로겐이 부족한 상황에서 피토에스트로겐이 에스트로겐을 모방하여 악영향을 일으키지 않을까 하는 걱정은 접어 둬도 좋다. 대두 제품이나 아이소플라본 보충제로 폐경 증상을 완화시키려고 하는 여성들은 혹시 유방암 위험이 늘어날까 염려할 필요가 없다. 별다른 특이점을 찾아내지 못한 연구도 많지만, 아이소플라본을 매일 160밀리그램쯤 복용하면 홍조나 밤중 식은땀 같은 폐경 증상들이 누그러진다는 연구도 몇 있었다.

현재의 정보로 볼 때 대두를 먹으면, 특히 일찍부터 먹기 시작하면, 유방암 예방 효과가 있을 가능성이 높다. 하지만 이미 유방암에 걸렸을 때 대두가 어떤 영향을 미치는가는 다른 이야기이다. 이 경우에 대해서는 뭐라고 조언할 만한 데이터가 부족하다. 신중한 입장을 취하자면, 유방암 환자들은 대두를 지나치게 많이 먹지 않는 편이 좋을 것이다.

누구나 암을 걱정하지만, 실상 가장 많은 사람을 죽이는 질병은 심장질환이다. 여기에서도 대두의 예방 효과를 기대할 수 있다는 소문이 여기저기서 들린다. 사실 단순한 소문 이상이다. 1999년, 대두 제품 생산업체들은 유리한 과학적 증거가 충분히 쌓였다고 판단하여, 포장에 '심장에 좋은 제품' 이라는 딱지를 붙이게 해달라고 미국 식품의약국(FDA)에 청원했다. FDA는 당시의 증거들을 살펴본 뒤, 두부나 두유에 든 대두 단백질이 '나쁜 콜레스테롤' 로 알려진 LDL의 혈중 농도를 낮추는 등 몇 가지 효과를 낸다는 데에 동의했다. 미국 제조업체들은 대두 단백질을 매일 25그램씩 섭취하고 포화지방과 콜레스테롤 함량

"대두가 건강한 선택인 것은 분명하나, 영양학적 만병통치 약은 아니다. 건강 면에서는 분명히 두부 샐러드가 훈제고기 샌드위치보다 월등하다."

이 낮은 식단을 유지하면 심장질환 위험이 낮아질지도 모른다는 내용의 광고를 할 수 있게 되었다. 그런 광고를 하려면 식품의 일회분량에 대두 단백질이 6.25그램 이상 들어 있어야 하고, 지방은 3그램 미만으로 들어 있어야 한다. 개중 포화지방은 1그램 미만이어야 하고 콜레스테롤 함량은 3밀리그램 미만이어야 한다.

FDA의 승인 결정을 탐탁지 않게 생각한 사람도 많았다. 심지어 FDA 소속 과학자들 중에서도 있었다. 반대자들은 지나친 대두 섭취가 갑상샘을 팽창시켜서 겉보기에도 목 부분이 불룩 튀어나오는 갑상샘종을 일으킨다고 주장했다. 대두 아이소플라본인 제니스테인과 다이드제인은 갑상샘호르몬 합성에 결정적인 역할을 하는 갑상샘과산화효소를 비활성화한다. 덕분에 갑상샘호르몬 수치가 떨어지면 뇌하수체는 갑상샘자극호르몬(TSH)을 더 많이 분비하고, 그러느라 갑상샘이 팽창된다.

이처럼 실험실 증거에 따르면 아이소플라본이 충분히 갑상샘에 영향을 미치는 듯하지만, 현실에서는 대두를 많이 먹는 사람들이 갑상샘종이나 기타 갑상샘 질환에 잘 걸린다는 관찰 증거가 없다. 또한 일각에서 유포된 소문처럼 대두를 먹은 아이들이 비정상적으로 발달한다거나, 피토에스트로겐 수치가 높은 사내아이들이 여성화 현상을 보인다는 것도 근거가 없는 말이다. 대두분유가 시판된 지 30년이나 되었는데 대두와 발달장애, 호르몬 이상의 관련을 드러낸 사례는 여태껏 없었다.

우리가 현실적으로 관심을 쏟아야 할 문제는 따로 있다. 최근의 과학자들이 한결 꼼꼼하게 실험을 수행함에도 불구하고, 초기 연구들이 보여 주었던 대두의 효능을 재확인하지 못하고 있다는 점이다. 1999년 이래 대두의 다량 섭취가 콜레스테롤 수치에 미치는 영향을 살펴본 임상 연구가 22건 수행되었으나 결과는 하나같이 인상적이지 못했다. 콜레스테롤 저감량은 평균 3퍼센트에 불과했다. 아이소플라본 보충제는 콜레스테롤에 아무 영향을 미치지 못했고, 암 예방 효과도 또렷하게 드러나지 않았다. 물론 그렇다고 해서 대두 식품들이 건강식이 아니라는 말은 아니다. 대두가 건강한 선택인 것은 분명하나, 영양학적 만병통치약은 아니라는 말이다.

동물성 단백질을 식물성 단백질로 바꾸면 포화지방과 콜레스테롤 섭취량이 줄기 때문에 틀림없이 유익할 것이다. 게다가 대두에는 알파리놀렌산도 들어 있는데, 이 지방산은 콜레스테롤 저하와는 무관하게 심장질환 위험을 낮춘다고 알려져 있다. 건강 면에서는 분명히 두부 샐러드가 훈제고기 샌드위치보다 월등하다. 맛에 관한 한 대부분의 사람들이 거꾸로 생각한다는 게 안타까울 뿐이다.

에스트로겐 수치를 낮추는 통곡물 세 줌

WHOLE GRAINS and ESTROGEN

심장질환, 암, 당뇨, 게실염(결주머니염) 위험을 낮춰 주는 새로운 영양보조제가 시장에 나왔다고 하자. 체중 증가까지 막아 준다고 한다. 많은 분들이 당장 지갑을 거머쥐고 건강식품 가게로 달려갈 차비를 할 것이다. 아, 그러나 그런 보조제는 없다. 하지만 우리가 식단에 간단한 변화를 주면 위에 열거한 편익들을 실제로 누릴 수 있다. 통곡물을 매일 적어도 세 줌씩 먹으면 된다. 건강을 위해서 기꺼이 알약을 삼키려는 사람들이 어째서 식단을 바꾸는 데에는 미적대기 일쑤일까? 북아메리카 사람들의 입맛이 정제한 흰 밀가루로 만든 빵, 파스타, 시리얼에 길들여졌기 때문이다. 우리는 습관의 노예이다. 하지만 그것은 깨버려야 마땅한 습관이다.

간단하게 설명하면, 종자는 식물 구조의 일부로서, 온전한 식물 개체를 길러 낼 능력이 있는 부위이다. 곡물이란 대개 볏과에 속하는 식물들의 종자를 가리킨다. 곡물의 낟알은 배, 배젖, 겨(기울)의 세 요소로 구성된다. 배는 꽃가루로 수분이 되는 부분이고, 배젖은 주로 전분질로 이루어져 있어서 배 성장에 필요한 에너지를 공급하는 부분이고, 겨는 종자를 덮어 보호하는 거친 섬유질이다. 곡물은 통째로 조리할 수도 있고, 가루로 만들어 먹을 수도 있다. 그런데 일찍이 우리 선조들이 발견했듯이, 통곡물 가루는 보관이 쉽지 않다. 배 속의 지방이 상대적으로 빨리 상하기 때문이다. 반면에 도정을 거쳐서 겨와 배를 떼어내고 배젖만 남기면 더 오래 보관할 수 있거니와 질감과 맛도 좋아진다. 하지만 통곡물과 정제 곡물의 영양을 비교하면…… 아니, 아예 비교가 안 되는 수준이다.

통곡물이라고 하면 사람들은 대개 섬유소를 떠올린다. 섬유소는 주로 겨에 많이 든 성분으로서 위나 작은창자에서 소화되지 않는 물질이다. 소화되지 않는다고 해서 유익하지 않은 것은 아니다. 1960년대에 영국인 의사 데니스 버킷 박사는 우간다로 의료선교 활동을 갔다가, 섬유소 부족과 질병의 상관관계를 처음 눈치챘다. 박사가 관찰한 바, 우간다 사람들은 대장암이나 심장질환이나 게실염을 겪는 경우가 극히 드물었는데, 우간다에 거주하는 영국 사람들은 곧잘 그런 질병에 걸렸다. 차이가 무엇일까? 식단이었다. 영국인들은 정제한 흰밀빵과 고기 위주로 먹어 섬유소가 부족했던 반면, 우간다 사람들은 섬유소가 풍부한 식물성 식품을 주로 즐겼다. 이후 섬유소의 예방 효과를 설명하는 이론들이 쏟아졌다.

섬유소는 대장에서 발암물질을 흡수하거나 희석시키고, 음식물이 대장을 통과하는 시간을 단축한다. 장 박테리아가 섬유소를 소화시켜서 내놓는 단쇄 지방산은 항암효과가 있다. 또 섬유소는 장에서 담즙산을 흡수한다. 담즙산은 간이 합성해서 내놓는 소화액으로, 보통은 장벽을 통해 몸으로 재흡수된다. 하지만 섬유소가 있으면 그럴 수 없기 때문에 간이 담즙산을 더 생산해야 한다. 담즙산의 원재료는 콜레스테롤이므로 따라서 혈중 콜레스테롤 농도가 낮아지고, 심장질환 위험도 낮아진다.

버킷의 관찰이 처음 발표된 이후, 통곡물과 건강을 잇는 가설을 탄탄하게 뒷받침하는 증거들이 무수히 많았다. 하지만 간간이 딴지를 거는 연구들도 있었다. 가령 엄청난 규모의 간호사건강조사에서는 섬유소와 대장암 발병률 사이에 아무런 관계가 밝혀지지 않았다. 어쩌면 섬유소를 많이 먹는다고 대답한 사람들조차 실제로는 그리 많이 먹지

"통곡물에 섬유소만 있는 것은 아니다. 통곡물은 과일이나 채소에 못지 않게 좋은 항산화물질 공급원이고, 미네랄과 비타민도 다양하게 함유하고 있다."

않았기 때문인지도 모른다. 다른 대부분의 연구들에서는 연관성이 확인되었다. 유럽 10개 나라 50여만 명을 대상으로 한 조사를 보면, 섬유소 섭취를 늘렸을 때 결장직장암 발병률이 40퍼센트쯤 낮아졌다.

핀란드 패러독스도 있다. 일반적으로 심장발작이 흔한 나라일수록 **대장암**p.93 발병률도 높다. 그런데 핀란드는 예외이다. 핀란드의 심장질환 발병률은 산업국들 중 두 번째로 높지만, 대장암 발병률은 33번째로 눈에 띄게 낮다. 심장질환이 흔한 것은 핀란드 사람들의 식단에 지방 함량이 몹시 높은 사실로써 설명이 된다지만, 대장암 발병률이 낮은 것은 왜일까?

핀란드 사람들이 사랑해 마지 않는 통밀빵에 불용성 섬유소가 엄청나게 많이 들어 있기 때문일지도 모른다. 이 빵은 장에 좋다. 반면에 콜레스테롤을 낮추는 섬유소는 귀리에 들어 있는 것과 같은 용해성 섬유소이다. 핀란드 사람들의 지방 섭취량이 어마어마한 데도 유방암 발병률이 낮다는 것 또한 특기할 만하다. 아마 유방암과 관련이 있는 체내 에스트로겐 수치를 섬유소가 낮춰 주기 때문일 것이다. 핀란드 사람들은 하루에 25에서 30그램씩 섬유소를 먹는데, 북아메리카 사람들이 이 정도로 먹기는 만만치 않을 것이다.

통곡물에 섬유소만 있는 것은 아니다. 통곡물은 과일이나 채소에 못지 않게 좋은 항산화물질 공급원이고, 미네랄과 비타민도 다양하게 함유하고 있다. 항암 효과가 입증된 리그난도 들어 있고, 혈액응고를 방지하는 루틴도 들어 있다. 그밖에도 얼마나 많은 피토케미컬들이 들어 있어서 건강에 도움을 주는지, 이루 다 말하기 힘든 형편이다. 통곡물 식단의 편익을 보여 주는 숱한 연구들을 다 늘어놓으면 읽는 이가 질릴 것이다. 매일 통곡물을 세 줌 이상 섭취하면 인슐린 저항이 낮아진다는 연구, 매일 통곡물을 40그램씩 먹으면 중년의 체중 증가를 상당히 억제할 수 있다는 연구, 통곡물 시리얼을 두 그릇씩 먹으면 심혈관질환 위험이 30퍼센트 낮아진다는 연구. 그러나 결론만 말하자.

하루에 통곡물 세 줌을 어떻게 먹을까? 쉽다. 한 끼 분량, 즉 대략 한 줌은 통곡물 시리얼 30그램, 통곡물빵 한 조각, 익힌 통곡물이나 통곡물 파스타 반 컵에(125밀리리터) 해당한다. 알약을 삼키는 것만큼 쉽지 않은가?

장을 청소하는 귀리의 성분

OATMEAL
and
INTESTINE

아빠 곰의 피를 검사해 보면 재미있을 것 같다. 아빠 곰은 늘 꿀을 핥아 대니까 트라이글리세라이드 수치가 높겠지만, 귀리죽(오트밀)을 좋아하니까 콜레스테롤 수치는 그런대로 나쁘지 않을 것 같다. 골디락스 이야기에 등장하는 곰 가족은 귀리죽이라면 죽고 못 산다는 점에서 영양학적 모범이 될 만하다(금발머리 소녀 '골디락스'와 곰 가족이 등장하는 영국 전래동화를 말한다—옮긴이).

스코틀랜드 사람들은 이 사실을 잘 안다. 귀리죽은 스코틀랜드의 일상식이다. 그곳 사람들은 귀리를 물과 우유에만 담가 먹는 게 아니라, 전통에도 담가 먹는다. 듣기로는 머리가 없는 나무 숟가락처럼 생긴 스퍼틀을 써서 반드시 오른손으로, 그것도 시계방향으로만 저어야 하고, 자작나무 접시에 담아 먹어야 한단다. "귀리죽은 위에 오래 남고 장을 청소해 준다." 스코틀랜드 사람들이 즐겨 하는 말이다. 그리고 이것은 사실이다.

귀리는 포만감이 높다. 소화에 시간이 많이 걸려서 배부른 느낌이 오래 지속된다는 말이다. 어느 조사에서 아침식사로 귀리죽과 콘플레이크를 비교해 보았더니, 귀리죽을 먹은 사람들은 콘플레이크를 먹은 사람들에 비해 점심 칼로리를 3분의 1 적게 섭취했다. 귀리는 기본적으로 몸무게를 줄이는 데 도움이 된다.

'장을 청소한다'는 말에도 일리가 있다. 이유도 여러 가지이다. 귀리에는 용해성 섬유소와 불용성 섬유소가 모두 들어 있다. 섬유소는 식물, 곡물, 과일, 채소의 일부로서, 소화관의 효소들에 의해 분해되지 않기 때문에 영양소를 제공하지 못하는 물질이다. 달리 말하면, 우리가 먹는 음식들은 우리 몸을 구성하지만, 섬유소만은 예외라서 그냥 몸을 통과해 나간다. 말했다시피 섬유소에는 불용성과 용해성 두 종류가 있다. 셀룰로스는 대표적인 불용성 섬유소이고, 과일에 많은 펙틴은 대표적인 용해성 섬유소이다.

셀룰로스는 규칙적으로 변을 보게 해주고, 게실염 위험을 낮추고, 대장암을 발생시키는 각종 물질을 제거한다. 그런데 요즘은 셀룰로스보다는 귀리에 든 용해성 섬유소인 베타글루칸이 각광을 받고 있다. 귀리가 영양학적으로 기적의 식품은 아니지만(그런 식품은 없다), 귀리를 자주 먹으면 혈중 콜레스테롤이 낮아지고, 고혈압이 완화되고, 동맥이 깨끗하게 유지되고, **당뇨** p.119 통제에 도움이 된다는 구체적인 증거들이 있다.

귀리에 관한 정보들 가운데 일부는 사실 새로운 게 아니다. 몇 년 전에 불어닥쳤던 귀리겨 열풍을 떠올려 보자. 상점들이 제품을 가져다 놓기가 무섭게 동이 났다. 슈퍼마켓에 새로 물량이 들어왔다는 소문이 돌면 초조하게 기다리던 고객들이 쏜살같이 달려갔지만, 한 발 앞서 누군가 물건을 싹 쓸어간 뒤이기가 일쑤였다.

어째서 사람들은 예전에는 가축에게나 먹이던 것에 열렬한 관심을 보였을까? 귀리의 겉껍질인 귀리겨에 콜레스테롤 저감 효과가 있는 용해성 섬유소가 풍부하게 들어 있다는 멋진 조사가 발표되었기 때문이다. 메커니즘을 설명한 이론도 있었다. 베타글루칸은 장에서 수분을 흡수해서 끈적한 덩어리가 되며, 그 상태로 음식물 속 콜레스테롤은 물론이고 소화액인 담즙산도 빨아들인다. 담즙산은 콜레스테롤을 재료로 하여 합성되는 화합물이므로, 담즙산이 소화관에서 제거되는 바

"귀리가 영양학적으로 기적의 식품은 아니지만, 귀리를 자주 먹으면 혈중 콜레스테롤이 낮아지고, 고혈압이 완화되고, 동맥이 깨끗하게 유지되고, 당뇨 통제에 도움이 된다. 다이어트에도 좋다."

람에 자꾸 합성을 해야 한다면 결국 혈중 콜레스테롤 농도가 떨어진다. 그러나 사람들은 귀리겨를 얼마나 먹어야 콜레스테롤 저감 효과를 볼 수 있는지는 듣지 못했다. 결코 적지 않은 양을 먹어야 하는데도 말이다.

혈중 콜레스테롤을 5퍼센트쯤 낮추려면 베타글루칸을 매일 3에서 4그램씩 먹어야 한다. 하지만 무조건 많이 먹는 게 능사가 아니다. 이보다 많이 섭취하면 위가 부담스럽고, 속이 더부룩하고, 가스가 찬다. 5퍼센트 절감이라 하면 별 것 아닌 듯 들릴지도 모르겠지만, 심장발작 위험이 10퍼센트 가까이 낮아질 수 있는 대단한 수준이다.

베타글루칸을 그만큼 섭취하려면 조리한 귀리겨 한 컵이나(250밀리리터) 귀리죽 한 컵 반을 먹어야 한다. 즉석 오트밀 제품으로는 세 봉지이다. 하지만 귀리겨 쿠키나 과자나 껌은 소용없다. 그런데도 이런 한심한 제품들이 상점에 넘쳐나서 귀리겨 열풍에 편승해 보려고 했다. 그런 제품들은 콜레스테롤에 어떠한 영향도 주지 못하고, 더군다나 맛도 형편없다. 그러니 귀리겨 유행이 삽시간에 수그러든 것도 놀랄 일이 아니다. 사실 안타까운 일이다. 적당량을 먹는다면 귀리는 정말 좋은 식품이기 때문이다. 단지 콜레스테롤만 낮추는 것이 아니고, 혈압도 낮춘다.

"적당량을 먹는다면 귀리는 정말 좋은 식품이다. 단지 콜레스테롤만 낮추는 것이 아니고, 혈압도 낮춘다. FDA가 최초로 건강상의 유리함을 인정한 사례가 바로 귀리 제품이다."

미네소타에서 고혈압 처방약을 한 종류 이상 복용하는 환자들을 대상으로 예비 연구를 한 사례가 있었다. 환자들 중 절반에게는 매일 귀리죽 한 컵 반과 오트스퀘어(귀리를 재료로 한 간식) 하나를 먹여 용해성 섬유소 5그램을 섭취하게 했고, 나머지에게는 용해성 섬유소가 적은 시리얼과 간식을 먹게 했다. 그 결과 귀리를 먹은 환자들의 혈압이 상당히 낮아졌다. 그들 중 절반은 약을 끊어도 될 정도였다.

귀리가 어떻게 혈압을 낮추는지 분명하게는 알 수 없지만, 아마 **인슐린**p.125 저항에 영향을 미치는 듯하다. 인슐린은 이자가 분비하는 물질로서, 식사 후에 혈액 속에 많아진 글루코스를 체세포들이 흡수하려면 인슐린이 꼭 필요하다. 글루코스 농도가 갑자기 높아지면 인슐린도 빠르게 반응하는데, 그런 갑작스러운 농도 변화가 너무 빈번해지면 인슐린의 효력이 점차 떨어져서 갈수록 많은 양이 필요하게 된다. 이런 상태를 인슐린 저항이라고 한다. 과학자들에 따르면 인슐린 저항이 생길 경우, 혈관이 좁아져서 혈압도 상승한다. 용해성 섬유소는 장에서 영양소가 흡수되는 속도를 늦춤으로써 인슐린 저항을 둔화시킨다. 그러니까 귀리는 혈당을 관리해야 하는 당뇨 환자들에게도 좋다.

이래도 귀리에 입맛이 돌지 않는가? 그렇다면 LDL 콜레스테롤이 동맥에 해로운 산화 형태로 바뀌는 것을 막아 주는 아베난쓰라마이드라는 특별한 항산화물질도 귀리에 들어 있다는 것을 생각하자. 모든 점을 종합할 때, 미국 식품의약국(FDA)이 식품에 대해 최초로 건강상의 편익을 인정한 사례가 다름 아닌 귀리 제품이었다는 것도 수긍할 만한 일이다. 1997년에 FDA는 '통귀리, 귀리겨, 귀리 가루의 용해성 섬유소를 저포화지방, 저콜레스테롤 식단의 일부로 섭취할 경우 심장질환 위험이 낮아질 수 있다'는 문구를 귀리 제품들에 사용해도 좋다고 승인했다. 그러나 조건부 승인이었다. 제품의 일회분량에 베타글루칸이 0.75그램 이상 들어 있어야 하고, 지방은 3그램 미만, 포화지방은 1그램 미만 들어 있는 경우에 한정한다.

베타글루칸을 함유한 곡물이 귀리만은 아니다. 보리도 이 용해성 섬유소의 함량이 높다. 사실 보리는 낟알 전체에 베타글루칸이 들어 있어서 겨에만 들어 있는 귀리보다 낫다. 도정을 해도 베타글루칸이 제거되지 않기 때문이다. 즉 보리 가루, 보리 플레이크, 보리죽 등 정제 보리로 만든 제품에도 베타글루칸이 들어 있다는 말이다. 당연지사 보리 제조업체들도 선전에 뒤지고 싶지 않았다. 그들도 FDA에 청원을 내고 보리 제품의 효능을 증명하는 무수한 연구 결과들을 갖다 바쳤다. FDA 심사관들은 통보리와 건식 분쇄한 보리 제품의 영향을 조사한 다섯 건의 임상시험을 검토한 결과, 일관되게 콜레스테롤 저하 효과가 있다고 결론 내렸다.

이제는 보리 제조업체들도 보리의 용해성 섬유소를 저포화지방, 저콜레스테롤 식단과 함께 섭취하면 심장질환 위험을 낮출 수 있다고 광고할 수 있다. 그러니 아침식사로 귀리겨를 먹자. 아마씨와 베리류를 얹어 먹으면 더 좋겠다. 그리고 저녁으로는 콩과 보리로 만든 수프가 어떨까.

콩의 놀라운 항암 효능

BEANS
and
ANTI CANCER

아, 콩이여. 콩을 먹으면 가스가 찬다. 굳이 실험까지 하지 않아도 누구나 다 아는 사실이다. 하지만 콩은 심장질환과 암의 위험을 낮춘다. 물론 이런 주장을 하려면 과학적 연구 결과가 뒷받침되어야 한다. 가장 이상적인 방법은 '개입 연구'를 하는 것이다. 생활방식이 거의 비슷한 대상자들을 두 집단으로 나누고, 식단에서 딱 한 가지 요소만 다르게 만들어 보는 방법이다. 즉 실험군에게는 정량의 콩을 먹이고, 대조군에게는 먹이지 않은 뒤, 두 집단을 몇 년 동안 추적하는 것이다. 콩을 먹는 집단을 추적하기는 별로 어렵지도 않을 테지만, 안타깝게도 그런 개입 연구는 몹시 까다롭기 때문에, 연구자들은 그보다는 '환자-대조군' 기법을 택한다.

환자-대조군 연구는 특정 질병을 앓는 환자들을 비슷한 수의 건강한 사람들과 비교하는 것이다. 물론 나이, 생활방식, 주거지, 육체적 활동 수준, 흡연 여부, 체중, 기타 사회경제학적 상황이 비슷한 사람들이어야 한다. 하버드 대학교 연구진은 이 기법을 써서 코스타리카의 심장발작 환자 2118명에게서 유병 요인을 찾아보았다. 놀랍게도 매일 3분의 1컵씩 콩을 먹은 사람들은 심장발작 위험이 40퍼센트 가까이 낮은 것으로 드러났다. 콩 속의 어떤 물질 때문인지는 명확하지 않지만, 콩에는 엽산, 마그네슘, 비타민 B_6, 알파리놀렌산, 섬유소가 풍부하고, 그 각각이 최소한 이론적으로는 심장 기능에 긍정적인 영향을 미친다.

인구집단 연구도 병인 파악에 도움이 되는 기법이다. 아주 많은 수

"하버드 대학교가 심장발작 환자 2118명에게서 유병 요인을 찾아보았다. 놀랍게도 매일 3분의 1컵씩 콩을 먹은 사람들은 심장발작 위험이 40퍼센트 가까이 낮은 것으로 드러났다."

의 건강한 피험자들의 건강 상태를 꾸준히 점검하고, 그들의 생활방식도 기록한다. 피험자들은 정기적으로 음식 습관 설문지를 작성하고, 연구자들은 그것을 분석하여 특정 식품 요소의 영향을 알아본다. 이런 기법으로 가장 유명한 것이 앞서 언급했던 간호사건강조사로, 간호사 수천 명을 오랫동안 추적한 연구였다. 당연히 간호사들 중 일부는 유방암에 걸렸다.

연구자들은 항산화물질, 특히 플라보놀 섭취 부족이 유방암과 관련이 있을 것으로 보고, 플라보놀 함량이 높은 차, 양파, 사과, 브로콜리, 초록피망, **블루베리**p.36 등의 섭취량을 분석했다. 그런데 예상치 못한 결과가 나왔다. 총 플라보놀 섭취량과 유방암 사이에는 아무런 연관이 없었던 반면에, 콩이나 렌즈콩을 일주일에 두 번 이상 먹은 여성들은 한 달에 한 번 미만으로 먹은 여성들보다 발병률이 25퍼센트 정도 낮았다. 건강에 대한 효과는 특정 요소에 따라 결정되기보다 식품의 전체 조성에 따라 결정된다는 사실을 다시금 보여 준 사례이다.

실험실 연구와 동물 연구도 질병 예방 및 퇴치에 관한 단서를 제공한다. 우리가 결국 콩의 항암 효능이 어디에서 오는지 밝혀내게 된다면, 이 기법 덕분일 것이다. 어쩌면 이노시톨 펜타키스포스페이트라는 성분이 비밀을 쥐고 있는지도 모르겠다. 이 물질은 일반적인 콩류는 물론이고 렌즈콩, 완두, 밀겨, **견과류** p.147에 들어 있다. 종양 성장에는 갖가지 화학반응이 관여하고, 여러 효소들이 그 반응들에서 활약을 하는데, 1980년대에 발견된 포스포이노시타이드 3-키나아제는 폐암, 난소암, 유방암의 발달에 관여하는 효소이다. 이 효소의 활동을 방해하는 물질이라면 연구 가치가 있는 셈이다.

여러 화합물들이 효력을 보였으나 대부분이 너무 독해서 사용하기 힘든 것들이었는데, 런던의 유니버시티 칼리지 연구진이 콩에서 분리해 낸 이노시톨 펜타키스포스페이트는 가망이 있어 보였다. 이 화합물은 다량으로 적용해도 무해한 편이다. 시험관에서 사람 세포에게 적용해 보았더니, 종양이 영양을 공급 받기 위해서 혈관을 만들어 내는 이른바 혈관형성 과정을 이 화합물이 방해했다. 사람의 난소암 세포를 생쥐에게 이식하자 더 흥미로운 결과가 나왔다. 이노시톨 펜타키스포스페이트가 난소암 치료에 흔히 사용되는 시스플라틴이라는 약품에 비견할 만한 효과를 보였던 것이다. 이 화합물이 항암제의 효능을 강화한다는 발견 또한 흥미롭다.

콩이 건강에 좋아도 사람들은 식단에 콩을 많이 포함시키기를 주저한다. 가스가 차서 방귀를 자주 뀌게 될까 봐 염려하는 것이다. 콩에 들어 있는 라피노스나 스타치오스 같은 탄수화물은 소장의 소화효소들로 분해되지 않기 때문에 고스란히 큰창자로 넘어간다. 그러면 대장 박테리아들이 이 물질들을 신나게 먹어 치우는데, 안타깝게도 그 과정에서 다량의 기체가 발생하며, 그중 황화 수소 같은 것은 끔찍할 정도로 냄새가 고약하다. 하지만 과학이 우리를 구원해 줄지도 모른다.

베네수엘라 시몬볼리바르 대학교의 마리셀라 그라니토와 동료들은 오랫동안 이 문제를 연구한 끝에, 락토바실루스(젖산간균) 종의 두 가지 박테리아로 콩을 발효시킨 뒤에 조리를 하면 영양적 가치는 그대로 유지한 채 문제의 탄수화물들만 90퍼센트 가까이 제거할 수 있음을 알아냈다. 연구진은 식품회사들이 이런 박테리아들을 활용해서 가스가 덜 차는 콩을 시장에 선보일 수 있을 것이라고 했다. 인도의 과학자들은 다른 접근법을 취했다. 그들은 일반적인 식품 방사선 조사 기법을 써서 콩에 감마선을 쬐었다. 그런 뒤에 콩을 불리는 과정까지 거치면 스타치오스와 라피노스가 대부분 제거되었다.

콩을 먹었을 때 가스가 차는 정도는 사람마다 편차가 크다. 제법 많이 먹어도 아무 탈이 없는 사람이 있는가 하면, 부리토 하나만 먹어도 주변 사람들을 몰아낼 만큼 방귀를 뀌는 사람도 있다. 후자에 해당하는 사람이라도 서서히 섭취량을 늘리면 가스 배출량이 줄어든다. 콩의 장점에 관해 밝혀진 사실들을 고려할 때, 그만한 노력을 할 가치는 충분하다. 식단에 육류 대신 콩을 넣는 것은 좋은 생각이다. 옛 동화에서 집안의 소를 콩과 바꾸어 거대한 콩줄기를 길렀던 잭은 사실 그다지 나쁜 거래를 한 게 아니었을지도 모른다.

양배추로 유방암을 예방한다

CABBAGE
and
BREST CANCER

콩과 마찬가지로 양배추도 평판이 썩 좋은 편이 아니다. 어느 영국인 음식평론가는 삶은 양배추보다는 차라리 "망한 핀란드인의 폐품가게에서 건져온 거친 갱지를 찐 뒤에, 훈제한 냄새가 나게 화로에 데워 먹는 편이 훨씬 맛깔지다!"고 평했다. 나는 쪘든 안 쪘든 거친 갱지를 먹어 본 적이 없지만, 그래도 나더러 선택하라고 하면 단연 양배추를 택하겠다. 사람들이 인돌-3-카비놀을 좀더 먹는다면 건강이 좋아질 거라고 생각하기 때문이다.

인체는 환상적인 기계이다. 바람직하지 못한 화학물질이 침입해 들어왔을 때 그에 맞서 자신을 보호할 수 있는 방어 메커니즘을 다양하게 갖추고 있다. 다양한 효소들이 침입자를 덜 해로운 물질로 변환시키거나, 침입자와 결합함으로써 소변을 통해 몸 밖으로 배출시킨다. 위협적인 외부물질이 감지되면 세포 표면의 수용체들이 활성화하고, 그러면 세포의 유전자 기계들이 작동해서 방어 효소들을 대량생산해 낸다. 일찍이 1950년대에 과학자들은 발암물질이 몸에 들어왔을 때에도 방어 효소들이 분비되지만, 효소들이 발암물질을 완전히 제거하지 못한다는 사실을 알아냈다.

그런데 실험동물들 중 몇몇은 다른 녀석들에 비해 유독 발암물질을 잘 견뎠다. 녀석들의 효소 생산 체계는 남들보다 훨씬 효율적이었다. 사람도 비슷한 예가 많다. 흡연자라고 해서 누구나 폐암에 걸리는 것은 아니다. 왜 그럴까? 운 좋은 사람은 방어 효소를 더 많이 생산하는 걸까? 정말 그렇다면 그 특질을 더욱 북돋울 수는 없을까?

단서는 쥐 연구에서 왔다. 일단 한번 발암물질에 노출된 쥐들은 두 번째로 발암물질에 노출될 때에는 저항력이 더 컸다. 세포들이 최초의 공격자에 대한 반응으로 합성해 냈던 효소들이 계속 보호 효과를 발휘하는 듯했다. 물론 사람은 발암물질에 대한 저항력을 갖고 싶다고 해서 미리 발암물질에 대한 노출을 감행할 순 없다. 하지만 화학적 성질이 발암인자들과 비슷하되 그 자체로는 위험하지 않은 물질이 있다면 어떨까? 그런 물질은 세포를 속여서 방어 효소를 생산하게 하지 않을까? 이것이 실제로 가능성 있는 이야기라는 사실이 1960년대에 확인되었다. 양배추, 그리고 브로콜리나 콜리플라워나 방울다다기양배추 같은 십자화과(꽃이 십자 모양이기 때문에 이렇게 불린다) 채소에 들어 있는 화합물들이 방어 효소 생산을 촉진했던 것이다. 곧 과학자들은 **인돌-3-카비놀**p.96이라는 화합물에 초점을 맞추었는데, 그 물질에 유방암 예방 가능성이 있었기 때문이다.

여기에서 연결고리는 **에스트로겐**p.67이다. 여성호르몬인 에스트로겐은 종양 발달을 촉진한다고 알려져 있다. 당연한 말이지만 에스트로겐과 유방암의 관계는 단순하지 않다. 실험실 연구에 따르면, 체내 화학물질들이 대개 그렇듯이, 에스트로겐도 배출된 뒤에 여러 다양한 반응들을 거친다. 그 반응들을 총칭하여 대사활동이라고 한다. 에스트로겐의 대사는 두 가지 경로 중 하나를 따른다. 첫째는 16-하이드록시에스테론을 만드는 길이다. 이 물질은 유방조직 세포들의 무분별한 증식을 촉진하는 주범이다. 둘째는 에스트로겐이 2-하이드록시에스테론으로 바뀌는 길인데, 이 화합물은 비교적 반응성이 낮다. 이 두 가지 변환 과정에 특수한 효소들이 관여하고, 그 효소들의 농도는 또 갖가지 요인의 영향을 받는다. 여기에 인돌-3-카비놀이 끼어든다. 인돌-3-카비놀은 에스트로겐을 안전한 경로로 대사시키는 방어 효소들을 격려하므로, 유방 조직이 고약한 16-하이드로시에스테론에 덜 노출된다.

“여성 80명이 양배추류 채소가 풍부한 식단을 먹고 소변을 채취하는 실험에 참여했다. 그 결과, 양배추가 유방암 예방 효과를 암시하는 결과가 나왔다.”

꽤 흥미로운 이야기이지만 대부분의 독자들에게는 추상적인 이야기일 것이다. 당장 부엌으로 달려가서 양배추를 삶게 만들기에는 설득력이 부족한지도 모른다. 하지만 더 들어보자. 인돌-3-카비놀에 노출된 생쥐들은 유선종양이 덜 생겼다. 쥐들은 자궁내막암이 덜 생겼다. 여성들에게 인돌-3-카비놀이 400밀리그램(대강 양배추 반 통에 해당한다) 든 캡슐을 매일 먹이고 에스트로겐 대사에 정말 변화가 있는지 알아본 연구 결과는 더욱 흥미로웠다. 2주 만에 이른바 좋은 물질인 2-하이드록시에스테론의 농도가 불쑥 높아졌다. 흔히 마라톤 선수들은 유방암 발병률이 낮다고들 하는데, 거의 그런 선수들에 비교할 만한 수준으로 높아졌다.

알약을 털어 넣는 사람들이 그렇게 된다는 것은 알겠지만, 그냥 양배추를 먹으면 어떻게 될까? 이스라엘 과학자들 덕분에 우리는 이 질문에 대한 답도 안다. 키부츠의 여성 80명이 십자화과 채소가 풍부하게 포함된 식단을 먹고 소변을 채취하는 실험에 기꺼이 참여했다. 그 결과, 소변 속 16-하이드록시에스테론에 대한 2-하이드록시에스테론의 비율이 높아졌고, 이것은 유방암 예방 효과를 암시하는 셈이었다. 이 여성들을 수 년간 추적하여 **유방암**p.67 발병률이 정말로 낮은지 확인해 보면 좋을 것이다. 독일과 폴란드에서 나온 몇몇 흥미로운 역학조사들을 볼 때, 실제로 그럴 가능성이 농후하다.

통일 전 동독의 유방암 발생률은 서독에 비해 아주 낮았는데, 통일 후에는 패턴이 엇비슷해졌다. 두 나라 사이에 생활방식의 차이야 많았지만, 그중에서도 눈에 띄는 것은 동독의 양배추 소비가 훨씬 많았다는 점이다. 최근 일리노이 대학교 연구진이 밝혀낸 바, 미국에 거주하는 폴란드 이민자들의 유방암 발병률이 폴란드 여성들에 비해 높다는 사실을 보면 이 가설이 더욱 의미심장하게 여겨진다. 폴란드 사람들은 양배추를 주식으로 먹지만 폴란드계 미국인들은 그리 많이 먹지 않는다. 정말 이것이 요인일까? 연구진은 시험관에서 유방암 세포에 에스트로겐을 처리해 자극한 뒤, 양배추 추출물을 가해 보았다.

그 결과, 양배추 처리한 세포들은 증식 속도가 느려졌다. 비현실적으로 많은 양의 추출물을 사용한 것도 아니었다. 양배추를 정상적인 수준에서 먹음으로써 충분히 얻을 수 있는 양이었다. 게다가 인돌-3-카비놀만이 이런 효과를 내는 것도 아닌 듯했다. 양배추 주스에는 그 밖에도 여러 항에스트로겐 화합물들이 들어 있는 듯했다.

이제쯤 부엌으로 달려갈 마음이 날 것이다. 양배추에 비타민 K가 풍부하다는 사실까지 알면 더욱 그럴 것이다. **비타민 K**p.141는 뼈 강화 역할 때문에 최근에 주목 받는 대상이다. 간호사건강조사에 따르면, 비타민 K를 채소로부터 많이 혹은 적당량 섭취하는 여성들은 엉덩이(고관절) 골절 위험이 30퍼센트 낮았다. 이런 데도 확신이 더 필요한가? 양배추를 자주 먹는다고 답한 사람들은 대장암 발병률이 낮더라는 역학조사 결과도 있었다.

양배추를 조리할 때는 요령이 있다. 절대 물에 담가 삶지 말자. 그러면 고약한 냄새의 황 화합물들이 발생한다. 양배추는 오래 조리할수록 냄새가 나빠진다는 게 일반적인 법칙이다. 그러니 팬에 올리브유를 두르고 잘게 썬 양배추를 넣어 갈색이 될 때까지 볶은 다음, 몇 분 더 두어서 양배추에서 나온 물기로 완전히 익히자. 소금과 후추 약간, 설탕 아주 조금을 넣자. 그것을 방금 막 삶아 낸 가는 국수에 얹어서 먹어 보자. 이렇게 맛있는 게 또 있을까 싶을 것이다. 꼭 시도해 보시라. 찐 핀란드 갱지보다야 훨씬 맛이 있을 것이다.

브로콜리는 어쨌든 몸에 좋다

BENEFITS of BROCCOLI

폴 탤러레이는 새싹을 먹는다. 먹기만 하는 게 아니라 팔기도 한다. 새싹으로 만든 차도 판다. 하지만 건강식품점 계산대 너머에서 탤러레이를 만날 수는 없다. 사실 그는 과장광고에, 지나친 가격에, 효능에 대한 연구라곤 없이 그저 고객들을 현혹하는 건강제품을 경멸하는 사람이다. 이 활기찬 80대 노인을 만나려면 학문의 전당인 존스홉킨스 대학교로 가야 한다. 탤러레이는 오랫동안 그곳 의대에서 약학 및 실험치료학 분과를 이끌었고, 지금은 존 제이콥 에이벌 약학 석좌교수로 있다. 학계 사람들이 모인 자리에서 탤러레이의 이름을 꺼내면 당장 '화학적 보호요법'에 관한 대화가 시작되고, 무엇보다도 당장 브로콜리 이야기가 나올 것이다.

탤러레이는 50년의 경력 내내 암 예방과 치료를 연구했다. 그는 의대 학생일 때 전립샘암 환자가 스테로이드 요법에 극적으로 반응하여 쾌차하는 것을 보고 흥미를 느꼈다. 이 끔찍한 질병에 대해 스테로이드와 비슷한 식으로 작용하는 다른 물질이 있을까? 아예 병을 예방하는 물질이 있을까? 그는 그 물질을 찾는 데에 인생을 바치기로 했다. 그리고 마침내 1992년, 그는 암 학계를 들뜨게 한 것은 물론이고 여러 신문들의 지면에 자기 이름을 올리는 발견을 해냈다. 채소를 많이 먹는 인구집단이 각종 암 발생률이 낮다는 것은 예전부터 알려진 사실이었다. 하지만 왜 그럴까? 채소에 들어 있는 어느 한 가지 화합물이나 몇몇 화합물들에 그런 효능이 있는 걸까? 그 답을 텔러레이가 찾아낸 듯했다.

텔러레이가 브로콜리에서 분리해 낸 설포라판이라는 화합물은 적어도 실험실에서는 확실히 항암 성질이 있었다. 조직 배양으로 기른 쥐의 세포들에 설포라판을 가했더니 파지 II 효소라 불리는 효소들이 급속하게 대량생산되기 시작했다. 이 효소들은 체내 보호체계의 일부로서, 발암물질 같은 외부 침입자들에 맞서 싸운다. 가령 글루타티온 S 전이효소라는 발암물질과 결합한 뒤에 몸 밖으로 빠져나가서 제거를 돕는다. 몸은 설포라판을 외부 물질로 간주하기 때문에, 세포들이 생화학적 메커니즘을 가동해서 설포라판 제거 능력이 있는 파지 II 효소들을 만들어 내기 시작하고, 파지 II 효소들이 설포라판을 제거하는 과정에서 더불어 다른 외부 물질들도 제거되는 것이다.

배양 세포에서 방어 효소 형성을 끌어낸 것과 살아 있는 동물에서 암을 예방하는 것은 다른 문제이다. 따라서 다음 단계는 쥐들에게 설포라판을 주입한 뒤에 잘 알려진 발암물질에 노출시켜 종양을 유도해 보는 것이었다. 유방암 유발인자인 다이메틸 벤즈안트라센을 사용해 본 결과는 말문이 막힐 정도였다. 대조군 쥐들은 70퍼센트가 암을 발달시킨 반면, 설포라판을 주입 받은 쥐들은 35퍼센트만 종양을 발생시켰다. 설포라판이 **대장암**p.102을 예방한다는 실험도 있었다. 대장암은 구운 육류 같은 식품에 든 발암물질들이 요인이라고 알려진 병이다. 하지만 이런 실험들이 사람에게는 어떤 의미일까? 쥐의 식단은 사람만큼 다채롭지 못한 게 사실이다. 게다가 우리가 설포라판으로 암 예방 효과를 보려면 브로콜리를 일주일에 몇 킬로그램씩 먹어야 한다.

우리에게는 두 가지 길이 있다. 식품 중에 설포라판이 더 많이 든 것을 찾든가, 아니면 분리한 설포라판 보충제의 효과를 조사하든가. 첫 번째 방법이 더 나아 보였다. 왜냐하면 어떤 물질을 순수한 형태로 도입하면 식품의 성분으로 도입할 때와는 상당히 다른 작용을 보인다

"브로콜리는 좋은 식품이다. 그러나 브로콜리에 함유된 설포라판으로 암 예방 효과를 보려면 브로콜리를 일주일에 몇 킬로그램씩 먹어야 한다."

는 예들이 영양학계에 차고 넘치기 때문이다. 게다가 브로콜리 같은 식품에는 셀레늄, 칼슘, 엽산, 비타민 K 등 그밖에도 유익한 영양소들이 많이 들어 있다. 바로 이때, 탤러레이 박사는 브로콜리 새싹이 다 자란 브로콜리보다 50배나 많은 설포라판을 공급할 잠재력이 있다는 사실을 알아냈다.

왜 잠재력이라고 할까? 브로콜리든 새싹이든 그 속에 실제로 설포라판이 든 것은 아니기 때문이다. 그 속에는 글루코라파닌이 들어 있고, 이 화합물이 미로시나아제라는 효소와 반응을 하면 설포라판이 만들어진다. 우리가 브로콜리를 썰거나 씹으면 식물 조직에서 미로시나아제가 배출된다. 열을 가해 조리를 하면 이 효소가 파괴되지만, 그렇다고 걱정할 것은 없다. 장내 박테리아들도 글루코라파닌을 분해해서 설포라판을 만들 줄 알기 때문이다.

탤러레이와 동료들은 다양한 브로콜리 품종들을 연구했고, 번거로운 과정을 일일이 거쳐서 글루코라파닌 함량이 가장 높은 종자들을 가려 냈다. 이 종자에서 틔워 낸 싹이 영양학적으로 뛰어나다고 굳게 믿은 탤러레이는 식물생리학자인 제드 파헤이와 손잡고 브라시카 건강보호제품 회사를 세웠다. 이 회사는 '브로코스프라우트'라는 이름으로 브로콜리 싹을 판매하고, 수익의 일부는 암에 대한 화학적 보호요법 연구에 쓴다. 브로콜리의 싹은 다 자란 꽃봉오리보다 설포라판을 20배 많이 낸다. 설포라판의 효능이 아직은 배양 세포나 동물에서만 확인되었다는 사실을 짚고 넘어가자. 브로코스프라우트를 먹는 것만으로는 발암 위험을 낮출 수 없다는 것, 사람을 대상으로 하는 시험이 간절히 필요하다는 것에 대해서는 누구보다도 탤러레이 박사가 적극 동의할 것이다. 현재 박사는 브로코스프라우트를 먹은 사람들에게서 파지 II 효소 수치가 높아지는지 확인하는 실험에 착수했다. 유방암 가족력이 있거나 대장폴립 발생 경험이 있는 사람처럼 고위험군을 대상으로 시험할 계획도 세우고 있다.

브로콜리 새싹을 상업화하는 과정에서 또 한 가지 놀라운 발견이 있었다. 새싹 재배 시설에서 일하는 사람들은 자기들이 키우는 싹을 간식 삼아 먹곤 했다. 그런데 오래전부터 위궤양을 앓던 한 부부가 싹을 먹고는 싹 나았다고 주장한 것이다. 전혀 생각지 못할 일도 아닌 것이, 브로콜리에 항생 성질이 있다는 실험 결과는 이미 나와 있었고, 위궤양과 **헬리코박터 파일로리균**p.29 감염의 상관관계도 잘 밝혀져 있었기 때문이다. 당장 시험관에서 조사해 보았더니 순수한 설포라판은 48가지 헬리코박터 균주들을 죽였다. 헬리코박터 감염이 위암 발병 요인이 되기도 함을 감안할 때 실로 멋진 발견이 아닐 수 없었다. 과학자들은 설포라판이 생쥐의 위종양을 누그러뜨린다는 것을 예비 단계의 연구를 통해 확인했다. 그 복용량을 사람에 맞게 바꿔 보면 브로콜리를 트럭째 먹어야 하는 수준은 아니었고, 브로콜리 새싹을 간식 삼아 매일 조금씩 먹는 것으로 충분한 양이었다.

이처럼 브로콜리를 지지하는 증거들이 속속 쌓여 가고 있는데, 과연 브로콜리는 어떻게 먹어야 제일 좋을까? 생으로 먹어도 좋지만 대부분의 사람들은 익혀 먹기를 선호한다. 이 대목에서, 조리할 때 영양소가 손실되지 않을까 하는 케케묵은 질문이 제기된다. 2003년에 《식품농업과학저널》에 실린 한 논문이 대중적으로 큰 소란을 일으킨 일이 있었다. 브로콜리를 전자레인지에서 조리하면 항산화물질인 플라보노

"브로콜리를 찌든 전자레인지에 넣든 볶든 심각한 영양 손실은 없다. 중요한 점은 생 것이든 전자레인지로 익힌 것이든 브로콜리를 자주 먹는 것이다."

이드가 97퍼센트나 손실된다고 주장한 논문이었다.

연구자들은 브로콜리를 데치는 방법, 찌는 방법, 전자레인지에 돌리는 방법을 시험하고 각각의 경우에 영양소 손실을 측정했다. 브로콜리를 실험 대상으로 택한 까닭은 '몸에 좋은' 채소로 평판이 높기 때문이었다. 브로콜리에는 설포라판은 물론이고 양배추 이야기에서 소개했던 **인돌-3-카비놀**p.88도 많이 들어 있기 때문에 그런 평판이 붙은 것인데, 이상하게도 연구자들은 그런 화합물들을 조사하지 않았고, 대신에 항산화 효능이 있을 것이라고 알려진 다양한 플라보노이드 화합물들만 조사했다.

놀랍게도 전자레인지로 조리할 때에는 **플라보노이드**p.23가 97퍼센트쯤 손실되었고, 다른 항산화물질들도 상당량 빠져 나갔다. 손실이 가장 적은 것은 찌는 방법이었다. 하지만 그 연구자들은 요리 실력이 썩 좋지 못한 편이었다. 첫째, 그들은 전자레인지를 사용할 때 물을 너무 많이 넣었다. 보통 브로콜리 하나 반에 물은 한두 숟가락이면 충분한데, 그들은 3분의 2컵이나 넣었다. 둘째, 그들은 권장 시간보다 훨씬 오래 조리했다. 원래 1~2분이면 충분하다. 이 두 가지 기법상의 문제 때문에 영양소가 누출되었을 가능성이 있다.

전자레인지의 원리는 물 분자를 데우는 것이다. 브로콜리에는 수분이 고르게 분포해 있으므로, 이론적으로 따져서 찔 때보다 전자레인지를 쓸 때 영양소들이 열을 더 많이 받음 직도 하다. 찔 때는 브로콜리 겉에서 속까지 열이 전달되기가 그만큼 쉽지 않다.

하지만 2006년에 영국 에식스 대학교에서 수행한 연구를 보면 전자레인지 요리사들이 안심해도 좋을 것 같다. 연구진은 플라보노이드 수치를 재는 대신에 글루코라파닌 같은 글루코시놀레이트의 수치를 직접 측정했다. 그 결과, 찌든 전자레인지에 돌리든 볶든 심각한 영양 손실은 없었다. 다만 데칠 경우에는 영양소 일부가 물로 빠져나갔다. 그러니까 전자레인지를 적절하게 사용하는 것은 괜찮다.

물론 정말 중요한 점은 생 것이든 찐 것이든 전자레인지로 익힌 것이든 하여간 브로콜리를 자주 먹는 것이다. 또한 부모가 아이들에게 억지로 먹이는 지겨운 음식이라는 혹평을 없앨 필요도 있다. 아버지 부시 대통령은 이 문제에 전혀 도움이 안 되었다. 그는 어릴 때 어머니 때문에 억지로 브로콜리를 먹었는데, 이제 대통령도 되고 했으니 드디어 그 끔찍한 채소를 안 먹을 수 있어서 좋다고 말했다. 그가 80대의 나이에도 스카이다이빙을 할 정도로 정정한 것을 보면, 어릴 때 억지로 브로콜리를 먹었던 게 그리 나쁜 일은 아니었던 듯싶다.

시금치, 옥수수, 호박, 그리고 시력

SECRET of GOOD SIGHT

시력을 위해서 시금치, 옥수수, 호박을 먹으라고? 대체 무슨 소린가 싶을 것이다. 지금부터 살펴보자. 먼저 시각에 관한 배경 지식을 알 필요가 있다. 시각은 빛이 눈으로 들어오면서 시작된다. 빛은 투명한 둥근 지붕처럼 눈앞을 덮은 각막을 통과하고, 그 뒤에 있는 역시 투명한 수정체를 지난다. 각막과 수정체는 함께 빛을 굴절시켜서 눈알 뒷부분의 내벽을 덮고 있는 망막으로 모아 준다. 망막은 빛을 신경 자극으로 바꿔서 뇌로 전달하고, 그러면 비로소 시각이 인지된다. 근시는 망막의 앞쪽에서 상의 초점이 맞춰지는 경우이다. 각막의 곡률이 너무 크거나, 눈알이 앞뒤로 너무 긴 모양일 때 그렇게 된다.

망막 중앙에는 황반이라는 부분이 있다. 황반은 정면 시야를 통제하는 역할을 하는데, 이것이 제대로 기능하지 못할 때는 시야의 가운데가 뿌옇게 흐려진다. 65세 이상 인구 중 20퍼센트쯤이 그런 '황반변성'을 겪고, 이것이 심각한 시각 장애로 이어지는 경우도 흔하다. 황반변성은 왜 일어날까? 과학자들은 1980년대에 황반을 화학적으로 분석해 보고 첫 단서를 얻었다.

황반에는 루테인과 제아잔틴이라는 두 가지 색소가 있다. 눈이 건강한 사람은 이 색소들이 풍부하게 들어 있는 반면에 변성이 일어난 사람은 양이 적었다. 루테인과 제아잔틴은 둘 다 빛을 흡수하는데, 특히 푸른빛을 많이 흡수한다. 푸른빛은 가시광선 중에서 에너지가 가장 높기 때문에, 오랜 세월 동안 황반에 쪼일 경우 다른 파장의 빛들보다 더 심하게 손상을 일으킨다. 루테인과 제아잔틴은 해를 일으킬 잠재력이 높은 이 빛을 걸러 냄으로써 마치 눈 속에 숨은 선글라스처럼 기능한다.

빛이 피해를 입히는 과정을 구체적으로 말하면, 빛 때문에 눈 속에서 자유 라디칼들이 생산되고, 이들이 황반 세포들을 망가뜨린다. 루테인과 제아잔틴은 푸른빛을 걸러 낼 뿐만 아니라 자유 라디칼들을 청소하는 항산화물질로도 기능한다. 황반에는 아연도 많이 들어 있다. 아연이 시각에서 어떤 역할을 하는지는 불명확하지만, 아연이 있어야 제대로 기능하는 효소들이 많은 것은 분명하다.

화학적 분석에서 얻은 단서들을 놓고 볼 때, 황반변성을 예방할 수 있는 방법이 두 가지 떠오른다. 우선 망막의 루테인과 제아잔틴 함량을 높이도록 노력할 수 있겠고, 아니면 항산화물질과 아연을 적용함으로써 손상을 사전에 차단해 볼 수도 있겠다. 1994년에 미국 국립보건원 산하의 국립안연구소는 항산화물질과 아연을 복합 적용하는 시험을 해보기로 했다. 연구소는 황반변성 환자를 3600명 넘게 등록시킨 뒤, **항산화물질**p.16들인 베타카로텐, 비타민 E, 비타민 C와 아연을 다양한 조합으로 묶어서 적용해 보았다.

그중 한 조합으로서 비타민 C 500밀리그램, 비타민 E 400IU(국제단위), 베타카로텐 15밀리그램, 아연 80밀리그램, 구리 2밀리그램(아연이 필수 영양소인 구리의 흡수를 방해하기 때문에 구리도 보충해 준다)을 6년 동안 매일 복용한 경우, 황반변성 상태가 25퍼센트쯤 개선되었다. 현재까지는 어떤 종류이든 영양보조제로 황반변성을 예방했다는 연구 결과는 없다. 다만 루테인과 제아잔틴 함량이 높은 식단을 유지하면 예방 효과가 있으리라는 단서는 있다.

시금치p.142, 옥수수, 콜라드 등 루테인과 제아잔틴 함량이 높은 식품을 많이 먹으면 황반변성 위험이 상당히 낮아진다는 역학조사들이 있다. 개입 연구에서도 보강 증거가 나왔다. 애리조나 주립대학교의 윌리엄 해먼드 교수가 눈이 건강한 사람들에게 매일 옥수수와 시금치를 먹게 했더니, 4주 만에 황반의 색소량이 현저하게 늘어났다. 황반변성 초기 단계인 환자 14명에게 일주일에 다섯 줌씩 시금치를 먹게 했더니 상태가 약간 좋아졌다는 또 다른 연구도 있었다.

시중에 루테인과 제아잔틴 보충제가 나와 있지만, 한 종류의 카로테노이드를 너무 많이 섭취하면 다른 종류들의 흡수가 저해된다는 문제를 고려해야 한다. 따라서 가령 루테인 농도가 높을 때에는 토마토 속의 리코펜이 효과적으로 흡수되지 못한다. 루테인과 제아잔틴 보충제에 관해서는 더 조사가 필요할 것이다. 그러니 지금으로서는 이런 카로테노이드들을 음식에서 섭취하는 게 더 좋은 선택이다. 앞으로는 초록 시금치, 노란 옥수수, 오렌지색 호박에 눈을 맞춰 보자. 장바구니에 담긴 색깔이 다채로울수록 더 잘 보게 될 것이다.

커리는 정말 만병통치약일까?

CURRY
THE BEST FOOD

이것은 관절염을 물리친다. 유방암을 물리친다. 전립샘암을 물리친다. 대장암을 물리친다. 심지어 알츠하이머병까지 물리친다. 흔해 빠진 영양보조제 사기 광고처럼 들리는가? 이것은 어느 식품점에서나 쉽게 구할 수 있는 어떤 물질에 관한 주장인데, 이런 주장을 하는 사람은 여느 장사치들이 아니라 자격 있는 과학자들이다. 대부분의 증거가 사람이 아니라 설치류를 대상으로 한 연구에서 나왔다는 말을 조심스레 덧붙이지만 말이다. 이 '따끈따끈한' 물질이 뭘까? 강황이다. 여러 요리에 향신료로 쓰이는 노란 양념, 특히 커리에 많이 들어가는 그것 말이다.

강황은 생강과에 속하는 동인도산 식물의(쿠르쿠마 롱가) 뿌리를 빻은 가루이다. 커리 가루는 20에서 30퍼센트가 강황이고, 나머지는 고수, 생강, 칠리, 후추, 커민, 겨자, 회향, 카르다몸(소두구) 등의 향신료들이다. 물론 우리가 지금 초점을 맞출 점은 강황의 향이 아니라 건강상의 이점들이다. 수천 년 전부터 시행되어 온 인도의 고대 아유르베다 요법에서는 강황의 효능을 잘 설명했는데, 강황은 배탈에 좋고, 상처를 치유하고, '혈액 청소' 효과가 있다고 했다.

요즘도 인도 사람들은 집집마다 강황을 상비해 두고 삐거나 부은 데에 쓴다. 서양 사람들이 **아스피린**p.14이나 기타 비스테로이드계 소염제(NSAID)를 쓸 상황에 적용하는 것이다. 강황에는 정말 소염제와 비슷한 기능을 하는 성분이 들어 있을까?

"이것은 관절염을 물리친다. 유방암을 물리친다. 전립샘암을 물리친다. 대장암을 물리친다. 심지어 알츠하이머병까지 물리친다. 바로 강황이다."

최근 연구들에 따르면 강황 무게의 10퍼센트 가량을 차지하는 화합물인 커큐민이 유력한 후보로 보인다. 커큐민이 사이클로옥시게나아제(COX-2) 효소의 활동을 저해한다는 실험 증거가 있다. 이 효소는 염증유발성 물질인 **프로스타글란딘**p.122의 형성을 촉매하는 효소이다. 이 효소를 저해하는 또 다른 화학물질을 짐작할 만하지 않은가? 바로 아스피린 같은 비스테로이드계 소염제들이다. 이런 소염제들과 커큐민에는 분명 공통점이 있는 것이다.

염증 치료 면에서 커큐민은 COX-2 저해 효과 외에도 한 가지 특징이 더 있다. 커큐민은 NF-B라는 단백질의 생산을 방해하는데, 이 단백질은 염증물질 생산을 암호화한 유전자들을 자극한다고 알려져 있다. 모든 점을 고려할 때, 애리조나 대학교 연구진이 쥐들을 대상으로 하여 강황의 관절 염증 예방 효과를 확인해 본 것도 당연한 일이다. 앞으로는 사람을 대상으로 하여 표준 분량의 커큐민에 대한 대조군 실험을 해볼 필요가 절실하다.

아스피린 등 NSAID는 **대장암**p.131 위험도 낮춘다고 알려져 있다. 하지만 복용에 따르는 위험이 있다. 특히 위출혈 위험이 크기 때문에, 대장암 예방 차원에서 이런 약품들을 처방할 수는 없다. 혹 커큐민이라면 안전하게 예방 효과를 주지 않을까? 가능할지도 모른다. 역학조사에 따르면, 매일 강황을 평균 2에서 3그램씩(커큐민이 200에서 300밀리그램 포함된다) 먹는 인도 사람들은 서양 사람들에 비해 대장암 발병률이 8분의 1 수준이다. 이것은 우연의 일치만은 아닌지도 모른다. 존스홉킨스 의대 연구진이 소규모로 임상시험을 해보았는데, 대장에 전암성 폴립이 발생한 병력이 있는 환자 다섯 명에게 커큐민 480밀리그램과 케르세틴 20밀리그램을 매일 세 차례씩 주입했다. **케르세틴**p.18은 사과, 양파, 차, 감귤류에 많은 항산화물질로서 대장암 위험을 낮춘다고 알려져 있다. 6개월 동안 이렇게 처방한 결과, 다섯 환자 모두 폴립 수가 적어지고 크기도 작아졌다. 한 가지 문제는, 시험에 사용한 케르세틴 용량은 음식에서 쉽게 얻을 수 있는 수준인 반면, 커큐민의 양은 커리로는 도저히 섭취할 수 없는 수준이라는 것이었다. 그래도 이 소규모 연구는 커큐민을 자주 섭취하면 대장암 예방 효과가 있으리라는 가설에 한 표를 던지는 의미가 있다.

인도 사람들은 **유방암**p.67 발병률이 서양 사람들의 4분의 1이고, 전립샘암 발병률은 20분의 1이다. 이 점에 착안하여 과학자들은 강황이 이런 질병들에도 효능이 있는지 알아보았다. 텍사스 주 휴스턴의 M. D. 앤더슨 암센터에서 일하는 바라트 아가르왈 박사는 강황에 관한 한 세계 최고 권위자일 것이다. 그는 유방암이 폐까지 전이된 어느 환자의 암 세포들을 떼어다가 생쥐들에게 주입했다. 생쥐들이 종양을 발달시키자, 이번에는 수술로 종양을 떼어내어 마치 유방절제술을 받은 듯한 상태로 만들었다. 그런 뒤 몇몇에게는 커큐민을 투여했고, 다른 몇몇에게는 흔히 쓰이는 항암제인 파클리탁셀(탁솔)을 투여했고, 또 몇몇에게는 두 가지를 모두 투여했고, 나머지에게는 아무런 투약을 하지 않았다. 가장 효과적인 치료는 두 가지를 함께 쓰는 것이었다. 그 경우에는 폐암으로 전이되는 확률이 22퍼센트에 불과했다. 하나씩 쓴 경우에는 놀랍게도 파클리탁셀보다 커큐민의 효능이 더 좋았다.

러트거스 대학교 연구자들은 생쥐에게 전립샘암을 유도한 실험에서 비슷한 결과를 얻었다. 이들은 브로콜리, 콜리플라워, 양배추 같은 십자화과 식물에 많이 든 항암물질인 펜에틸 아이소싸이오사이아네이

"강황으로 맛을 낸 채식 요리를 먹는 것은 좋은 생각이다. 또한 커리를 먹을 때는 후추를 잊지 말자. 후추는 강황 흡수율을 1000배나 높여 준다.

트(PEITC)와 커큐민의 효능을 함께 시험했다. 생쥐는 주 3회씩 4주 동안 투약을 받았는데, 커큐민과 PEITC를 함께 쓴 경우에 종양 저지 효과가 가장 크게 드러났다. 이런 결과를 놓고 사람의 경우에는 어떨지 말하기는 어렵지만, 십자화과 채소와 강황을 함께 자주 먹는 게 나쁘지 않으리라는 느낌은 든다.

그런 식단을 따르면 심지어 뇌에 아밀로이드반이 축적되는 것을 막을 수 있을지도 모른다. 널리 알려져 있다시피 아밀로이드반은 알츠하이머병의 특징이다. 똑같이 뇌에 베타아밀로이드 주사를 맞았을 때, 커큐민을 먹은 쥐들은 보통 사료를 먹은 쥐들보다 아밀로이드반을 적게 만들었다. 커큐민을 먹은 쥐들은 미로 찾기로 평가한 기억력 시험에서도 보통 쥐들을 능가했다. 이 책의 정보들을 기억하는 데에 애를 먹는 사람이라면 강황의 도움을 받아 보는 게 좋겠다.

현재로서는 강황의 효능에 관한 정보가 적기 때문에 얼마나 먹어야 하는지 추천할 수가 없다. 하지만 강황으로 맛을 낸 채식 요리들을 식단에 포함시키는 것은 단연코 좋은 생각이다. 후추를 더하는 것도 잊지 말자. 후추는 강황 흡수율을 1000배나 높여 준다. 물론 강황을 먹을 때는 동작을 조심할 필요가 있다. 강황은 천에 얼룩을 남기기가 쉬우니까 말이다. 그렇다고 당황할 필요는 없다. 얼룩에 세제와 물을 묻혀 문지르면 대부분 해결된다. 그래도 안 빠진다면 과산화수소 3퍼센트 용액으로 표백하면 된다.

초콜릿이 나쁜 것만은 아니다

CHOCOLATE PARADOX

파나마의 산블라스 제도에 사는 쿠나 인디언들에게는 뭔가 특별한 것이 있다. 지금은 어떤지 몰라도 1940년대까지는 확실히 그랬다. 1940년대에 발표된 한 논문을 보면 쿠나 인디언들은 혈압이 엄청나게 낮았다. 유전적 원인은 아니었다. 뭍으로 이주한 사람들은 혈압이 낮지 않았기 때문이다. 섬 사람들이 먹고 마시는 것 중에 혈압을 떨어뜨리는 식품이 있을까? 하버드 의대의 노먼 홀렌버그 박사가 이 점을 궁금하게 여겨 그들의 생활 습관을 조사한 결과, 그들은 최소한으로 가공한 카카오 열매로 만든 음료를 굉장히 자주 마시고 있었다. 원주민의 혈압이 보통 이상으로 낮은 것이 그 음료 때문일까?

홀렌버그는 여타의 자연 식품들과 마찬가지로 카카오 열매 또한 화학적으로 무척 복잡하다는 것을 잘 알았다. 연구자들은 카카오 열매에서는 물론이고 그것을 가공해서 만든 **초콜릿**p.193에서도 화합물을 수십 가지나 분리해 냈다. 이 중에서 건강에 유익할지도 모른다는 관심을 받은 물질이 몇 가지 있었는데, 특히 플라바놀이라는 화합물 종류가 눈에 띄었다. 사실 초콜릿 제조업체들은 전부터 이미 플라바놀에 관심을 쏟고 있었다. 마즈 사는 플라바놀 함량이 높으면서 맛도 좋은 카카오 가루를 개발하려고 노력하는 중이었다. 알고 보니 플라바놀에 쓴맛이 담겨 있어서 생각만큼 쉬운 과제는 아니었지만 말이다.

어쨌든 홀렌버그 박사가 마즈 사에 지원을 요청하자, 회사는 기꺼이 박사에게 플라바놀을 잔뜩 안겨주었다. 오래지 않아 홀렌버그의 연구 결과가 나왔다. 플라바놀이 혈관을 이완하여 뇌로 가는 혈액 공급량을 33퍼센트 늘린다는 것이었다. 초콜릿에 한 표!

혈관 이완 효과만이 아니었다. 데이비스 소재 캘리포니아 대학교의 칼 킨 박사는 플라바놀에 '혈액 희석' 효과가 있을 것이라고 생각한다. 플라바놀이 혈액 응고의 주범인 혈소판의 활동을 저해하는 듯하기 때문이다. 이것은 아스피린의 효과와 비슷하다. 사람들이 심장발작 예방 차원에서 어린이용 아스피린을 매일 복용하는 이유는, 심장발작의 상당수 사례가 응혈로 인한 것이기 때문이다. 카카오 속 화합물들이 심장발작을 예방하는 방법이 또 하나 있다.

스크랜턴 대학교의 조 빈슨 박사는 초콜릿의 항산화 효능을 점검해 보았다. 무슨 근거에서였을까? 심장동맥이 막히는 이유 중 하나는 저밀도 지단백질(LDL, 이른바 **'나쁜 콜레스테롤'** p.124)이 산화되기 때문이니까, 그 산화 과정을 막을 수 있다면 심장발작 위험이 낮아질 것이다. 비록 시험관 실험이긴 했지만, 빈슨은 카카오 가루와 다크 초콜릿이 LDL 산화 저해 효과가 탁월함을 확인했다. 그렇다면 우리는 초콜릿을 얼마나 먹어야 그런 효과를 볼까? 그다지 많은 양은 아니다. 논란의 여지가 있는 연구이긴 했지만, 한 예비 단계의 실험을 보면 지방을 제거한 카카오를 35그램만 섭취해도 LDL 산화 예방을 상당히 기대할 수 있었다. 핫초콜릿으로 마신다면 1.5리터, 즉 일곱 잔쯤에 해당한다.

긍정적인 결과는 속속 등장하고 있다. 취리히 대학교 병원의 로베르토 코르티 박사에 따르면 다크 초콜릿 40그램이면 심장동맥 혈류가 좋아지는 효과가 났다. 다만 플라바놀이 들어 있지 않은 화이트 초콜릿은 효과가 없었다. 터프츠 대학교의 제프리 블룸버그 박사는 피험자 20명에게 무작위로 다크 초콜릿 혹은 화이트 초콜릿 100그램을 15일 동안 매일 먹게 했다. 초콜릿 식단이라는 걸 실시하게 된 그 운 좋은 사람들은 혈압과 콜레스테롤이 낮아졌고, 인슐린 반응성도 좋아졌다.

"피험자 20명에게 무작위로 다크 초콜릿 혹은 화이트 초콜릿 100그램을 15일 동안 매일 먹게 했다. 초콜릿 식단을 실시하게 된 그 사람들은 혈압과 콜레스테롤이 낮아졌고, 인슐린 반응성도 좋아졌다."

네덜란드의 국립보건환경연구소에서 수행한 연구 결과는 더욱 유효하다. 연구진은 65세에서 84세 사이의 남성 470명의 건강 상태를 15년간 추적했는데, 카카오 제품을 자주 먹은 사람들이 혈압이 낮았다. 카카오 섭취량이 최대 수준인 남성들은 심장질환으로 죽는 경우가 드물었다는 사실도 놀라웠다. 그렇다고 해서 고혈압인 사람들이 당장 초콜릿을 먹어 대기 시작해야 한다는 뜻은 아니다. 고혈압이 아닌 사람도 마찬가지이다. 다만 기왕 디저트를 먹을 거라면 도넛보다야 다크 초콜릿이 나은 선택이다.

초콜릿 바른 도넛보다는 코코아비아 제품을 먹는 편이 스스로 정당화하기도 좋겠다. 코코아비아는 마즈 사가 '기능성 식품' 시장에 야심 차게 뛰어든 결과이다. 기능성 식품이란 단순한 영양이나 맛 이상의 효능을 제공하려는 식품을 말하고, 북아메리카의 기능성 식품 시장 규모는 500억 달러에 달한다. 코코아비아 초콜릿바 하나에는 플라바놀이 100밀리그램 들어 있다. 하루에 두 개를 먹으면 혈압 강하와 혈소판 응고 방지 효과를 볼 만큼 플라바놀을 섭취할 수 있다는 뜻이다. 마즈 사는 콜레스테롤 강하 효과가 있다고 알려진 식물성 화합물인 피토스테롤도 초콜릿바 하나당 1.5그램씩 집어넣었다. 아직은 코코아비아 제품을 먹어서 효능을 보았다고 보고한 사례는 없었다(제조업체는 알까 모르겠지만). 하지만 초콜릿 연구가 앞으로 더 진척될 가능성이 있

"초콜릿을 많이 섭취하는 산모의 아기들은 짜증을 잘 내고, 과민했고, 달래기 힘들 정도로 울 때가 많았다. 초콜릿 섭취를 중단하자 아기들의 증상은 사라졌다."

다. 홀렌버그 박사의 연구에 따르면 플라바놀은 산화질소를 배출시킴으로써 혈관을 넓히는데, 산화질소는 비아그라의 효능에도 관여하는 물질이다. 이 효과가 임상시험에서 입증된다면 발렌타인데이에 여성들이 남자친구에게 초콜릿을 더 많이 안기게 될 것이다.

플라바놀 같은 항산화물질은 피부에도 효과가 있다고 한다. 독일의 빌헬름 슈탈과 동료 과학자들은 이 문제를 과학적으로 확인해 보기로 했다. 연구진은 여성들에게 플라바놀 함량이 높거나 낮은 코코아 한 잔을(250밀리리터) 12주 동안 매일 마시게 했다. 플라바놀 함량이 높은 코코아를 마신 여성들은 자외선 노출에 의한 얼굴 붉어짐이 줄었고, 피부가 두껍고, 촉촉해졌으며, 거칠거나 각질이 일던 증상이 완화되었다. 초콜릿은 몸속은 물론, 겉에도 좋은 셈이다. 혹시 초콜릿 때문에 여드름이 생기지 않을까 걱정한다면, 안심해도 좋다. 널리 퍼진 속설이지만 과학적 증거는 없다.

다만 임신 중이거나 수유 중인 여성이 초콜릿에 탐닉하는 것은 별로 좋은 생각이 아닐지도 모른다. 이탈리아 메시나 대학교의 보고서를 보면, 카카오 제품이나 초콜릿을 많이 섭취하는 산모의 아기들은 짜증을 잘 내고, 과민했고, 달래기 힘들 정도로 울 때가 많았다. 의사들이 산모에게 초콜릿 섭취를 중단시키자 아기들의 증상들은 싹 사라졌다. 하지만 이제 제일 까다로운 사람이 엄마가 되는 것은 아닐까.

잘 마시면 몸에 좋은 커피

COFFEE BEANS
and
CAFFEINE

생각하면 웃긴 일이다. 만약 커피가 합성된 조제음료였다면, 시판 승인도 받지 못했을 것이라니! 커피 콩에는 발암물질로 확인된 화합물이 적어도 19종류가 들어 있다. 터놓고 말하면, 우리가 커피로 섭취하는 자연 발암물질들이 사람들이 그토록 겁내는 식품의 합성농약 잔류물들보다 훨씬 많다. 커피를 한 잔 마셔야 하루를 시작할 수 있다는 사람들이 퍽 많다는 걸 보면, 꽤 심란한 일이 아닐 수 없다. 그런데도 커피로 인한 암 발생이 만연하지 않는 이유는 어떻게 설명할까? 간단하다. 양의 문제다.

커피p.337 속 발암물질의 양은 미미한 정도라서, 동물 실험에서 암을 유발하는 데 필요한 양에 한참 못 미친다. 게다가 커피는 몹시 복잡한 혼합물이라서, 화합물들이 2000종류 넘게 들어 있고, 그중에는 항암 성질이 있다는 항산화제 폴리페놀도 포함되어 있다.

믿어질지 모르겠지만 북아메리카 사람들의 식단 중 항산화물질을 가장 많이 공급하는 식품이 커피이다. 초콜릿 연구에서 소개했던 스크랜턴 대학교 조 빈슨 교수의 말을 다시 들어보자. 빈슨은 100여 가지 식품과 음료의 항산화 함량을 조사한 뒤, 식품들의 섭취 빈도를 함께 고려해서 항산화물질 공급량 순위를 매겨 보았다. 일회분량당 항산화물질 공급량이 가장 많은 것은 대추였다. 하지만 보통 사람이 1년에 대추를 몇 개나 먹겠는가? 손가락으로 꼽을 것이다. 하지만 커피라면 확실히 많이 마신다. 따라서 커피의 일회분량당 항산화물질 함량이 포도나 크랜베리 등보다 낮음에도 불구하고, 우리가 커피를 훨씬 많이 마시기 때문에 항산화물질 총 공급량을 따지면 커피가 일등이다. 커피 다음을 차지한 것은 바나나, 옥수수, 말린 콩이었다. 바나나 역시 그 자체로는 항산화물질 함량이 그다지 높지 않지만, 북아메리카 사람들은 1년에 평균 15킬로그램씩 바나나를 먹는다. 사과 소비량의 두 배쯤 된다.

커피가 암을 유발하지 않는다고 말해도 무리는 없을 것이다. 암을 유발한다면 진작에 역학적 증거들이 나타났을 테니까 말이다. 하지만 커피가 고혈압과 심장질환에 끼치는 영향은 사정이 다르다. 커피를 마시는 사람은 C 반응성 단백질이나 인터류킨 6처럼 고혈압을 야기하는 염증성 분자들의 농도가 높다는 연구가 있었다. 그리스인들을 대상으로 한 역학조사도 있었다. 하루에 커피를 넉 잔 이상 마시는 사람들은 고혈압일 확률이 높았다.

더욱 헷갈리게 만드는 이야기를 들어보겠는가? 커피콩에 든 카페스톨과 카웨올은 간을 자극하여 콜레스테롤 생산을 늘린다. 이 물질들은 커피 추출 시에 생기는 기름방울에 들어 있는데, 기름이 여과지에 걸리기 때문에 여과한 커피에는 없다고 봐도 좋다. 하지만 스칸디나비아식, 터키식, 그리스식 커피와 프렌치 프레스를 사용한 커피에는 기름이 그대로 들어가므로 문제가 될 수 있다. 핀란드 사람들은 거르지 않고 끓인 커피를 하루에 일곱에서 아홉 잔쯤 마신다. 그래서인지 핀란드 사람들의 혈중 콜레스테롤 수치는 아주 높다. 하지만 그들은 또한 동물성 지방이 풍부한 식사를 즐기기 때문에, 뭐라고 확언하기는 힘들다.

불길한 정보를 소화시키기 위해서라도 커피 한 잔 마시면서 잠시 쉬어 가자. 하버드 보건대학원의 볼프강 빈켈마이어 박사가 휴식 같은 소식을 하나 전해주었다. 적어도 여성들에게는 희소식이다. 박사가 간호사건강조사의 데이터를 분석해 보았더니, 커피와 혈압 사이에 아무런 상관관계가 없었다. 오히려 커피를 많이 마시는 여성들은 고혈압으로부터 보호되는 듯했다. 이 발견에 관한 점검이 아직 끝나지 않은 상황이지만, 적어도 다른 연구가 새로 등장할 때까지는 커피가 고혈압을 유발한다는 누명을 벗겨도 좋겠다. 한편 심장질환에 관해서는, 하버드 보건대학원이 감독한 의료종사자추적조사를 참고하자. 사상 최대 수준의 규모와 질을 자랑하는 이 역학조사는 남성 4만 5000여 명을 수년 동안 추적했는데, 그 결과 커피 섭취량은 심장질환이나 뇌졸중과 상관관계가 없었다. 하루에 네 잔 넘게 마시는 경우에도 말이다.

그럼에도 불구하고 커피에 관해 우려되는 점이 간간이 있다. 하루에 석 잔 이상 마시면 류머티스성 관절염이 악화될지도 모른다. 골다공증, 선천적 장애, 섬유낭성 유방질환 등과의 연관도 언급되고 있다. 또렷한 상관관계가 밝혀진 바는 없지만, 대부분의 의료인들은 임산부와 수유기 여성에게는 커피 섭취를 하루 두 잔 이하로 제한하도록 권한다. 또 커피가 소변 보는 빈도를 높인다는 것은 의심의 여지가 없는 사실이므로, 전립샘에 문제가 있는 남성들은 신경 써야 할 것이다.

걱정은 이만하면 되었다. 긍정적인 점을 좀더 말해 보자. 커피를 하루에 네다섯 잔 마시면 **2형 당뇨**p.124 위험이 최대 30퍼센트까지 낮아진다는 연구들이 있었다. 해설인 즉 커피에 든 카페인, 클로로겐산, 퀴나이드 같은 화합물들이 에너지 소비를 늘려서 체중을 감소시킨다는 것이다. 더구나 클로로겐산은 당들이 장에서 혈류로 흡수되는 것을 막는 듯하다. 그런데 정말로 흥미로운 이야기는 따로 있으니, 커피는 **파킨슨병**p.151과의 전쟁에도 도움이 될지 모른다!

이 비참한 퇴행성 질환은 신경세포들끼리 소통하는 데 필요한 신경전달물질의 한 종류인 도파민이 부족해서 생긴다고 알려져 있다. 도파민 부족의 여러 원인 중 하나로 역시 신경전달물질인 아데노신의 과

활동성이 꼽힌다. 그런데 세상에, 커피가 아데노신의 활동성을 낮춘다는 것이다. 아데노신은 수면제 효과를 발휘하므로, 우리가 초과 근무를 하거나 밤샘 공부를 할 때 커피가 도움이 되는 까닭이 그 때문인지도 모른다.

적당한 커피 섭취는 전혀 해가 되지 않고, 오히려 몇 가지 면에서 유익하다고 결론을 내려도 무방하겠다. 그렇지만 엄청난 칼로리를 추가로 먹게 하는 설탕과 크림은 빼고 마시는 게 좋다. 또한 기억하자. 칼디의 염소가 아니었다면, 우리는 커피가 많은 사람들에게 이토록 큰 즐거움을 준다는 사실을 영영 몰랐을지도 모른다. 즐겨 인용되는 전설에 따르면, 약 1200년 전에 예멘의 염소지기였던 칼디는 몇몇 염소들이 극도로 흥분한 상태에서 정신 사납게 뛰어다니거나 시끄럽게 울어대는 이상한 현상을 목격했다. 칼디는 염소들이 신기한 보라색 열매를 따먹은 뒤에 그처럼 행동한다는 것을 알게 됐다.

어리둥절해진 칼디는 현인 이맘에게 조언을 구하러 갔다. 이맘은 과학자 기질이 있는 사람이었던지, 손수 열매의 액을 추출해 보았다. 그 음료를 시험 삼아 맛본 뒤, 이맘은 활력이 밀려들고 정신이 맑아지는 것을 느꼈다. 카페인의 효능은 이렇게 발견되었다. 기묘한 작은 열매들로 만든 음료의 이름은 아라비아 말로 '활기차게 하다' 라는 뜻인 '카베' 에서 땄다. 왜 어떤 식물들은 카페인을 만들까? 알 수 없다. 어쩌면 곤충을 쫓아내려고 만든 것인지도 모르고, 땅으로 카페인을 배출하여 다른 경쟁 씨앗들을 물리치려 한 것인지도 모른다. 또 어쩌면 제 씨를 갈아서 활력 충전용 음료를 얻으려는 사람들을 몰아내려고 한 것인지도…….

어떤 사람들은 카페인이 없는 커피를 원한다. 카페인으로 인한 부작용을 싫어하기 때문이다. 그들은 커피 맛은 좋아하지만 카페인 때문에 과민해지는 것은 싫어서 디카페인 커피를 택한다. 커피에서 카페인

"적당한 커피 섭취는 전혀 해가 되지 않고, 오히려 몇 가지 면에서 유익하다고 결론을 내려도 무방하겠다. 그렇지만 엄청난 칼로리를 추가로 먹게 하는 설탕과 크림은 빼고 마시는 게 좋다."

을 제거하는 방법에도 여러 가지가 있는데, 모두 카페인이 수용성이라는 사실을 이용하기 때문에 일단 원두를 뜨거운 물에 담그는 것부터 시작한다는 점은 다 같다. 그렇게 하면 카페인이 물로 빠져 나온다. 다만 방향 화합물들도 상당량 함께 녹아 나온다는 점이 문제이다. 사람들은 추출액에서 카페인을 제거한 뒤, 방향 화합물들만 다시 원두에 흡수시키는 방법을 고안했다. 그러자면 우선 물과 섞이지 않으면서 물보다 카페인 용해도가 높은 용매가 필요하다.

전통적인 선택은 염화 메틸렌과 아세트산 에틸이었다. 아세트산 에틸은 몇몇 채소들에 들어 있는 물질이라서, 가끔 이것을 가리켜 '자연' 물질이라고 말하는 사람도 있다. 그러나 디카페인 공정에 사용되는 양은 도무지 자연적으로 접할 수 있는 양이 아니기 때문에, 사실 무의미한 말이다. 좌우간 추출액과 용매를 섞어 잘 흔들면 카페인이 용매에 녹아난다. 원래 물과 섞이지 않는 용매였기 때문에 과정을 마친 뒤에 분리하기는 쉽다. 그 물에 다시 원두를 담가서 향을 재흡수시키면 된다. 물론 방향 화합물들이 죄다 재흡수되는 것은 아니라서, 디카페인 커피는 절대로 보통 커피와 같은 맛이 날 수 없다. 보다시피 디카페인 과정 중에 용매와 원두가 직접 닿지 않기 때문에 커피에 용매가 남을 일은 없지만, 그런데도 사람들이 화학물질들에 대해 걱정을 하자, 가공업체들은 다른 방법을 생각해 내야 했다.

고농축 이산화탄소 기체로도 원두에서 카페인을 뽑아낼 수 있다. 이 과정은 효율적이고, 잔류물 걱정이 전혀 없다. 스위스 수처리 방법도 널리 선전되는 기법이다. 원두를 뜨거운 물에 담근 다음, 그 물을 활성탄소 여과기에 걸러서 카페인만 흡수한다. 함께 녹은 방향 화합물들은 여과기에 부착되지 않는다. 그런 뒤, 카페인이 고스란히 든 새 원두들을 이 '디카페인된' 물에 담근다. 물은 이미 방향 화합물들로 포화된 상태이기 때문에 원두에 든 방향 화합물들이 더는 녹아 나오지 못하지만, 물에 카페인은 없기 때문에 원두의 카페인은 녹아 나온다. 이 기법은 물만 사용하므로 용매 오염 걱정이 전혀 없다.

인스턴트커피는 어떨까? 인스턴트커피의 맛이 잘 내린 여과 커피나 에스프레소에 맞먹는다고 주장할 사람은 없겠지만, 확실히 편하긴 하다. 그라인더나 커피 기계와 씨름할 필요도 없고, 주변을 흩뜨리거나 가루를 치울 필요도 없다. 뜨거운 물을 붓고 마시면 그만이다. 그런데 유리병 속 가루의 정체는 정확하게 무엇일까? 답은 과테말라 고산지대에서 왔다. 1906년, 미국인 기술자 조지 콘스탄트 루이스 워싱턴이 과테말라의 고지대에서 늘 하던 대로 커피를 끓이고 있었다.

그가 딴청을 부렸던지, 주전자가 끓어 넘쳐서 커피가 화산처럼 뿜어져 나왔다. 워싱턴이 뒤늦게 불 위에 올려 둔 주전자를 떠올리고 가보았을 때는, 끓어 넘친 커피가 다 말라서 주전자 주둥이에 갈색 가루로 눌어붙어 있었다. 워싱턴은 갑자기 구미가 당겨서 그 가루를 맛 보았고, 기분 좋게 놀랐다. 가루를 뜨거운 물에 녹였더니 그럴싸한 커피 한 잔이 만들어지는 걸 보고는 더욱 기뻤다.

워싱턴은 처음부터 인스턴트커피를 발명하겠다고 작심했던 사람은 아니었다. 오히려 그 이전에 그 문제와 씨름했던 사람들이 있었다. 일반적인 발상은 추출한 커피에서 수분을 증발시킨 뒤, 남은 찌끼를 어떻게 물에 잘 녹여서 괜찮은 커피 음료로 복구시키는 것이었다. 결과는 형편 없었다. 다시 녹인 커피에서는 탄 맛이 났다. 왜냐하면 대개의 실험은 물의 끓는점이 100도인 해수면에서 이루어졌는데, 이 온도에서 커피를 끓이면 갖가지 쓴 맛의 화합물들이 생성되기 때문이다. 워싱턴이 과테말라 산맥에 있었던 것은 행운이었다. 고도가 높으면 물의 끓는점이 낮아진다. 에베레스트 산 정상에서 달걀을 완숙하려면 해수면에서보다 시간이 훨씬 오래 걸리는 것이 그 때문이다.

워싱턴의 커피 주전자는 약 85도에서 끓었고, 그 온도에서는 쓴 화합물들이 훨씬 적게 나온다. 기술자였던 워싱턴은 사태를 얼른 파악했고, 1909년에 브루클린에서 조지워싱턴커피정제회사를 차렸다. 그가 '저온감압 끓임' 방식으로 생산한 커피가 최초의 상업적 인스턴트커피였다. 제1차 세계대전 중에 미군 병사들은 전투식량 품목에 들어온 인스턴트커피를 환영해 마지않았다.

오늘날은 인스턴트커피 생산법이 한결 정교해졌지만, 저온에서 수분을 증발시킨다는 기본적인 발상은 그대로이다. 진공에서 커피를 가열하거나, 고압을 가해 작은 구멍들로 커피를 분출시킴으로써 열풍에 닿게 하여 순식간에 건조시키는 방법을 쓴다. 동결건조법도 있다. 커피를 얼린 뒤에 진공실에 넣고, 물을 순식간에 승화시켜 뽑아 낸다. 이 기법으로 만든 인스턴트커피의 풍미가 가장 좋다고 한다.

커피를 추출하고 남은 가루는 어쩌면 좋을까? 코끼리가 집 정원으로 들이닥칠 때에 대비해서 잘 보관해 두자. 코끼리 오줌 냄새를 없애는 데에 커피 가루가 최고라고 한다.

프렌치 패러독스의 숨겨진 비밀

FRENCH PARADOX

그들은 버터가 묻어나는 크루아상으로 만찬을 즐긴다. 크림 맛이 풍부한 치즈와 지방이 잔뜩 든 패스트리를 먹는다. 아침은 빵오쇼콜라로 먹고, 에스프레소로 입을 헹군다. 오트밀은 찾아볼 수 없다. 아마씨라는 말은 들어보지도 못했을 것 같다. 그런데도 프랑스 사람들은 유럽연합 나라들 중에서 심장질환 사망률이 가장 낮고, 북아메리카 사람과 비교하면, 글쎄 비교 자체가 성립이 안 된다. 캐나다와 미국 사람들은 프랑스 사람들보다 심장질환 발병률이 두 배 높다. 프랑스 사람들은 훨씬 날씬하다. '프렌치 패러독스' 라고 이름 붙여진 이 상황을 어떻게 설명할 수 있을까? 몇몇 연구자들에 따르면 비밀은 와인, 특히 적포도주에 있다. 더 구체적으로 말하자면 **폴리페놀**p.16 족에 속하는 항산화물질인 레스베라트롤에 있다.

간략하게 설명해 보겠다. 대부분의 심장발작은 심장동맥에 응혈이 생겨서 혈류를 막음으로써 심장으로 산소가 가지 못해 생긴다. 응혈은 동맥 내면인 내피 조직이 손상될 때에 생긴다. 손상이 생기면 플라크라는 침전물이 형성되는데, 이는 혈중 콜레스테롤 농도가 지나치게 높은 상황과도 관련이 있다. 하지만 콜레스테롤은 자유 라디칼 같은 산화인자들의 자극을 받아서 화학적 변화를 겪고 나서야 비로소 못된 일에 착수한다. 엄밀하게 말해서 진범은 산화된 콜레스테롤이고, 그 형성을 차단할 수 있다면 심장발작 위험을 낮출 수 있는 셈이다. 항산화물질들이 바로 그런 일을 한다. 적어도 시험관에서는 말이다.

레스베라트롤[p.126]은 알고 보니 효율적인 항산화물질일 뿐 아니라 혈액 응고를 억제했다. 그러니 건강보조식품점에 레스베라트롤 알약들이 등장한 사실이 놀랍진 않지만, 그 약들의 효능은 무척 의심스럽다. 왜냐하면 분리한 레스베라트롤은 불안정한 화합물이기 때문이다. 가령 질소 충전을 하여 밀폐한 캡슐에 담는 등 특별히 주의를 기울여 보관하지 않으면 안 된다. 그렇게 처리한 제품도 시중에 나와 있고, 사람의 배양세포에서 레스베라트롤이 항산화 효과를 보였다는 결과도 있지만, 그것이 사람은 고사하고 어느 동물이든 생체 내에서도 그러리라는 증거는 전혀 없다.

나도 레스베라트롤 연구에 퍽 관심이 가지만, 적포도주를 더 많이 마실 만큼 확신이 들지는 않은 상태이다. 솔직히 나는 밥 먹을 때 곁들이는 음료로는 물 한 잔이면 족하다. 시판 생수일 필요도 없다. 그래도 하버드 의대에서 내놓은 흥미로운 연구를 고려하여 내 반주 습관을 재고해 볼 마음은 있다. 그 연구는 프렌치 패러독스와 직접 연결된 것은 아니지만, 시사점이 있었다. 왜냐면 우리는 누구나 오래 살고 싶어 하기 때문이다. 분자생물학자인 데이비드 싱클레어 박사와 그 동료들이 무엇을 했느냐 하면, 효모에게 적포도주를 먹여서 수명을 늘렸다! 사람도 쥐도 아니고 겨우 효모라고? 하지만 효모에게 유효한 것이 사람에게도 유효할지 모른다. 효모의 유전자 중 적포도주에 노출되었을 때 수명을 늘어나게 한 특정 유전자 종류가 사람에게도 있기 때문이다.

효모는 노화 연구에 제격인 생물이다. 실험실에서 다루기 쉽고, 수명이 비교적 짧다. 1991년에 과학자들은 다른 녀석들보다 더 오래 사는 효모들이 있다는 것을 발견했다. 왜 그럴까 하는 것은 큰 의문이었고, 여기에 대답한 사람이 매사추세츠 공과대학교의 레너드 구아렌테 박사였다. 그는 장수 효모들이 내놓는 시르투인이라는 효소에는 손상된 DNA를 재건하는 능력이 있음을 알아냈다. 이 효소를 암호화한 유전자를 SIR2('침묵정보조절 단백질')라고 한다. 놀랍게도 이 유전자는 효모 세포들이 영양소가 없어 굶주릴 때에 더 많이 활성화됐다.

사실 이것은 의외의 결과가 아니다. 효모만이 아니라 초파리, 설치류, 원숭이도 칼로리 제한 식단을 따르면 더 오래 산다는 증거가 있기 때문이다. 이런 특징은 아마 진화가 남긴 흔적일 것이다. 식량 공급이 부족하면 번식이 어려우므로, 생물은 상황이 나아질 때까지 번식을 미루기 위해서라도 오래 살아야 한다. 사람도 일반적인 칼로리 권장량에서 30퍼센트쯤 섭취를 줄이면 평균보다 더 오래 산다는 연구가 있다.

과학자들은 수명 연장에 기여하는 효소를 암호화한 유전자를 어떻게 하면 더 잘 활성화할 것인가에 관심을 기울였고, 효소 활동을 증진시킬 듯한 화학물질들을 체계적으로 수색하기 시작했다. 오래지 않아 흥미로운 물질이 발견되었다. 레스베라트롤이었다. 레스베라트롤은 칼로리 제한의 효과를 매우 뛰어나게 모방했다. 솔직히 칼로리 섭취를 30퍼센트 줄이는 것보다는 매일 적포도주 한 잔씩 마시는 게 훨씬 즐겁다. 만약 효모에게 미쳤던 레스베라트롤의 효능이 그대로 사람에게도 미친다면, 매일 한 잔만 마셔도 기대수명을 10년이나 늘릴 수 있다. 이것은 꽤 타당한 현상인 듯하다. 효모가 포도즙을 와인으로 바꿔 주면, 와인은 레스베라트롤을 공급해서 효모를 오래 살게 함으로써 은혜를 갚는 것인지도 모르기 때문이다.

싱클레어 박사는 효모에서 생쥐로 옮겨서 더 흥미로운 결과를 얻었고, 그 결과가 전 세계 언론인들의 마음을 사로잡았다. 신문 기사들은 "적포도주 속 물질이 비만 생쥐의 건강을 지킨다"고 아우성을 쳤다. 싱클레어 박사는 생쥐 한 무리에게는 보통의 실험실 사료를 먹이고, 다른 무리에게는 칼로리의 60퍼센트가 지방에서 오는 불건전한 식단을 먹이고, 세 번째 무리에게는 마찬가지로 불건전한 식단을 먹이되 정기적으로 레스베라트롤을 보충해 주었다. 예상대로 두 번째 집단은

"프랑스 사람들이 더 날씬하고 심장병에 덜 걸리는 이유는 그들이 먹지 않는 음식에 있다고 할 수 있다. 간단하다. 프랑스 사람들은 미국 사람들 대부분보다 칼로리를 적게 섭취하고, 비만율도 한참 낮다."

비만이 되었고, 당뇨나 심장질환 증상을 보였으며, 일찍 죽었다. 레스베라트롤 집단도 뚱뚱해지기는 마찬가지였지만 건강했고, 정상적인 식사를 해 날씬한 몸을 유지한 생쥐들만큼 오래 살았다. 벌써 코르크 따개로 손이 간 사람이 있다면, 잠깐, 생쥐들이 먹은 레스베라트롤은 적포도주 100병쯤에 해당하는 양이었음을 생각하자. 애완용으로 기르는 생쥐가 비만이라면, 그런데 그 녀석을 오래 살게 하고 싶다면, 레스베라트롤 보충제를 먹이는 게 좋긴 하겠다.

적포도주로 **알츠하이머병**p.145이 예방될지도 모른다는, 실로 흥미로운 예비 단계의 증거도 있다. 물론 예비 단계이긴 해도, 모름지기 모든 의미 있는 발견들이 처음에는 예비 연구에서 시작하는 것이 아닌가. 뉴욕 마운트시나이 의대의 준 왕 박사는 베타아밀로이드 단백질 수치가 높아지도록 특별히 품종 개량한 생쥐들로 실험을 했다. 이 단백질이 뇌에 축적되면 알츠하이머병에 걸리는 것으로 알려져 있다. 왕 박사는 사람으로 따져서 매일 두 잔에 해당하는 양의 적포도주를 생쥐들의 식단에 포함시켰고, 결과는 멋졌다. 그런 생쥐들은 와인 대신에 그냥 알코올을 섭취한 대조군 생쥐들보다 미로 찾기를 더 잘 했다.

나중에 생쥐들의 뇌를 검사했더니, 와인을 마신 녀석들의 뇌에는 베타아밀로이드 축적 정도가 현저하게 낮았다. 왕 박사가 베타아밀로이드 단백질을 시험관에 넣고 적포도주를 끼얹어 보았더니, 단백질의 구조가 바뀌면서 뇌에 쌓이기 어려운 형태로 변했다.

레스베라트롤 연구의 전망이 밝은 것은 틀림없다. 하지만 현재로서는 적포도주를 마시지 않는 사람들에게까지 음주를 권할 만큼 증거가 충분하지는 못하다. 위험도 있다. 하루 두 잔 미만의 음주로도 유방암과 구강암 위험이 높아진다는 추측이 있거니와, 음주량 증가에는 사회적인 대가들도 따른다.

프렌치 패러독스로 돌아가 보자. 프랑스 사람들이 더 날씬하고 심장병에 덜 걸리는 비결은 그들의 음료가 아니라 음식에 있는지도 모른다. 아니, 그들이 먹지 않는 음식이라고 해야 할까? 간단하다. 프랑스 사람들은 북아메리카 사람들 대부분보다 칼로리를 적게 섭취하고, 비만율은 7퍼센트에 불과하여 미국의 33퍼센트에 비해 한참 낮다.

2003년에 펜실베이니아 대학교의 폴 로진 박사 연구진은 파리와 필라델피아에서 서로 견줄 만한 식당 11쌍을 찾아서 프랑스와 미국의 1인분 음식량을 비교했다. 피자점, 패스트푸드 가게, 외국 음식 전문점 등을 널리 아울렀다. 그 결과, 파리 식당의 평균 1인분은 277그램인 반면에 필라델피아는 346그램이어서 25퍼센트나 차이가 났다. 미국의 중국 식당 음식은 파리의 중국 식당 음식보다 72퍼센트나 더 묵직했다. 포장 식품의 분량도 미국이 더 컸다. 미국의 초콜릿바는 프랑스보다 41퍼센트 더 컸고, 핫도그는 63퍼센트 더 컸다. 요구르트 1인분마저도 미국이 더 컸다.

또 다른 발견도 있었다. 프랑스 사람들은 식사를 허겁지겁 하지 않고 천천히 시간을 들인다. 맥도날드 같은 패스트푸드점에서 햄버거와 감자튀김을 먹을 때에도 시간을 들인다. 미국 사람들은 패스트푸드를 '즐기는' 데에 14분을 쏟지만 프랑스 사람들은 22분을 미적거린다. 프랑스 사람들은 책상 앞에서 먹지 않고, 운전하면서 먹지 않는다. 미국 사람들이 하루에 먹는 데 쓰는 시간을 다 더하면 평균 한 시간쯤 되고, 프랑스 사람들은 100분쯤 된다. 프랑스 사람들은 덜 먹고 더 즐기는 듯하다.

프랑스 와인 생산자들은 물론 적포도주의 항산화물질이 프렌치 패러독스의 원인이라고 설명하고 싶어 한다. 그들은 비슷한 성질을 지닌 백포도주도 만들었다. 몽펠리에 대학교 와인 연구팀이 개발한 '패러독스 블랑'이라는 샤도네이 품종 와인은 항산화 능력이 적포도주와 거의 대등하다. 연구진은 포도를 껍질과 씨까지 함께 불리고 발효 온도를 높여 주면 와인 속 **폴리페놀**p.16 함량이 극적으로 높아진다는 사실을 알아냈다.

과학자들은 그 샤도네이가 정말로 피 속에서 항산화 효과를 보인다는 사실도 확인했다. 연구진은 생쥐 이자의 인슐린 생성 세포들을 파괴해서 당뇨를 일으켰다. 당뇨에 걸리면 혈액의 항산화 능력이 떨어진다. 그런 뒤에 6주 동안 생쥐들에게 샤도네이를 주입했더니, 항산화 능력이 복구되었다. 적포도주보다 백포도주를 선호하는 애호가들은 당장 패러독스 블랑을 수소문해 보는 것이 좋겠다. 사실 진정한 패러독스는 왜 사람들이 채소를 더 많이 먹지 않는가이다. 채소는 적이든 백이든 와인보다 항산화물질 함량이 훨씬 높은 데도 말이다.

적포도주가 프렌치 패러독스에서 차지하는 역할이 모호하다손 쳐도, 그 연관성을 논하다 보니 다른 실속 있는 방면으로 연구가 이어졌다. 스토니브룩의 뉴욕 주립대학교의 조지프 앤더슨 박사는 평소 대장 내시경을 들여다보면서 사람들의 장에서 암이나 전암성 폴립을 찾는 일을 하는 사람이다. 일설에 따르면 알코올 섭취가 결장직장암에 기여하는 요인이라고 하므로, 앤더슨은 환자들의 음주 습관을 조사해 보기로 마음 먹었다.

그 결과, 맥주나 증류주를 하루에 한 잔 이상 마시는 사람들은 그

"전립샘암 진단을 받은 남성 750명, 그리고 그들과 조건이 비슷하되 건강한 남성들의 음주 습관을 조사했다. 그랬더니 일주일에 적포도주 넉 잔 이상을 마시는 사람들은 전립샘암 위험이 50퍼센트 낮았다."

보다 적게 마시는 사람들이나 금주가들보다 대장종양에 걸리는 빈도가 현저하게 높았다. 반면에 와인을 마시는 사람들은 오히려 보호되는 듯했다. 일주일에 적포도주를 석 잔 이상 마시는 사람들 중 3퍼센트만이 암이나 전암성 병변을 겪었다. 술을 전혀 입에 대지 않는 사람들의 발병률이 10퍼센트임을 볼 때, 이것은 놀라운 결과였다. 백포도주는 전혀 효능이 없었다. 앤더슨은 백포도주보다 적포도주에 훨씬 풍부하게 들어 있는 레스베라트롤이 효능의 장본인이라고 생각한다.

가능성을 이론적으로 정당화할 방법도 있는 것 같다. **프로스타글란딘**p.308은 몸속에서 생성되는 화합물로서 수많은 기능을 수행하는데, 한편으로는 면역력을 저해하고 심지어 종양 세포 성장을 촉진하는 경우도 있다. 레스베라트롤은 아라키돈산이(우리가 음식을 통해 섭취하는 성분이다) 문제성 프로스타글란딘으로 전환되는 과정을 촉매하는 사이클로옥시게나아제 2 효소를 억제한다. 레스베라트롤이 유해한 자유라디칼들을 솜씨 좋게 청소해 낸다는 실험 결과도 있었다. 그래도 레스베라트롤을 적포도주의 효능과 연관 짓는 것은 너무 단순한 생각인지도 모른다. 적포도주에 들어 있는 그밖의 여러 폴리페놀들이 전체적으로 항산화 효과에 기여할지도 모르기 때문이다.

시애틀에 있는 프레드허친슨 암연구센터의 재닛 스탠퍼드 박사는 레스베라트롤이 핵심 요소라는 견해에 찬동하는 입장이다. 그녀는 막

전립샘암p.20 진단을 받은 남성 750명, 그리고 그들과 조건이 비슷하되 건강한 남성들의 음주 습관을 조사했다. 그랬더니 일주일에 적포도주 넉 잔 이상을 마시는 사람들은 전립샘암 위험이 50퍼센트 낮았다. 스탠퍼드는 레스베라트롤의 자유 라디칼 제거 능력, 항염 효과, 세포 성장을 저지하는 경향 등이 한데 작용해서 예방 효능을 보인다는 가설을 세웠다.

자유 라디칼p.16은 뇌졸중으로 인한 신경 손상과도 결부되므로, 존스홉킨스 대학교의 실뱅 도레 박사와 동료들은 레스베라트롤이 그런 손상도 예방할 수 있는지 알아보았다. 생쥐에게 미리 레스베라트롤을 먹인 뒤에 뇌졸중을 유도했더니 뇌 손상 영역이 40퍼센트나 줄었다. 도레는 예방 메커니즘이 정확하게 무엇인지도 알아낼 수 있었다. 신경세포들을 감싸서 자유 라디칼의 손상을 방지한다고 알려진 헴 산화효소의 농도가 높아졌던 것이다. 생쥐 실험을 볼 때 사람도 적포도주를 하루에 두 잔쯤 마시면 뇌졸중 손상을 예방하는 효과가 있을 거라고 도레는 생각한다. 하지만 이것은 추측일 뿐이다. 적포도주에 관한 거의 모든 이야기들이 추측인 것처럼 말이다.

다시 프렌치 패러독스로 돌아가자. 사실은 패러독스가 아닐지도 모른다. 프랑스에서는 사망 원인을 기재할 때 좀 다른 기준을 쓰기 때문에, 북아메리카에서는 '심장 이상'으로 기재했을 사례를 프랑스에서는 꼭 그렇게 분류하지 않는다는 말도 있다. 프랑스 사람들의 심장 질환 발병률은 논란의 대상이지만, 믿을 만한 통계에 따라서 확실하게 말할 수 있는 사실이 따로 한 가지 있다. 프랑스 사람들의 기대수명이 북아메리카 사람들과 거의 같다는 것이다. 프랑스 사람들이라고 더 오래 사는 것은 아니다. 다른 경로를 통해 삶에서 벗어날 뿐이다.

혈당을 낮추는 계피

CINNAMON and BLOOD SUGAR

혈당을 낮추려고 사과파이를 먹는다고? 억지스러운 말로 들린다. 하지만 당뇨 환자들에게 사과파이를 준 실험에서 **당뇨**p184에 관한 새로운 통찰들이 나왔음은 물론이고 치료 가망도 바라볼 수 있다. 그러나 **혈중 글루코스**p.58 농도를 낮춘 주인공은 **사과**p.14가 아니었다. 파이에 뿌린 계피가루였다!

메릴랜드 주 벨츠빌에 있는 인간영양연구센터의 리처드 앤더슨은 다양한 식품들이 **2형 당뇨**p.111에 미치는 영향을 알아보던 중 몇몇 피험자들에게 사과파이를 주었다. 예상대로라면 당연히 혈당이 치솟아야 했지만, 그렇지 않았다. 오히려 파이가 혈당치를 낮추는 것 같았다. 앤더슨은 파이의 주 재료들에는 이런 예상치 못한 효과를 낼 것이 없다고 보았고, 가능성이 있는 성분은 오직 계피라고 판단했다. 예로부터 계피가 온갖 질병을 구제한다고 주장한 민간요법들이 숱하게 있었으니까 말이다.

앤더슨은 이 놀라운 발견을 시험하기로 하고, 2형 당뇨 환자 60명을 연구에 참여시켰다. 피험자들은 40일 동안 계피를 조금씩 먹었는데, 하루에 찻숟가락으로 4분의 1(약 1그램)쯤 되는 적은 양부터 찻숟가락으로 두 숟가락이 채 못 되는 양까지 분량은 달랐다. 대조군은 아무 활성이 없는 밀가루 캡슐을 복용했다. 결과는 실로 달콤했다. 계피는 정말 혈당을 낮추었다. 무려 30퍼센트까지 낮아진 사례도 있었다. 그뿐 아니라 LDL(**'나쁜 콜레스테롤'**p.34)과 트라이글리세라이드(피 속의

"당뇨 환자들에게 사과파이를 준 실험에서 당뇨에 관한 새로운 발견과 치료 가능성을 얻게 되었다. 그러나 혈중 글루코스 농도를 낮춘 주인공은 사과가 아니었다. 파이에 뿌린 계피가루였다!"

지방) 수치까지 낮추었다. 계피 연구가 끝난 후 20일이 지나고도 혈당이 낮게 유지되었으니, 계피를 꼭 매일 먹지 않아도 인체에 또렷한 효과가 난다는 뜻이었다. 게다가 찻숟가락 4분의 1씩 먹은 피험자들도 훨씬 많이 먹은 사람들만큼 좋은 효과를 보았다는 사실이 놀라웠다. 컬럼비아 대학교 연구진도 이 결과를 재현했다. 그들은 위약으로 대조군을 통제한 무작위 이중맹검법을 썼는데, 하루에 계피 1그램이면 8주 후에 공복혈당이 17퍼센트나 낮아졌다. 실로 인상적이다.

혈중 당 농도가 정상보다 높은 상태인 당뇨는 심각한 병이다. 콩팥과 심혈관계에 문제가 생길 수 있고, 시각과 혈액순환이 손상될 수 있다. 당뇨에는 두 종류가 있다. 1형은 보통 어린 나이에 발생하고, 이자가 **인슐린**p.184을 충분히 만들지 못해서 생긴다. 2형은 과체중인 사람들에게 흔하고, 대개 성인이 되어서야 발현한다. 이자는 계속 인슐린을 만들지만, 몸의 지방과 근육과 간 세포들이 인슐린에 저항이 생겼기 때문에 인슐린이 제대로 일을 할 수 없는 상태이다. 인슐린이 하는 일은 체세포들 속으로 글루코스가 들어가는 것을 관리하는 문지기 역할이다. 이 일에 지장이 생기면 글루코스가 세포로 흡수되지 못해서 피에 쌓이고, 결국 손상을 불러온다.

1형 당뇨p.373는 인슐린 주사로 치료해야 하지만, 2형 당뇨는 식단에 신경을 써서 통제할 수 있다. 2형 당뇨는 비만, 특히 복부비만과 연

“2형 당뇨 환자가 혈당을 낮추려면 계피를 트럭째 삼킬 필요까지는 없다. 하루에 1그램, 대략 찻숟가락 4분의

관이 깊다. 지방 세포들은 아디포카인이라는 호르몬을 분비하는데, 이 호르몬은 당부하 능력을 훼손시키고, 특히 복부 지방이 이 호르몬을 활발하게 내놓는다. 장기간에 걸쳐 당과 인슐린 과부하에 시달린 몸은 차차 인슐린의 조절 효과에 민감하지 않게 변한다. 과로에 지친 몸이 파업을 신언하는 것과 같다.

비만율이 높은 북아메리카에서 2형 당뇨가 전염병마냥 번지는 것도 무리가 아니다. 어린아이들도 그렇다. 환자들 중에는 꽤 효과적인 당뇨 치료제를 놔두고 굳이 영양보조제나 약초 같은 대체요법을 탐사하는 사람이 많다. 상보적인 방식으로 적용한다면 통상의 의약품과 대체요법이 시너지 효과를 낼 수도 있다. 실제로 과학자들은 다양한 식품들 속에서 혈당 강하 성질이 있는 성분들을 수색하는 중이다. 홍차는 아니지만 **녹차**p.358와 **커피**p.109는 가망이 있다. 커피에서 한 가지 걸리는 문제는, 하루에 여섯 잔쯤 마셔야 혈당에 영향이 미치는데, 그만한 양이라면 카페인도 무진장 섭취하게 된다는 점이다. 다행스럽게도 커피의 혈당 강하 효과를 내는 주성분은 카페인이 아니라 클로로겐산이므로, 이 화합물을 분리하여 알약으로 정제할 수 있을지도 모르겠다.

커피와 녹차에 마음이 끌리지 않는다면 **적포도주**p.116도 괜찮은 선택지이다. 아마 **레스베라트롤**p.117 성분 때문일 것이다. 그러나 커피와 마찬가지로 적포도주도 꽤 많은 양을 마셔야 효과를 볼 수 있다. 하루에 세 잔쯤인데, 그만큼 알코올을 섭취하면 암 위험이 높아질 수 있다.

그밖에도 여러 식물성 물질들이 혈당 강하 효과가 있다고 하지만, 대개 증거가 미약하다. 호로파, 여주, 인삼, 김네마(인도산 덩굴나무에서 얻는 약초이다), 양파, 아마씨 등이 그간 조사되어 왔으나, 이런 연구들의 결과는 해석하기 나름이다. 한 예로 인삼을 먹으면 좋다는 주장을 살펴보자(먹지 말라는 연구도 있다).

영국 노섬브리아 대학교의 앤드루 스콜리 연구진은 인삼 추출물로 만든 시판물질인 G115가 혈당을 현저하게 낮춘다는 것을 확인했다. 단 건강한 사람의 공복혈당만 그랬고, 인삼을 글루코스 음료와 함께 먹을 경우에는 오히려 글루코스만 먹었을 때보다 혈당이 한참 높아졌다. 우리가 여기에서 얻을 수 있는 교훈은, 당뇨 환자일 경우에 인삼 제품에는 손대지 않는 게 좋다는 것이다. 인삼에도 수많은 종류가 있고, 각각의 생리적 효능이 다르며, 시판 제품들이 반드시 한 종류로만 제조되거나 표준화된 공정에 따르는 것은 아니기 때문이다.

다시 계피 이야기를 해보자. 2형 당뇨 환자가 혈당을 낮추기 위해 계피를 트럭째 삼킬 필요까지는 없다. 하루에 1그램, 대략 찻숟가락 4분의 1이면 최적의 양인 듯하다. (1형 당뇨는 계피에 반응하지 않는 듯하다.) 다만 여느 개입 방법들이 그렇듯, 계피에도 위험 가능성이 있다. 계피에는 쿠마린이라는 자연 성분이 들어 있는데, 이 화합물을 다량 섭취하면 간과 콩팥을 해칠 수 있다. 쿠마린 함량은 계피 종류에 따라 다르다. '진짜 계피'라고도 불리는 실론 계피는 카시아 계피보다 쿠마린 함량이 훨씬 적다. 북아메리카에서 가루로 팔리는 것은 보통 카시아 계피이다. 가루로 보면 두 종을 구별할 수 없지만, 가루를 내기 전의 '막대기' 상태를 보면 쉽게 구별이 된다.

실론 계피는 얇은 층들이 여러 겹 포개진 형태이고 쉽게 가루로 빻아진다. 반면에 카시아 계피는 두텁고 단단한 한 겹으로 되어 있다. 어떤 회사들은 쿠마린 중독을 피하기 위해서 계피를 물로 추출하는 기법을 도입했다. 계피에서 인슐린 민감도를 높여 주는 성분은 메틸하이드록시칼콘 중합체(MHCP)라고 알려져 있는데, 이 화합물은 수용성이지만 쿠마린은 불용성이다. 쿠마린에 대한 걱정을 덜려면 계피 스틱을 차에 담가 먹는 것도 한 방법이다. MHCP는 차에 녹지만 쿠마린은 녹지 않을 것이다. 그리고 차의 효능도 함께 얻을 수 있지 않은가! 모든 연구들이 만장일치로 당뇨에 대한 계피의 효능을 인정한 것은 아니지만, 어쨌든 매일 계피를 섭취해서 나쁠 것은 없고, 당뇨 환자들뿐만 아니라 콜레스테롤이 높은 사람들도 한번쯤 시도해 볼 만하다. 하지만 물론 사과파이로 먹는 것은 자제하자!

유기농 채소와 건강한 심장

VEGETABLES
and
HEALTHY HEART

'유기농 식품은 심장발작을 줄여 줄지도 모른다.' 다들 예상했겠지만, 이 기사 제목은 단숨에 내 눈을 끌었다. 특히 이것이 《뉴 사이언티스트》라는 매우 믿을 만한 과학 잡지에 실린 기사였기 때문이다. 어떻게 이런 발언이 나왔을까? 나는 궁금했다. 과학자들이 피험자를 두 집단으로 나눠서 한쪽은 유기농 식품으로 진수성찬을 즐기게 하고 다른 쪽은 통상적인 식품을 먹게 했나? 그랬더니 전자들이 심장발작을 일으키는 확률이 낮았나? 정확하게 그런 것은 아니었다.

스코틀랜드 덤프리스갤러웨이 왕립병원의 존 패터슨과 동료들이 채소 수프의 화학적 조성을 분석한 결과, 유기농 식품으로 만든 수프가 보통 수프보다 살리실산 함량이 여섯 배 높았다. 그게 심장병과 무슨 상관이 있을까? **아스피린**p.101이 피에 미치는 영향을 알면 이해할 수 있다. 매일 아스피린을 조금씩 복용하면 혈액 응고가 방지되어서 심장발작 예방 효과가 있다는 것은 상당히 확실하게 검증된 사실이다. 어떤 의사들은 50세가 넘은 사람들에게 어린이용 아스피린을 매일 한 알씩(81밀리그램) 먹으라고 권한다. 아스피린의 화학적 성분은 아세틸살리실산인데, 이 화합물이 몸속에서 분해되어 **살리실산**p.14을 내놓고, 이 살리실산이 아스피린의 생리적 효능을 담당한다. 그러니 식품의 살리실산 함량에 의학자들이 관심을 갖는 것도 합리적인 일이다.

맨 먼저 떠오르는 의문은 애초에 왜 채소에 살리실산이 들어 있는가 하는 점이다. 식물들이 사람의 심장질환을 막아 주자고 그런 성분을 진화시킨 게 아님은 두말 하면 잔소리이다. 식물은 박테리아, 곰팡이, 바이러스의 공격에서 스스로를 지키려고 그런 성분을 진화시켰다. 살리실산은 식물 호르몬으로 기능하여, 침입자와 싸우는 데 필요한 단백질들의 생산을 암호화한 유전자들을 활성화한다. 유기농으로 재배된 채소는 살균제나 살충제의 보호를 받지 못하기 때문에 살리실산 함량이 높으리라 기대할 수 있고, 패터슨의 연구에 따르면 그것이 사실이었다. 하지만 유기농 채소 수프로 심장질환을 예방하겠다고 매달리기 전에, 연구에 등장한 숫자들을 유심히 살펴볼 필요가 있다.

유기농 채소p.282 수프는 그램당 살리실산 함량이 평균 120나노그램이었고, 보통 수프는 20나노그램이었다. 무슨 뜻일까? 수프 한 그릇이 약 400그램이라고 치면 유기농 수프 한 접시에는 살리실산이 대략 0.06밀리그램 들어 있고, 보통 수프에는 0.01밀리그램 들어 있다는 뜻이다. 여섯 배 차이가 나는 것은 사실이다. 하지만 어린이용 아스피린은 81밀리그램으로서, 유기농 수프에 들어 있는 살리실산의 1000배가 더 된다. 수프에 든 살리실산 양은 딱히 고려 대상이 못될 정도로 소량인 것이다. 따라서 이런 점 때문에 일반 채소가 아니라 유기농 채소를 택하는 것은 어리석은 일이다.

살리실산이 유의미한 양으로 식품에 들어 있는 경우가 있을까? 콕 집어 말하기는 어렵다. **적포도주**p.116나 **백포도주**p.121 0.5리터에는 살리실산이 약 30밀리그램 들어 있는데, 이 정도면 의미가 있을지도 모른다. 적어도 와인의 질병 예방 효과에 어느 정도 기여할 것 같긴 하다. 먹을거리를 보자면, 토마토나 살구처럼 살리실산 함량이 가장 높은 것들도 잘해 봐야 일회분량당 몇 밀리그램쯤 들어 있다. 채소에서 적잖은 양의 살리실산을 얻자면 상당히 많이 먹어야 하는 것이다. 물론 그런 식단은 심장병 이외의 다른 질병으로부터도 우리를 보호해 줄 것이므로 나쁠 것은 없다.

서양에서는 **대장암**p.162이 흔하지만 인도 농촌지역에서는 드물다. 왜일까? 관절염 때문에 상습적으로 아스피린을 복용하는 서양인들로부터 단서를 얻을 수 있다. **아스피린**p.14은 어쩌면 대장암 예방 효과도 있다. 그 목적에서 아스피린 복용을 추천하는 의사는 없지만 말이다. 널리 보도된 한 실험에 따르면, 대장암 환자들에게 매일 325밀리그램씩 아스피린을 먹였더니 재발 위험이 낮아졌다. 얼마나 낮아졌을까? 31개월 동안 아스피린 처방을 받은 환자 10명 중 딱 한 명만 재발했다. 이것은 어마어마한 수치는 아니지만 의미는 있다. 아마 아스피린의 소염 능력 때문에 대장암 보호 효과가 났을 것이다. 그렇다면 식품 속 살리실산도 같은 효과를 낼 수 있을까?

인도 농촌지역 사람들 이야기로 돌아가 보자. 그들의 혈청을 표본조사한 결과, 혈중 살리실산 농도가 서양인들의 정상 수준보다 한참 높았다. 엄격한 채식주의자들은 더 그랬다. 혈중 살리실산 농도의 차이는 최대 세 배까지 났다. 특히 고기를 전혀 입에 대지 않는 불교 승려들이 흥미로운 사례였는데, 그들 중 일부는 어린이용 아스피린을 매일 한 알씩 복용하는 사람들만큼이나 높은 살리실산 농도를 보였다. 더구나 인도 농촌에서 재배한 작물은 서양에서 재배한 같은 종류의 작물보다 살리실산 함량이 높았다. 그곳에서는 살충제, 제초제, 살균제를 쓰지 않고 기르기 때문에 작물이 해충의 공격을 받을 가능성이 높고, 그 때문에 식물 스스로 살리실산을 합성하여 제 몸을 보호해야 하는 것이다.

또 인도 사람들은 수많은 종류의 향신료들을 요리에 듬뿍 사용하는데, 향신료 가운데에는 살리실산 함량이 높은 것들이 많다. 커민, 강황, 칠리 가루, 파프리카 등이 모두 훌륭한 공급원이다. 더욱 중요한 사실은 살리실산이 생체이용률이 높은 물질이라는 점이다. 그 사실을 우리가 어떻게 아느냐 하면, 살리실산이 풍부한 매콤한 음식을 먹은 사람들의 피를 검사해 보면 거의 즉시 혈중 살리실산 수치가 높아져 있기 때문이다.

여기에서 우리가 얻을 교훈은, 식탁을 채소로 가득 채울 이유가 또 하나 생겼다는 것이다. 하지만 살리실산의 전망이 누구에게나 장밋빛인 것은 아니다. 영양학적 논의가 으레 그렇듯, 살리실산에도 위험 부담이 있다. 인구 중 극히 일부에 불과하지만 살리실산에 과민한 사람들이 있다. 그들은 이 화합물에 아주 민감해서 천식, 피부 발진, 몸 곳곳의 부종 등을 일으킨다. 그러나 나로 말할 것 같으면, 앞으로 채소 굴라쉬에 파프리카를 더 듬뿍 뿌릴 생각이다. 강황도 숨김맛으로 살짝 집어넣고 말이다.

베타카로텐의 보고 당근

CARROTS
and
CAROTENOIDS

영국 공군이 영국전투 중에 독일 공군을 상대로 보였던 무훈은 전설이 되었다. 영국 조종사들은 어쩌면 그렇게 독일 폭격기들을 잘 격추시켰을까? 영국 항공성은 조종사들이 당근을 많이 먹은 덕을 톡톡히 본 것이라고 말했다. 이것은 꽤 논리적인 설명인 듯했고, 독일 첩보국도 사실로 믿었다. **비타민 A**p.139 결핍이 야맹증을 일으킨다는 것은 오래전에 과학자들이 입증한 사실 아닌가. 카로테노이드의 일종으로 당근에 많이 들어 있는 오렌지색 화합물 **베타카로텐**p.280은 체내에서 비타민 A로 전환된다. 당근이 영국 조종사들의 야간 시력을 좋게 한다면, 독일 조종사들에게도 마찬가지일 것이다. 독일 공군은 조종사들에게 임무 수행에 나서기 전에 당근을 먹으라고 명령했다. 하지만 그들이 당근을 아무리 많이 먹어도 영국 공군의 우월함에는 당할 수가 없었다.

당연한 일이었다. 영국 공군의 성공은 당근과는 전혀 관계가 없었기 때문이다. 초인적인 수준의 야간 시력은 비타민 A가 아니라 레이더라는 최신 발명품 덕분이었다. 영국 남동 해안에 레이더 기지들이 줄줄이 건설되어 해변으로 접근해 오는 독일 폭격기들의 위치를 정확하게 알려주었기 때문이다. 당근 이야기는 항공성이 부러 꾸며내서 독일 첩보국에 슬쩍 흘린 것이었다. 레이더 안테나 대신 당근이나 수색하라고 말이다.

당근이 조종사들의 시력을 좋게 하진 않았지만, 최신 연구들에 따르면 베타카로텐이 건강에 지대한 기여를 하는 것은 정말인지도 모른다. 아마 베타카로텐이 항산화제로 작용하여 **자유 라디칼을 중화**p.44시키기 때문인 듯하다. 존스홉킨스 대학교에서 2만 5000여 명을 대상으로 10년에 걸쳐 혈액 검사를 한 결과, 베타카로텐 수치가 낮은 사람들은 특정 종류의 폐암에 걸리는 확률이 네 배 높았다. 시카고의 웨스턴 일렉트릭 사 직원 2107명의 건강 상태를 19년 동안 추적한 연구에서도 카로텐 섭취량이 적은 흡연자들의 폐암 발생률은 카로텐 식품을 많이 섭취한 흡연자들보다 일곱 배가 높았다. 뉴욕의 알베르트아인슈타인 의대 연구진에 따르면 카로텐 섭취가 적은 여성들은 자궁경부암에 걸리는 위험이 세 배나 높다.

베타카로텐 섭취와 심장질환을 연결하는 연구들도 있다. 의사건강조사(1982년 가을에 시작된 연구로서, 아스피린과 베타카로텐이 심혈관질환과 암의 일차적 예방 도구로서 어떤 효능과 위험을 보이는지 밝히고자 했다)에 등록된 의사 2만 2000여 명은 베타카로텐 정제 50밀리그램 또는 위약을 이틀에 한 번씩 먹었다. 그 결과 암 발생률에는 별다른 차이가 없었지만, 보충제를 섭취하면 심장발작 위험은 줄어드는 듯했다. 조사에 참여한 시점에 심장질환 징후가 있었던 피험자들 중 절반이 효과를 보았다.

세계에서 가장 오래, 대규모로 수행된 여성 건강조사는 하버드 의대가 실시했던 간호사건강조사이다. 조사 기간 내내 베타카로텐을 매일 15에서 20밀리그램 이상 음식으로 섭취한 여성들은 6밀리그램 미만으로 섭취한 여성들보다 뇌졸중 위험이 40퍼센트 낮았고, 심장발작 위험이 22퍼센트 낮았다. 협심증이 있었던 여성 1000명 중 카로텐을 많이 먹은 여성들은 심장발작 위험이 80퍼센트 낮았다.

대중매체는 이런 연구들을 비중 있게 보도했고, 곧 많은 이들이 베타카로텐 보충제를 삼키기 시작했다. 그러나 유행은 1994년에 딱 멎었

“시카고의 웨스턴일렉트릭 사 직원 2107명의 건강 상태를 19년 동안 추적한 연구에서도 카로텐 섭취량이 적은 흡연자들의 폐암 발생률은 카로텐 식품을 많이 섭취한 흡연자들보다 일곱 배가 높았다.”

다. 베타카로텐 보충제를 먹은 흡연자들이 폐암에 더 많이 걸린다는 의외의 연구 결과가 핀란드에서 나왔기 때문이다. 사람들은 이 발견을 변칙적인 경우로 치부하고 넘어가려 했지만, 베타카로텐 보충제 30밀리그램을 매일 먹은 사람들의 폐암 발생률이 30퍼센트 가까이 높다는 연구가 미국에서도 나오자 입을 다물어야 했다. 대체 어떻게 된 영문일까?

터프츠 대학교 연구진은 페릿을 써서 이 문제를 풀어 보기로 했다. 연구진은 족제비를 닮은 이 동물에게 다량의 베타카로텐을 먹였다. 굳이 페릿을 선택한 까닭은 이들이 사람과 같은 방식으로 베타카로텐을 대사하기 때문이다. 연구진은 페릿들 중 일부에게는 하루에 담배 30개비를 피우는 것에 맞먹는 연기를 6개월 동안 마시게 했다. 결국 페릿들은 폐 종양에 걸렸고, 특히 흡연 페릿들의 발병률이 높았다. 연구진은 페릿의 피를 분석해 보고서 패러독스에 대한 답을 알아냈다. 베타카로텐은 농도가 높을 때에는 항산화물질이 아니라 산화물질로 작용했던 것이다.

베타카로텐에 항산화 효능이 있는 이유는 제 전자를 자유 라디칼에게 주어서 자유 라디칼을 중화시키기 때문이다. 그런데 그 과정에서 베타카로텐 자신이 자유 라디칼이 되고, 다른 분자로부터 얼른 전자를 빼앗아오지 않는 한 이것 자체가 조직을 손상시킨다. 이 대목에 비타

"베타카로텐을 매일 15에서 20밀리그램 이상 음식으로 섭취한 여성들은 6밀리그램 미만으로 섭취한 여성들보다 뇌졸중 위험이 40퍼센트 낮았고, 심장발작 위험이 22퍼센트 낮았다."

민 E와 C가 끼어든다. 이 비타민들은 카로텐 라디칼을 수거하여 위험하지 않은 물질로 바꿔 낸다. 흡연자들은 혈중 비타민 C 농도가 낮기 때문에 베타카로텐 보충제의 위험에 더 많이 노출되었던 것이다.

이후 베타카로텐의 특이한 행동에 대한 증거가 곳곳에서 등장했는데, 그중에서도 닭 사료에 얽힌 일화가 가장 분명했다. 닭 사료 제조업자들은 농산물 원료 사료에 지방을 첨가해서 효율을 높이곤 한다. 제품의 영양 구성을 좋게 하자면 불포화지방이 바람직한데, 문제는 육류의 불포화지방은 포화지방보다 쉽게 산화해서 맛과 질감을 떨어뜨린다는 점이었다. 제조업자들은 산화 방지 차원에서 **비타민 E**p.147와 베타카로텐을 사료에 섞었다. 그 과정에서 보니, 비타민 E 없이 베타카로텐만 첨가하면 오히려 산화제 효과가 났다. 하지만 비타민 E를 충분히 함께 넣어 주면 베타카로텐은 기대대로 항산화 효과를 발휘했다.

이 정보를 어떻게 해석해야 할까? 현재로서는 베타카로텐 보충제에서는 손을 떼되 베타카로텐이 풍부한 식품 섭취는 줄이지 않는 것이 바람직해 보인다. 베타카로텐이 제 효능을 발휘하려면 식품 속의 다른 성분들도 함께 있어야 하는 것 같으니까 말이다. 베타카로텐의 일일 섭취량 권고 기준은 없지만 각종 자료들을 훑어본 바에 따르면 매일 20에서 25밀리그램쯤 먹는 게 좋겠다. 그게 어느 정도인지 감을 잡아 보면, 고구마 하나에는 약 15밀리그램이 들었고, 당근 하나에 12밀리그램, 캔털루프 멜론 반 통에 5밀리그램, 시금치 반 컵에 4밀리그램, 브로콜리 하나에 2밀리그램이 들어 있다.

자, 지금까지 베타카로텐의 효능을 살펴보았다. 그런데 시력에 관한 이야기는 어떻게 되었나? 야맹증과는 무관하지만 한 가지 확실한 이야기가 있긴 하다. 전 세계적으로 시력 상실의 첫째 원인은 백내장이다. 나이가 들면 자유 라디칼 반응 때문에 수정체의 단백질이 덩어리져서 불투명한 침전물을 형성하는데, 그것이 백내장이다. 백내장이 발생하면 수정체로 들어온 빛이 망막에 닿기 전에 흩어져 버린다. 그런데 최근의 여러 연구에 따르면 항산화 영양소들, 특히 카로테노이드를 많이 섭취하면 백내장 위험이 낮아진다.

당근이 독일군을 물리치는 데에는 도움을 주지 못했을지라도, 암과 심장질환과의 전쟁에서는 우리를 도울지도 모른다. 또한 백내장 위험을 줄임으로써 미래를 더욱 잘 내다보게 해줄지도 모른다.

비타민 A에서 K까지

비타민의 정의는 간단하다. 우리가 건강을 유지하고 영양결핍증을 막기 위해서 반드시 음식에서 섭취해야 하는 물질들을 말한다. 영양결핍증이라니 어떤 병 말일까? 사람들이 가장 먼저 인식한 것은 괴혈병이었다. 기원전 1550년경에 씌어진 이집트의 에버스 파피루스에도 괴혈병이 묘사되어 있다. 16세기와 17세기에는 장기 항해가 흔해지면서 수많은 선원들이 괴혈병으로 죽었다.

문제 해결의 실마리는 1536년에 프랑스 탐험가 자크 카르티에의 배가 퀘벡에서 얼음에 갇혔을 때 등장했다. 선원 100명 중 괴혈병의 참상을 겪지 않은 사람은 3명에 불과했다. 이때 원주민 마을인 스타다코나 사람들이 구조의 손길을 내밀어, 어느 나무의 잎사귀를 끓인 차를 마시라고 조언했다. 아마 편백나무였던 것 같다. 선원들은 그 차를 고작 두어 번 마신 뒤에 빠르게 회복했는데, 그 처방은 이후 다시 잊혀졌다. 그밖에도 다른 효과적인 치료법을 알아낸 사례들이 더러 있었다. 17세기에 동인도회사 선박들 중 일부는 괴혈병 예방책으로 레몬주스를 싣고 다녔다. 그래도 이것은 예외적인 경우였고, 무수한 선원들이 여전히 괴혈병으로 쓰러져 갔다.

스코틀랜드의 의사 제임스 린드는 다양한 식품이나 음료로 괴혈병을 치료한다는 이야기를 듣고 문제를 철저히 규명해 보기로 결심했다. 영국 군함 솔즈베리 호에 탄 그는 선원 여섯 쌍을 고른 뒤, 각 쌍에게 매일 다음 식품을 먹였다. 사과주스, 희석한 황산, 식초, 바닷물, 마늘

"19세기 일본 해군에서, 정백미를 주식으로 한 배에서는 276명 가운데 169명이 각기병에 걸렸고, 9개월 동안 그중 25명이 죽었다. 그런데 다른 배에서는 사망자가 없었고 발병 사례도 14건뿐이었다. 정미하지 않은 쌀겨의 추출물이 답이었다."

과 겨자씨와 무를 찧은 것, 오렌지 두 개와 레몬 하나였다. 평범한 보급품만 먹는 대조군 환자들도 두었다. 그 결과, 운 좋게도 감귤류 식단을 배정 받은 두 남자가 며칠 만에 빠르게 회복하기 시작했다. 린드가 괴혈병 치료법을 처음 발견한 것은 아니었지만 감귤류의 효과를 확인한 '임상시험'을 처음 문서화한 것은 틀림없다.

그는 1753년에 '괴혈병에 관한 논문'을 발표했다. 그러나 영국 해군은 1795년이 되어서야 비로소 모든 선원에게 라임이나 레몬주스를 매일 공급하기 시작했다. 영국 토박이를 '라이미Limey'라고 부르는 표현은 여기에서 왔다. 비슷한 시기에 제임스 쿡 선장도 신선한 과일과 사우어크라우트가 괴혈병을 예방한다는 사실을 발견했다. 1930년대에는 얼베르트 센트죄르지가 마침내 괴혈병 예방인자를 분리해 내고 비타민 C라고 이름을 붙였다. 왜 비타민 C였을까? 알파벳을 따서 비타민 이름을 짓는 관행은 그로부터 20년 전에 이미 등장했고, 그동안 A와 B가 벌써 선취되었기 때문이다.

비타민을 알파벳으로 명명하는 관행은 20세기 초에 시작되었다. 당시 아시아에 기계식 정미기가 보급되었는데, 때맞추어 '베리베리'병이라고도 불리는 각기병이 새로 등장했다. 베리베리는 스리랑카 신할라 어로 '못 하겠어, 못 하겠어' 라는 뜻이다. 각기병은 진행성 근육 퇴화, 심부전, 쇠약 등을 일으킨다. 일본의 군의관이었던 가네히로 다카키는 1878년에서 1883년 사이에 일본 해군들 사이에서 이 병이 흔하게 발생하는 것을 알고 연구했는데, 정백미를 주식으로 한 배에서는 276명 가운데 169명이 각기병에 걸렸고, 9개월 동안 그중 25명이 죽었다. 그런데 다른 배에서는 사망자가 없었고 발병 사례도 14건뿐이었다. 두 배의 차이라면 두 번째 배의 선원들이 고기와 **우유**p.159와 채소를 더 많이 먹었다는 점이었다. 그래서 다카키는 괴혈병이 식단 중 단백질 함량과 관계가 있으리라고 생각했지만, 이것은 틀린 생각이었다.

약 15년 뒤, 동인도제도에 있던 네덜란드 의사 크리스티안 에이크만은 정백미를 주로 먹은 닭들이 각기병에 쉽게 걸리지만, 겨를 함께 먹으면 낫는다는 현상을 목격했다. 그는 정백미의 전분이 신경에 독성물질처럼 작용한다고 추측했지만 역시 틀린 생각이었다. 마침내 정확하게 짚은 사람은 폴란드 화학자인 카시미르 풍크였다. 그는 쌀겨의 추출물이 각기병을 예방한다는 사실을 증명했다. 그는 이 물질이 화학적으로 아민amine에 속한다고 믿었고, 이것이 생명에 필수적vital인 물질이라는 의미에서 '비타민vitamine' 이라고 이름 지었다. 그러나 후에 이것이 아민이 아닌 것으로 밝혀지자 맨 끝의 e를 떨궈냈다.

얼마 뒤, 위스콘신 대학교의 E. V. 매컬럼과 마거릿 데이비스는 돼지비계에서만 지방을 공급받고 자란 쥐들은 제대로 발육하지 못하고 눈에도 문제가 생긴다는 사실을 발견했다. 버터 지방이나 계란 노른자에서 추출한 에테르를 식단에 포함시키면 성장이 재개되고 눈 상태도 바로잡혔다. 매컬럼은 에테르 추출물에 든 지용성 인자에, 그 정체가 무엇인지는 몰라도, A라고 이름을 붙였고, 풍크가 각기병을 예방한다고 했던 수용성 인자에는 B라고 이름을 붙였다. 알고 보니 수용성 추출물은 여러 화합물들이 혼합된 것이었기 때문에, 숫자로 아래첨자를 주어 요소들을 구분하기로 했다.

결국 각기병 예방인자는 그중 비타민 B_1이라고 불리는 티아민임이 밝혀졌다. 이 비타민들의 기능에는 공통점이 있었다. 다들 단백질, 탄수화물, 지방 대사에 필요한 여러 효소 체계의 일부로 기능했다. 후에 풍크의 수용액에 담긴 화합물들 가운데 몇몇은 어떤 병에 대해서도 예방 효과가 없는 것으로 밝혀져서 비타민 목록에서 빠졌고, 인체에 필수적인 수용성 성분이 추가로 발견되어 비타민 B 목록에 더해졌다.

과학자들은 잇따라 다른 비타민들도 확인했고, 발견 순서에 따라 D와 E라고 이름 붙였다. **비타민 K**p.248가 K가 된 까닭은 그것을 발견한 덴마크 생화학자 헨리크 담이 혈액응고 촉진 기능에 착안하여 '응고 koagulations 비타민'이라는 용어를 제안했기 때문이다. 아직 정체가 확인되지 않은 비타민들이 더 있을까? 그럴 것 같지는 않다. 이제까지 알려진 비타민들을 정맥주사로 공급하는 완전비경구영양법(TPN)을 써서 환자를 오랫동안 살려 둔 사례들이 있는 것을 보면 말이다.

새 비타민이 발견될 가능성은 극히 낮지만, 기존의 비타민들을 새롭게 활용하는 방법이 본격적으로 등장할 가능성은 아주 높다. 이제 우리는 비타민이 예의 그 영양결핍증들을 막는 데에만 필요한 물질이 아니라는 사실을 잘 안다. 비타민은 심장질환, 암, 심지어 **알츠하이머병**p.119을 물리치는 데도 기여할지 모른다.

엽산으로 똘똘 뭉친 시금치

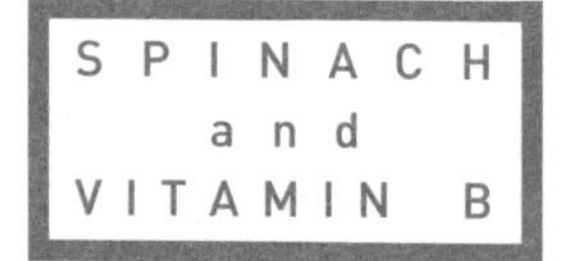

텍사스 주 크리스털시티에서 가장 유명한 볼거리는 뽀빠이 동상이다. 뽀빠이는 제 트레이드마크인 시금치 캔을 한 손으로 우그러뜨리면서, 당장이라도 브루투스의 손아귀에서 올리브 오일을 구해 낼 태세이다. 짐작하겠지만 크리스털시티는 세계 제일의 시금치 도시이다. 그곳 시민들은 저 혼자 힘으로 시금치 소비를 급증시켜 시금치 산업을 구해 낸 이 인물을 기념하고자 1937년에 동상을 세웠다. 뽀빠이가 크리스털시티에 선물한 것은 경제적 부흥만이 아닐지도 모른다. 어쩌면 시민들의 건강도 증진했을지 모른다. 시금치에는 비타민 B 복합체인 **엽산**[p.269]이 타의 추종을 불허할 정도로 잔뜩 들어 있고, 이 물질은 여러 모로 건강에 좋은 것으로 밝혀지고 있기 때문이다.

이야기는 크리스털시티의 시금치 밭에서 한참 떨어진 학문의 전당 하버드 대학교에서 시작되었다. 1969년, 킬머 매컬리 박사는 고작 여덟 살에 뇌졸중으로 숨진 특이한 소년의 사례를 맡았다. 소년은 호모시스테인이라는 물질이 피에 과다하게 축적되는 희귀병을 앓았다. 호모시스테인은 식품의 단백질에 거의 빠짐없이 들어 있을 만큼 흔한 아미노산인 메티오닌을 대사할 때 생기는 정상적인 대사산물이다. 건강한 사람의 몸은 호모시스테인을 재빨리 처리하는데, 매컬리의 어린 환자처럼 호모시스테인뇨증을 앓는 사람은 그러지를 못해서 호모시스테인이 몸에 쌓인다. 부검을 해보니 사인이 분명히 드러났다. 소년의 동

"시금치에는 비타민 B 복합체인 엽산이 타의 추종을 불허할 정도로 잔뜩 들어 있다."

맥은 노인의 것이나 마찬가지였다. 과다한 호모시스테인 농도 때문에 이런 손상이 일어났을까? 매컬리는 궁금했다. 이 점을 깊게 조사하자면 같은 증상에 시달리는 다른 아이들을 더 검사해야 했다.

오래지 않아 매컬리 박사는 결론에 도달했다. 호모시스테인 농도가 높은 아이들은 노인들에게서나 보일 법한 동맥 손상을 겪었다. 매컬리는 가설을 강화하기 위해 토끼에게 호모시스테인을 주사해 보았고, 그러자 동맥 손상이 일어났다. 이것은 호모시스테인이 심장질환의 진범이라는, 가히 혁명적인 주장을 제기하기에 충분한 증거였다. 매컬리는 수치가 아주 높으면 손상이 빠르게 진행되는 반면, 수치가 살짝 높은 상태라면 더 오랜 시간에 걸쳐 피해가 가해진다고 분석했다. 그는 이 발견에 몹시 들떠서 당장 《미국 병리학저널》에 논문을 제출했다. 그러나 명성은커녕, 그는 학교에서 잘렸다.

추측하건대 하버드 대학교가 매컬리에게 종신재직권을 주지 않기로 한 까닭은 그의 이론이 비정통적이었기 때문이다. 의학계는 콜레스테롤이 심장질환의 주범이라고 선언한 지 오래였기에, 호모시스테인에게 내줄 자리가 없었다. 하지만 매컬리 박사는 결국 명예를 회복하게 된다. 아주 잠깐이지만 말이다.

이후로 **호모시스테인**p.274 이론의 타당성을 점검하는 연구들이 이어졌고, 사뭇 적절하게도 하버드 대학교 보건대학원 역시 일찌감치 연구에 착수했다. 1992년에 연구진은 남자 의사 1만 4000여 명의 질병 패턴을 분석한 결과, 혈중 호모시스테인 수치가 상위 5퍼센트에 든 사람

"엽산을 많이 섭취하는 여성들은 대장에 전암성 폴립이 생길 확률이 3분의 1이나 낮았다. 엽산을 평생 적절하게 섭취하면 알츠하이머병에 걸리는 확률도 낮다는 사실을 기억하자."

들은 최하 수준의 사람들보다 심장발작 위험이 세 배 높았다고 보고했다. 비슷한 상관관계를 보여 준 연구들이 그밖에도 많았다. 높은 호모시스테인 수치는 분명 독립적인 심장질환 위험인자인 듯했다.

위험인자를 알아도 그것을 처리할 방도가 없다면 아무 소용이 없다. 호모시스테인의 경우에는 방법이 있었다. 잠시 이 문제에 관련된 생화학을 이야기해 보자. 우리 몸의 어떤 효소들이 메티오닌을 대사하면 호모시스테인이 생긴다. 호모시스테인은 두 갈래의 길 중에서 하나를 따르는데, 다시 메티오닌으로 재변환될 수도 있고, 강력한 항산화물질인 **글루타티온**[p.254]으로 대사될 수도 있다. 어느 경로로 가든 비타민 B가 필요하다. 메티오닌으로 되돌아가려면 엽산과 비타민 B_{12}가 필요하고, 글루타티온 길로 가려면 비타민 B_6가 필요하다. 대강 그림이 보이기 시작할 것이다. **비타민 B**[p.273]들이 충분히 존재하지 않으면 순환계에 호모시스테인이 쌓여서 심장질환 위험인자가 되는 것이다. 그런데 호모시스테인 수치 상승이 실제로 심장질환을 일으키는지 증명하려면 개입 연구를 해봐야 했다.

심장질환예방평가(HOPE)는 호모시스테인 농도를 낮추면 심장발작이나 뇌졸중에 어떤 영향이 미치는지 알아보려고 기획된 연구였다. 연구진은 혈관계 질환이나 당뇨가 있어서 위험이 높은 환자 5000여 명에게 비타민 B 또는 위약을 주었다. 5년 뒤 매일 엽산 2.5밀리그램과 비타민 B_6 50밀리그램과 비타민 B_{12} 1밀리그램을 섭취한 사람들은 혈중 호모시스테인 농도가 25퍼센트 감소되었음에도 불구하고 위약을 먹은 사람들보다 조금도 더 낫지 않았다. 노르웨이에서도 심장발작을 겪은 남녀들에게 비타민 B를 제공한 연구를 수행한 결과, 같은 결론을 내렸다. 이번에도 호모시스테인은 감소했지만 심장발작 재발이나 갑작스러운 사망의 위험은 낮아지지 않았다. 호모시스테인은 심장질환이 다가옴을 알리는 전령이지만 스스로 심장질환을 일으키는 것은 아닌 듯했다. 매컬리의 호모시스테인 이론은 처음 생각만큼 견고하지 못했던 셈이다. 하지만 엽산의 이야기는 여기에서 끝이 아니다.

최근 여성 2만 5000명을 조사한 결과, 엽산을 많이 섭취하는 여성들은 대장에 전암성 폴립이 생길 확률이 3분의 1이나 낮았다. 이래도 엽산이 풍부한 식품을 찾아볼 마음이 내키지 않는다면, 엽산이 **알츠하이머병**p.49 예방에도 좋다는 사실을 기억하자. 이것은 켄터키 대학교의 과학자들이 알아낸 바인데, 이들이 애초에 엽산과 알츠하이머병의 관계를 탐색한 이유는, 산모가 엽산 보충제를 복용하면 척추갈림증 같은 선천적 신경장애를 예방할 수 있다는 증거가 광범위하게 존재하기 때문이었다. 엽산이 나이 든 사람의 신경계에도 영향을 미칠까?

미네소타의 몇몇 수녀들이 자신의 시신을 연구에 기증한 덕분에 우리는 답을 알아낼 수 있었다. 엽산을 평생 적절하게 섭취한 수녀들은 알츠하이머병에 걸리는 확률이 낮았다. 터프츠 대학교의 연구도 이 주장을 지지했다. 연구진이 쥐들에게 시금치를 먹였더니, 쥐의 기억 감퇴가 예방되었을 뿐 아니라 조금 나아지기까지 했다. 하지만 사람을 대상으로 한 개입 실험 결과들은 상당히 모순된다는 사실을 짚고 넘어가야겠다. 호모시스테인 수치가 높지만 건강한 장년층 약 300명에게 엽산 1000마이크로그램과 비타민 B_{12} 500마이크로그램, 비타민 B_6 10밀리그램이 든 보충제를 매일 먹였더니, 그들의 인지 능력이 대조군에 비해 이렇다 하게 좋아지지 않았다. 반면에 네덜란드 바헤닝언 대학교의 제인 두르가가 호모시스테인 수치가 높은 중장년들에게 엽산 800마이크로그램을 매일 복용시켰을 때에는 인지 기능이 현격하게 개선되었다.

비타민 B는 모든 면에서 안전성이 뛰어나다. 호모시스테인 수치를 묶어 두는 데에 그렇게 많은 양이 필요한 것도 아니다. 매일 엽산 400마이크로그램, 비타민 B_{12} 3마이크로그램, 비타민 B_6 3밀리그램쯤이면 된다. 이 정도는 충분히 음식에서 섭취할 만한 양이건만, 문제는 그러지 못하는 사람들이 많다는 점이다. 북아메리카 사람들의 엽산 섭취량은 평균 200마이크로그램쯤이라서 도저히 적절하다고 할 수 없다. 이 대목에 뛰어난 엽산 공급원인 **시금치**[p.168]가 끼어든다.

시금치는 생으로 먹으면 더 좋다. 그러니까 당장 시금치 샐러드를 먹자! 그리고 오렌지 주스를 곁들이면 어떨까? 오렌지 주스 한 컵에는 엽산이 100마이크로그램 들어 있다. 역시 엽산이 풍부한 깍지콩이나 익힌 강낭콩, 아스파라거스 등을 샐러드에 추가해도 좋다. 이런 정보를 잘 기억하지 못하겠다면, 정말로 엽산을 더 먹어야 하는 것이다.

견과류와 통곡물로 섭취하는 비타민 E

WHOLE GRAIN and VITAMIN E

지금으로부터 50여 년 전, 캐나다 온타리오 주 런던 시의 에번 슈트 박사와 윌프리드 슈트 박사는 자기들이 심장질환 해결에 장족의 발전을 했다고 확신했다. 그들은 매일 비타민 E를 200IU(국제단위)씩 먹으면 심장질환 예방과 협심증 치료에 크게 도움이 된다고 주장했다. 슈트 형제는 환자 수천 명을 추적하여 수집한 데이터를 논문으로 써서 의학 잡지들에 투고했지만, 편집자들은 '일회적임', '대조군이 없음', '실험 설계가 부실함' 같은 말들을 하면서 원고를 내쳤다.

어쨌든 비타민 E로 심장병 치료에 성공했다는 소문이 자자하게 번졌고, 의학계의 회의적인 태도에도 불구하고 보충제의 인기도 널리 퍼졌다. 슈트 형제 이래로 **비타민 E**p.270 연구들이 숱하게 수행되었으니, 오늘날은 보충제를 먹을지 말지에 관하여 꽤 믿을 만한 조언을 들을 수 있으리라고 짐작하는 사람이 많겠지만, 안타깝게도 그렇지 못하다. 무수한 연구가 수행된 지금에도 우리가 확실하게 말할 수 있는 사실은 두 가지뿐이다. 첫째, 비타민 E는 항산화물질로 기능할지도 모른다. 둘째, 비타민 E가 만병통치약은 아니다.

이 칭송 받는 비타민에 관한 논의는 화학구조에 대한 묘사로부터 시작해야 마땅하다. 비타민 E는 어떤 물질인가? 우리는 대번에 벽에 부닥친다. 왜냐하면 이 질문에 대한 답이 그렇게 간단하지 않기 때문이다. 비타민 C와는 달리 비타민 E는 하나의 화합물이 아니다. 역시 비타민 C와는 달리 합성 비타민 E는 천연 비타민 E와 다르다. 여하튼 처음부터 차근차근 이야기를 해보자. 1920년대에 과학자들은 쥐들에게 지방이 부족한 사료를 먹일 경우, 수컷은 불임이 되고 암컷은 태아를 만삭까지 잉태하지 못한다는 사실을 눈치챘다. 어느 지용성 성분이 문제라고 밝혀졌고, 과학자들은 그리스어로 '출생'을 뜻하는 '토코스'에 '지니다'를 뜻하는 '페로이'를 붙여서 '토코페롤'이라는 용어를 만들었다. 이 성분은 쥐의 몸에서 만들어지지 않고 반드시 음식을 통해 공급받아야 하기 때문에 비타민의 정의에 들어맞았다. 그래서 토코페롤은 비타민 E가 되었다.

오래지 않아 비타민 E에 관한 첫 번째 논란이 일었다. 화학분석 결과, 비타민 E는 단일 화합물이 아니었다. 서로 긴밀한 관계이고 모두들 '비타민 E 활성'을 지닌 여덟 가지 물질이 존재했다. 그들의 분자구조 차이는 사소했지만 그래도 생리학적 효과에 차이가 있었다. 개중 생물학적 활성이 가장 큰 것은 d 알파 토코페롤이었다. 쥐의 생식 장애를 예방하는 물질도 이것이었다.

화학자들은 밀 배아나 대두 같은 천연 식품에서 d 알파 토코페롤만 분리하는 법을 알아냈고, 곧 '천연' 비타민 E 보충제가 시장을 강타했다. 똑똑한 화학자들은 아예 d 알파 토코페롤을 실험실에서 합성하는 방법도 궁리해 냈다. 그런데 여기에서 미묘한 차이가 발생했다. 실험실 합성을 하면 자연에는 존재하지 않는 l 알파 토코페롤, 즉 d 알파 토코페롤과 구조가 다른 거울형이 반드시 함께 만들어졌던 것이다. 이 'l 이성체'는 'd 이성체'보다 생물학적 활성이 한참 떨어졌다.

이것은 곤란한 상황이었다. 비타민 E의 여덟 가지 천연 성분들과 합성 'l 이성체'가 생물학적 활성이 모두 다르기 때문에, 비타민 E의 활성을 측정하려면 뭔가 표준화된 단위가 필요했다. 무게는 호도할 소지가 있었다. 가령 활발한 'd'와 덜 활발한 'l'형이 섞여 있는 합성 비타민 E 1밀리그램의 효능은 순수한 'd' 1밀리그램과는 다를 것이다. 그래서 합성 비타민 E 1밀리그램의 생물학적 활성을 한 단위로 삼는 국제단위(IU)가 만들어졌다. 이 기준에서 d 알파 토코페롤의 활성은 1.49IU이다. 비타민 E 200IU를 포함한다고 적힌 알약들은 설령 조성이 같지 않아도 쥐의 번식 장애를 예방하는 능력은 정확하게 같을 것이다.

대부분의 '천연' 비타민 E 제품은 **대두**p.67에서 추출한 d 알파 토코페롤을 주로 함유하지만, 여덟 가지 성분들을 고루 함유한 제품도 있다. '합성' 제품은 d 알파 토코페롤과 l 알파 토코페롤을 같은 양 담고 있다. 요즘 사람들은 비타민 E가 번식에 미치는 영향에는 관심이 없다. 사람들은 비타민 E가 발휘한다는 갖가지 건강상의 효능들에 관심이 있다. 비타민 E에 관한 주장은 차고 넘친다. 슈트 형제가 심장질환 예방 효과를 처음 제기한 이후로, 기타 무수한 주장들이 등장했다. 비타민 E가 수명을 늘리고, 파킨슨병과 알츠하이머병 위험을 낮추고, 항암 성질이 있고, 전립샘을 보호한다는 주장이 있다. 사람의 온갖 질병에 이롭다는 소리도 들린다. 비타민 E에게 단 하나 부족한 것은 견고한 보강 증거뿐인 듯하다.

1900년대 말에 과학자들은 적어도 실험실에서나마 비타민 E가 **자유 라디칼을 중화**p.44시킨다는 사실을 확인했다. 자유 라디칼이 숱한 질병들에 연루된다는 점을 감안할 때 이것은 고무적인 발견이었고, 비타민 E 보충제를 섭취하는 사람들이 심장발작이나 뇌졸중 위험이 낮다는 역학조사와도 들어맞았다. 비타민 E의 미래는 순풍에 돛 단 듯 보였는데, 한 가지 사소하게 신경 쓰이는 일이 있었다. 비타민 E를 다량 복용하면 항응고 효과가 있다는 점이었다. 사람들이 보통 섭취하는 양인 200IU에서 400IU 사이에서는 그 점이 별로 문제가 되진 않는다. 아무튼, 비타민 E를 복용하는 사람들은 비타민 때문이 아니라 건전한 생활 습관 때문에 건강한 것이라는 의심은 끈질기게 남았다. 과학자들은

"항산화물질이 몸에 좋은 것은 사실이지만, 문제는 용량이다. 무조건 많이 먹는다고 좋은 게 아니다. 항산화물질을 지나치게 많이 몸에 밀어 넣으면 그 균형이 깨어져서 오히려 역효과가 날지도 모른다."

적절한 개입 연구를 통해서만 이 문제를 해소할 수 있으리라고 생각했다. 어떤 사람들에게는 비타민 E를, 다른 사람들에게는 위약을 준 뒤, 몇 년 동안 이들을 점검해서 경과를 봐야 했다.

이후 그런 개입 연구들이 수없이 수행되었고, 결과가 발표되었다. 그러나 기대했던 비타민 E의 효능들은 구체화되지 못했다. 비타민 E를 먹은 사람들이 위약 집단에 비해 심장질환 면에서 더 낫지 않았다. 존스홉킨스 대학교의 에드거 밀러 박사는 훌륭한 비타민 E 연구들의 데이터를 규합해 메타분석을 한 뒤 충격적인 결과를 얻었다. 비타민 E는 질병을 예방하지 못하는 것은 둘째치고, 외려 사망률을 높이는 듯했다! 소비자들은 충격을 받았다.

보충제 제조업체들은 미칠 지경이었고, 연구들에 참여한 피험자들 대부분이 암이나 알츠하이머병이나 심장질환을 가지고 있던 사람들이라서 그 결과를 건강한 인구에게 그대로 적용해서는 안 된다고 주장했다. 이것은 유효한 비판이 못 된다. 이미 병이 있는 사람들이 가장 큰 효능을 보리라 기대해야 마땅하기 때문이다. 예를 들어 **아스피린**p.131은 심장질환 환자들에게서 심장발작을 막아 주는 효과가 대단히 높지만, 건강한 사람들도 그 만큼의 효과를 보겠는가 하는 문제는 결론이 여태 유보적이다. 그러니까 비타민 E가 환자들에게 도움이 안 된다면 건강한 사람들에게 효과가 있을 리도 만무하다.

어떤 사람들은 밀러가 천연 비타민 E를 사용한 연구들과 합성 비타민 E를 사용한 연구들을 구분하지 않았다는 점을 지적했다. 천연 비타민의 효능이 더 좋다고 생각하는 사람들이 있기 때문이다. 하지만 그 차이는 몹시 사소하고, 어쨌거나 국제단위로 용량을 표준화하면 해결되는 문제이다. 그리고 아무리 강하게 보충제를 지지하는 사람이라도 13만 6000명에게서 비타민 E가 아무 효능이 없었다는 점, 복용량과 사망률이 비례관계를 보였다는 점은 해명하기 어려울 것이다. 일반적으로 어느 약의 효과가 긍정적이든 부정적이든 복용량에 비례하여 높아진다면, 그것은 통계 조작이 아니라 실제 현상이라는 뜻으로 간주된다.

비타민 E 메타분석에 따르면 일일 복용량 150IU쯤부터 조기 사망 위험이 높아졌고, 400IU쯤 되면 비타민을 먹지 않는 사람들에 비해 사망률이 10퍼센트 높았다. 어쩌면 비타민 복용자들이 이미 보호받고 있다는 생각에 식단이나 운동에 주의를 덜 기울인 것인지도 모르지만, 무지막지하게 많은 사람들을 대상으로 한 분석이고 보면 그 해석이 옳을 것 같지는 않다. 보충제에 관한 고품질의 연구들이 속속 발표됨에 따라, 우리는 어떤 패턴이 떠오르는 것을 보기 시작했다. 항산화물질이 몸에 좋은 것은 의심할 나위 없는 일이지만, 용량이 관건이라는 사실이다. 무조건 많이 먹는다고 좋은 게 아니다. 식품에는 이런 영양소들이 균형 있게 함유되어 있는 듯한데, 우리가 다른 공급원으로부터 항산화물질을 가져와 지나치게 많이 몸에 밀어 넣으면 그 균형이 깨어져서 오히려 역효과가 날지도 모른다.

비타민 E 이야기는 아직 끝나지 않았다. 비타민 E가 **파킨슨병**p.111 예방에도 한몫할지 모른다는 단서가 있고, 입술 헤르페스 치료에 좋다는 주장도 있다. 한편으로 산모가 부적절하게 섭취하면 태아의 천식 위험을 높인다는 주장도 있다. 그리고 생쥐에게 서커스 묘기를 훈련시키고 싶다면, 사료에 비타민 E를 충분히 넣자. 스페인 카디스 대학교와 아르헨티나 부에노스아이레스 대학교의 아나 노바로와 알베르토 보베리스는 생쥐들의 높은 밧줄 타기 묘기를 연구했다. 높은 밧줄이라지만 물론 생쥐들에게 높다는 말이고, 실은 땅에서 1미터 정도에 지나지 않는다. 연구진은 그 위로 생쥐들을 종종거리며 지나가게 하고서, 녀석들이 얼마나 균형을 잘 잡는지 주의 깊게 관찰했다. 그들은 쥐들의 수행 능력을 약 60주 동안 여러 번 정기적으로 반복 평가했다. 서커스에 나설 쥐를 심사하려는 게 아니었다. 비타민 E 섭취가 생쥐의 조정 능력에 어떤 영향을 미치는지 연구한 것이었다.

실험에 참가한 생쥐 300마리는 일반적인 실험실 사료를 먹었고, 개중 절반은 비타민 E 보충제도 매일 먹었다. 어떻게 되었을까? 모두들 나이가 들면서 균형 능력이 떨어졌지만, 비타민 E를 먹은 녀석들은 78주라는 상당한 나이에도 먹지 않은 녀석들보다 수행 능력이 45퍼센트쯤 좋았다. 생쥐들이 먹은 양을 사람에 맞게 환산하면 2000IU쯤 되어, 영양학자들이 권하는 최대량보다도 한참 많다. 그렇다 보니 이 연구를 무시해야겠다고 생각하기가 쉽다. 우리 인간은 밧줄 타기를 인생의 중요한 기예로 여기지 않기에 더욱 그렇다. 하지만 잠깐, 연구에 따르면 비타민 E 보충제가 생쥐들의 민첩성을 높였을 뿐 아니라 기대수명도 약 40퍼센트 늘려 주었다는 점을 유념하자.

연구진은 이 결과에 들떠서 당장 생쥐를 부검해 보았다. 겉으로 볼 때 명백한 노화 예방 효과를 분자적으로도 설명할 수 있을까해서였다. 정말로 근거가 있었다. 잘 알려져 있다시피, 자유 라디칼들이 세포에 손상을 가하기 때문에 노화가 온다는 설이 있다. 비타민 E를 섭취한 생쥐들의 몸에서는 자유 라디칼로 손상된 화합물들이 적게 발견되었다. 특히 뇌에서 차이가 컸다.

비타민 E가 사람의 인지 능력 감퇴도 막아 줄까? 글쎄, 사람을 밧줄에 올려 본 사례는 없다. 하지만 시카고의 러시 대학교 의료원에서 마사 클레어 모리스가 밝혀낸 흥미로운 결과가 있다. 모리스 박사는

"평균 74세의 노인 3700여 명 중 채소를 하루에 한 줌도 안 먹는 사람들에 비해서 적어도 세 줌쯤 먹는 사람

평균 연령 74세의 노인 3700여 명에게 광범위한 식품 설문을 수행한 뒤, 네 종류의 시험을 쳐서 그들의 정신 상태를 평가했다. 3년 뒤에 평가를 다시 실시하고, 그로부터 3년 뒤에 또 실시했다. 그 결과, 채소를 하루에 한 줌도 안 먹는 사람들에 비해서 적어도 세 줌쯤 먹는 사람들은 인지 능력 저하 속도가 40퍼센트쯤 더뎠다. 초록색 잎채소가 상관관계가 가장 컸고, 놀랍게도 과일은 아무 상관이 없었다.

연구자들은 채소에 든 다양한 성분 중에서 과연 무엇이 정신 능력을 뒷받침하는지 분석해 보았고, 그 결과 비타민 E가 가장 두드러졌다. 그렇다면 과일에 예방 효과가 없는 까닭도 설명할 수 있을 듯했다. 채소는 샐러드 드레싱처럼 지방과 함께 섭취할 때가 많은데, 지방은 비타민 E 흡수를 돕는다. 채소를 많이 먹어야 할 이유는 지금까지도 셀 수 없이 많이 보았지만, 그래도 증거가 더 필요하다고 생각하는 사람은 이 연구를 기억하라.

비타민 E를 다량 복용할 경우에 얼마나 효능이 있는지 확실하게 밝혀진 바가 없고, 오히려 해로울지도 모른다는 단서가 있으니, 다량 복용은 피하는 게 신중한 판단이다. 400IU까지는 괜찮을 것 같다. 그러나 어쨌든 초록 잎채소나 견과류나 통곡물 같은 식품에서 비타민 E를 얻는 게 더 좋다. 비타민 E 보충제에 이런저런 효능이 있다고 주장하는 사람들이 많지만, 위약으로 대조군을 통제한 고품질의 무작위 실험을 통해서 그 견해를 지지하는 증거가 나온 바 없기 때문이다.

대구간유와 비타민 D

COD LIVER OIL
and
VITAMIN D

영국에서 산업혁명이 정착될 무렵, 의사들은 특이한 현상을 한 가지 알아챘다. 종아리가 바깥으로 휘어 O자 다리가 되는 아이들이 많아진 것이다. 아이들의 뼈가 너무 약해서 몸무게를 지탱하지 못하는 것 같았다. 구루병이라 불리게 된 이 병이 일조량 부족 때문에 생기는 것인 줄을 당시에는 아무도 몰랐다. 영국 하늘은 우후죽순 솟은 공장들이 뿜어 낸 검고 탁한 연기로 가득했고, 태양빛이 아예 가리는 일도 흔했다. 그래서 몸이 비타민 D를 만들 때 필요한 자외선 노출량이 크게 줄었던 것이다. 비타민 D는 칼슘 흡수에 결정적인 역할을 하고, 칼슘은 뼈 형성의 필수 재료이다. 햇볕, 비타민 D, 구루병의 상관관계는 20세기 초반에서야 밝혀졌다. 컬럼비아 대학교의 앨프리드 헤스 박사와 밀드리드 웨인스톡 박사는 천재적인 실험을 통해서 비타민 D가 뼈 형성에 관여하는 역할을 이해할 기반을 닦았다.

그들은 쥐에게서 햇볕을 빼앗아 구루병에 걸리게 했다. 병에 걸린 쥐들의 피부 조각을 절개해서 밝은 햇살 아래에 한참 둔 뒤, 그것을 쥐의 먹이에 섞었다. 그랬더니 세상에, 쥐들이 신속하게 회복하기 시작했다. 햇볕 덕분에 피부 조각들 속에서 정체 모를 항구루병 인자가 생성되었던 것이다. 비슷한 시기에 영국의 에드워드 멜란비 박사가 수수께끼를 풀 조각을 또 하나 찾아냈다. 런던 킹스칼리지 여자대학교의 강사였던 멜란비는 구루병이 영양결핍병의 일종이라고 생각했다. 당시 영국인들의 식단은 참으로 단조로웠다. 가난한 사람들은 귀리죽만

“햇볕을 꺼리는 성인들의 혈중 비타민 D 농도는 낮다. 특히 노년층이 심각하다. 구루병이 생길 정도는 아니지만 뼈가 부드러워지거나(골연화증) 극단적인 경우에는 뼈에 구멍이 숭숭 뚫리는 골다공증이 온다.”

먹고 사는 경우도 많았다. 멜란비가 개 한 무리에게 오로지 귀리만 먹여 보았더니, 그가 기대했던 대로 개들이 구루병에 걸렸다. 멜란비는 구루병을 막아 주는 모종의 성분이 **귀리**p.79에는 없다고 확신했다.

그렇지만 귀리죽을 먹는 사람이 전부 구루병에 걸리는 것은 아니었기 때문에, 정체 모를 그 성분이 다른 음식에 들어 있으리라는 것이 멜란비의 결론이었다. 어쩌면 동물성 식품 섭취가 뼈에 좋은지도 모른다. 어떤 기이한 이유에서였는지는 모르겠지만, 멜란비는 대구간유를 개 사료에 섞어 보기로 했다. 기쁘게도 개들은 싹 나았다. 곧 온 영국의 부모들이, 먹기 싫어 몸을 뒤트는 아이들의 목구멍에 대구간유를 밀어 넣었고, 구루병은 사실상 구세대의 유물이 되었다. 멜란비가 제대로 된 치료법을 알아냈지만, 그것이 잘못된 추론을 통해서였다는 점이 놀라울 따름이다. 귀리는 구루병과 아무 상관이 없다. 멜란비의 개들은 우연히도 캄캄한 데에 가둬져 있었기 때문에 빛을 쬐지 못해서 병에 걸린 것이었다. 하지만 대구간유에 구루병 치료 성분이 들어 있으리라는 짐작은 옳았고, 그 물질은 알고 보니 비타민 D였다.

사람 뼈의 주성분은 인산칼슘이고, 인산칼슘의 재료는 음식에서 온다. 그런데 칼슘이 소화관에서 흡수되려면 운반 단백질이 있어야 한다. 비타민 D는 이 대목에 끼어든다. 비타민 D가 없으면 운반 단백질이 만들어지지 않는 것이다. 이야기가 좀 복잡하지만, 실제로 필요한 것은 비타민 D의 특수한 형태인 1,25-다이하이드록시비타민 D_3이다. 이것은 음식에 든 것도 아니고 햇볕 밑에서 합성되는 것도 아니다. 햇볕을 쬘 때 피부에서 합성되는 비타민 D_3가 간에서 25-하이드록시비타민 D_3로 바뀌고, 이것이 다시 콩팥에서 활성 형태인 1,25-다이하이드록시비타민 D_3로 바뀐다.

비타민 D와 구루병의 관계가 밝혀지자마자, 사람들은 식품에 비타민을 첨가하면 좋겠다는 생각을 했다. 그러자면 비타민 D를 대규모로 생산해야 했다. 이 만만찮은 과제는 소, 돼지, 양의 피부를 햇볕에 노출시켜서 비타민 D를 만든 뒤, 그것을 용매로 추출해 내는 기발한 방법으로 해결되었다. 비타민 D를 운반할 매개체로는 칼슘이 든 우유만큼 이상적인 것이 없었다. 1940년대가 되면 우유를 비타민 D로 강화하는 기법이 널리 보급되었고, 구루병은 사실상 자취를 감추었다.

오늘날 우리는 구루병이 아닌 다른 문제를 겪고 있다. 사람들이 햇볕을 꺼리다 보니 성인들의 혈중 비타민 D 농도가 낮다. 특히 노년층이 심각하다. 구루병이 생길 정도는 아니지만 뼈가 부드러워지거나(골연화증) 극단적인 경우에는 뼈에 구멍이 숭숭 뚫리는 골다공증이 온다. 북반구에서는 겨울 동안에 효과적인 파장의 햇볕이 대기로 침투하지 못하기 때문에, 비타민 D 보충제를 고려해 볼 만하다. 그렇다면 비타민 D를 얼마나 먹어야 좋은가 하는 문제가 있다. 통상 권장량은 50세 미만에게는 하루 200IU, 50세에서 70세 사이에게는 400IU, 70세 이상에게는 600IU이다. 하지만 권장량을 늘려야 한다고 생각하는 과학자도 많다. 하루 1000IU는 섭취해야 골절 위험이 낮아진다는 연구들이 있기 때문이다.

비타민 D는 골절을 막아 주는 것 이상을 해내는지도 모른다. 1940년대에 프랭크 애펄리 박사가 《암 연구》에 실은 기념비적인 논문에 따르면, 각종 암으로 인한 사망률은 지구 적도로부터의 거리에 비례해 높아졌다. 애펄리는 혹 햇볕으로 이 현상을 설명할 수 있을까 궁금했다. 1980년대에 과학자들은 연중 태양광 노출량이 적은 위도일수록 대장암, 유방암, 전립샘암이 흔하다는 사실을 확신했다. 물론 성급한 결론은 금물이다. 식습관이나 활동 수준이 차이를 만들지도 모르기 때문이다. 그래도 비타민 D 가설에 흥미를 가지지 않을 수가 없는데, 왜냐하면 이 호르몬에 대한 수용체가 유방, 전립샘, 심지어 뇌까지 다양한 장기의 세포들에서 발견되기 때문이다. 비타민 D는 확실히 뼈 형성 이상의 일들을 하는 것 같다.

세드릭 갈란드 박사가 이끄는 캘리포니아 대학교 연구진은 이 발견을 확인해 보기로 했다. 그들이 유방암 환자 701명의 혈액을 채취하여 비슷한 조건의 건강한 여성들과 비교한 결과, 혈중 비타민 D 수치가 높을수록 유방암에 걸리지 않을 가능성이 높았다. 다만 그런 예방 효과를 보자면 매일 1000IU씩 섭취해야 하는데, 이만큼을 제 몸에서 만들어 내는 사람은 거의 없다고 해도 좋다. 그만한 양은 햇볕을 쬐는 것만으로는 만들 수 없고, 반드시 먹어서 보충해야 한다.

그렇다고 햇볕이 중요하지 않다는 말은 아니다. 캐나다 토론토의 마운트시나이 병원 연구진은 **유방암**p.88 환자 1000명의 과거 생활 습관을 암에 걸리지 않은 대조군과 비교해 보았다. 여성들이 작성한 설문지를 분석한 결과, 햇볕을 많이 쬐었던 사람, 특히 10대일 때 많이 쬐었던 사람과 비타민 D 함량이 높은 식습관을 가진 사람, 즉 어릴 때에 비타민 D 강화 우유를 매주 10잔 이상 마셨던 사람은 나이 들어서 유방암에 걸리는 가능성이 현저하게 낮았다. 위험이 대략 30퍼센트 감소한다는 게 연구진의 분석이었다. 그리고 유방 조직이 형성되는 시기에 비타민 D를 섭취하는 게 중요한 것 같다. 45살이 넘으면 예방 효과가 전혀 감지되지 않았다.

2007년 9월에 《내과학회지》에 실린 한 논문은 비타민 D 강화 식

"어릴 때에 비타민 D 강화 우유를 매주 10잔 이상 마셨던 사람은 나이 들어서 유방암에 걸리는 가능성이 현저하게 낮았다. 위험이 대략 30퍼센트 감소한다는 게 연구진의 분석이었다."

단의 장점을 설득력 있게 보여 주었다. 이것은 여러 비타민 D 실험들을 메타분석한 논문이었는데, 이 '연구들에 관한 연구'는 대중매체에 널리 보도되었고, "비타민 D, 사망률 7퍼센트나 낮춰" 같은 기사 제목이 등장하기도 했다. 물론 이것은 기자의 과장이다. 비타민 D가 모두에게 영원한 삶을 약속하는 건 아니다.

연구자들이 확인한 사실은 비타민 D 보충제를 먹은 피험자들이 위약을 먹은 피험자들보다 어떤 이유로든 사망할 확률이 낮았다는 것이다. 연구진은 비타민 D와 골절, 암, 심장질환의 관계를 조사한 연구 18가지를 살펴보았다. 그 연구들은 원래 사망률을 조사할 목적이 아니었지만, 어쨌든 조사 대상자들의 사망률을 모두 기록해 두었다. 데이터를 취합한 결과, 매일 비타민 D 보충제를 평균 500IU가량 섭취한 사람들은 연구 기간 중에 죽는 확률이 7퍼센트 낮았다.

비타민 D가 당뇨 소인이 있는 사람들의 발병을 억제하고, 면역 기능을 강화하고, 골관절염 진행을 늦춘다는 증거도 쌓이고 있다. 그러나 그런 효과들은 현재의 권장량보다 훨씬 많은 양을 복용했을 때에만 기대할 수 있다. 어림해 보자면 하루 1000IU쯤 먹는 게 좋을 듯하다. 2000에서 3000IU까지도 별 위험이 없는 듯하지만 콩팥결석이 생기기 쉬운 사람은 예외이다. 비타민 D 보충제는 난무하는 과장 광고 문구들의 일부나마 정당한 것으로 밝혀질, 몇 안 되는 희귀한 사례일지도 모르겠다.

우유를 둘러싼 논란의 진실

MILK PROBLEM

식품 중에 건강 논쟁을 불러일으키지 않을 것이 딱 하나 있다면 바로 우유일 것이라고 생각하는 사람이 있을 것이다. 누가 뭐라 해도 우유는 오로지 음식으로 먹히겠다는 목적을 위해서 진화한 유일한 물질 아닌가. 그러나 알고 보면, "우유에도 논란이 있다"라고 말하는 것이 너무 약한 표현일 정도로 논쟁이 치열하다. 우유의 득실에 관한 논쟁은 적나라한 싸움으로 비화하여 영양학적 토론의 차원을 뛰어넘었다.

한편에는 책임있는의료를위한의사협의회(PCRM), 반낙농연합, 동물을윤리적으로대우하는사람들(PETA) 같은 단체들이 우유는 치명적인 독이며 "소젖은 송아지를 위한 것"이라고 주장한다. 반대편에는 낙농협회와 그밖의 다양한 독립 연구자들이 우유가 건강에 크게 기여한다고 주장한다. 양 진영은 과학 문헌에서 찾은 자료들로 무장한 채, 대대적이고 값비싼 광고 캠페인을 수행하여 대중에게 '진실'을 설득시키려고 경쟁한다.

여기에는 과학 이상의 문제가 결부되어 있다. 낙농협회는 우유 생산자들의 이익을 대변하고, 우유와 유제품 판매를 촉진한다. 우유 반대 집단은 동물권이나 채식의 장점을 선전하고자 이 주제를 활용한다. 언뜻 두 세력 사이에 공통점이 전혀 없는 듯 보일지 몰라도, 실은 그렇지 않다. 양쪽 다 자기네 명분을 뒷받침하는 연구는 당장 채택하면서, 그렇지 않은 연구는 즉각 기각한다. 요즘은 하도 많은 연구들이 진행되기 때문에, 그 어떤 관점에 대해서라도 '증거'를 찾지 못할 걱정은 없는 세상이다. 그렇지만 책임감 있는 과학이라면 주의주장을 던져 버리고, 눈가리개를 풀고, 증거를 총체적으로 점검한 뒤 결론을 내는 법이다.

우유는 심장질환, 뇌졸중, 유방암, 전립샘암, 난소암, 당뇨, 알레르기, 복통, 설사, 자폐증, 점액 분비, 심지어 골절을 일으킨다는 비난을 받는다. 한편 우유는 심장질환, 유방암, 결장직장암, 그리고 물론 골절의 위험을 낮춰 준다는 칭찬도 받는다. 그저 어느 쪽의 말을 듣느냐에 따라 다르다. 반대자들은 사람 말고는 어느 동물도 젖 뗀 뒤에 다시 우유를 마시지 않는다는 이야기로 주장을 펼치곤 하는데, 이것은 설득력 있는 논거라고 할 수 없다. 그렇게 따지자면 사람 말고는 어느 동물도 비행기를 설계하지 않고, 항생제를 개발하지 않으며, 빵을 굽지 않는다.

유제품을 많이 섭취하는 나라에서 심장질환이 흔한 것은 사실이다. 하지만 그런 나라들은 식단 중 포화지방 함량이 높다. 물론 우유에도 포화지방이 들어 있지만, 한 사람이 섭취하는 지방의 총량이 진정한 문제이다. 우유 포화지방이 문제라면 저지방 유제품을 먹으면 된다. 최근 눈여겨볼 연구가 하나 나왔는데, 카디프 대학교의 피터 엘우드 교수가 전 세계 성인 40만 명을 28년 동안 추적한 결과, 우유를 많이 마시는 사람들은 적게 마시거나 안 마시는 사람들에 비해 심장질환과 뇌졸중 위험이 낮았다. 틀림없이 궁금해하는 분이 있을 것이라 말씀드리면, 교수는 낙농업 단체에서 지원금을 받지 않았다. 게다가 다른 연구들에서도 같은 결과가 나왔다.

브리스틀 대학교 연구진은 남성 764명에게 일주일 동안 먹고 마신 모든 식품을 기록하고 일일이 무게를 달게 한 뒤에, 20년 동안 그들을 추적했다. 그 결과, 우유를 많이 섭취하는 남성들은 적게 마시는 남성들에 비해 심장질환과 뇌졸중 위험이 낮았다. 칼슘의 혈압 강하 능력

"남성 764명에게 일주일 동안 먹고 마신 모든 식품을 기록하고 무게를 달게 한 뒤, 20년 동안 그들을 추적했다. 그 결과, 우유를 많이 마시는 남성들은 적게 마시는 남성들에 비해 심장질환과 뇌졸중 위험이 낮았다."

이 그 이유일지도 모른다는 가설이 있다. 칼슘은 체내 산화질소 생산 속도를 높이는데, 산화질소는 혈관 벽 이완에 핵심적인 화학물질로서 혈압을 낮춘다.

유제품이 유방암이나 전립샘암 위험인자라는 주장은 사실일까? 그런 호르몬성 암들의 발병률이 전 세계적으로 높아지는 추세이고, 소젖에 에스트로겐이 많이 든 것은 사실이다. 요즘 젖소들은 보통 임신한 상태이고, 에스트로겐 수치가 높은 임신 기간에도 우유 압착을 한다. 또 유제품에는 인슐린 유사 성장인자(IGF-1)가 들어 있는데, 이 물질은 비정상적인 세포 증식을 일으킬 수 있다. 게다가 우유에는 미량의 **다이옥신**p.336도 들어 있다. 대기 중의 다이옥신이 풀밭에 정착하고, 소가 그것을 뜯어 먹기 때문이다. 그리고 물론 유제품에는 칼슘이 풍부하다. 칼슘은 뼈 형성에 도움이 되지만, 한편으로 암 예방 효과가 있다는 비타민 D의 특수한 한 형태를 혈액에서 고갈시키는 작용도 한다.

이론은 그렇다 치고, 역학 증거는 어떤 이야기를 들려줄까? 유제품 소비와 유방암, 전립샘암 발병률 사이에 상관관계를 보여 준 연구들이 무수히 많다. 하지만 우유 아닌 다른 공급원에서 온 지방 섭취량을 감안하여 데이터를 보정하면 상관관계가 사라지는 경향이 있다. 일반적으로 동물성 지방이 호르몬성 암들에 악영향을 미치는 것이 사실이지만, 우유가 특별히 더 문제가 되는 것은 아닌 셈이다. 전립샘암의 경우에는 칼슘 섭취량과는 연관성이 보이지만 총 유제품 섭취량과는 연관이 없다. 하루에 우유 한두 잔은 문제가 없고, 한두 잔에 든 칼슘만으로도 **대장암**p.232 예방 효과를 기대하기에 충분하다.

우유가 유방암 발병률을 오히려 낮춘다는 증거도 있다. 20세에서 29세 사이 사람들을 대상으로 일주일에 9잔 이상 마시는 사람들과 5잔 미만으로 마시는 사람들을 비교했더니, 많이 마실 경우 유방암 위험이 낮았다. 핀란드에서 5000명 가까운 여성들을 25년간 추적한 결과, 전유를 많이 마신 여성들이 유방암 발병률이 낮았다. 예방 효과의 주인공은 공액 리놀렌산(CLA)이라는 화합물일지도 모른다. 이 화합물은 동물에게서 정말로 유방종양을 억제했다. 한편 난소암을 보면, 우유 섭취가 실제로 위험을 조금 높인다. 그러나 난소암보다 훨씬 흔한 결장직장암 위험을 낮춘다는 것을 함께 고려하면, 전반적인 위험이 상쇄된다고 하겠다.

몇 년 전에 우유와 소아당뇨의 연관성을 암시한 연구가 발표되어 대소동이 일었던 적이 있다. 하지만 이후 그에 관한 보강 연구가 이루어지지 않았다. 우유가 점액 분비를 활성화한다는 증거도 없다. 우유에 알레르기가 있는 사람들은 코가 막힐 수도 있지만 말이다. 다만 더없이 분명한 한 가지 사실은, 락토스 거부증이 있는 사람이 우유를 마시면 위장에 증상이 나타난다는 것이다. 이것은 우유에 들어 있는 락토스라는 당을 소화시킬 능력이 없을 때 일어나는 현상이다. 전 세계 인구의 70퍼센트가량이 락토스 소화에 필수적인 베타갈락토시다아제(락타아제라고도 한다) 효소를 생산하지 못한다. 락토스 거부증은 아시아와 아프리카 사람들에게 흔하고, 빈도는 덜하지만 지중해 사람들에게도 나타난다.

아시아와 아프리카의 여러 지역은 한때 체체파리가 옮기는 수면병(아프리카 트리파노소마증)에 시달렸다. 이 병 때문에 가축 수가 급감해서 사람들이 우유를 구할 수 없었고, 그런 지역 사람들에게 자연히 락토스 거부증이 생겼다는 것이 유전학자들의 생각이다. 진화적 시각에서 보면 합당한 반응이다. 필요 없는 효소는 합성을 중단하는 것이 인체에 득일지도 모르기 때문이다. 신생아들은 락토스 거부증이 거의 없는 편이지만, 소인素因이 있는 사람이라면 젖을 뗀 뒤 몇 년 동안 효소 생산 능력이 급격하게 감퇴한다. 락토스 거부증인 사람이라도 소량만 마시면 일반적인 증상인 설사와 복통 등 심각한 악영향은 없을 때가 많다.

설사가 나는 이유는 락토스가 체내에 쌓이면서 (삼투 현상에 따라) 장으로 분비되는 수분량이 늘어나기 때문이다. 한편 소화관에 흔하게 기생하는 박테리아들이 락토스를 조금 발효시키는 과정에서 가스를 생산해 복통을 일으킨다. 호흡 검사로써 락토스 거부증을 진단할 때에는 그런 가스의 한 가지인 수소의 양을 측정한다. 우유는 대중적인 칼슘 공급원이므로, 락토스 거부증인 사람은 칼슘 결핍일 때가 잦다. 치즈나 요구르트에는 우유보다 락토스가 훨씬 적게 들었으니 거부증인 사람들도 그런 제품은 먹을 수 있다. 체다치즈 28그램에는 우유 한 컵에(250ml) 해당하는 칼슘이 들었지만 락토스의 양은 10분의 1도 안 된다. 요즘은 문제의 효소를 공급해 주는 조제약품도 시판된다. 우유나 다른 유제품을 먹기 전에 그 락타이드를 먹어 두면 24시간 안에 락토스가 대부분 분해되어 부작용이 방지된다.

그렇다면 '뼈를 강하게 만들기 위해서' 우유를 먹어야 한다는 주장은 사실일까? 우유 반대 로비스트들은 아시아인이 서양인보다 유제품을 적게 먹는 데도 골다공증 위험이 낮다는 사실을 지적한다. 그것은 틀림없는 사실이지만, 두 집단은 전반적인 식단과 생활 습관부터 다르다. 간호사건강조사 결과도 있었다. 우유를 하루 두 잔 이상 마신 간호사들이 오히려 골절을 자주 당했고, 엉덩이 골절 위험도 높았다고

“적절한 하루 칼슘 섭취량은 1그램이다. 우유 한 잔에는 칼슘이 약 300밀리그램(0.3그램) 들어 있고, 요구르트 한 컵에는 400밀리그램 들어 있다.

분석되어 놀라웠는데, 조사의 대표 저자는 흥미로운 해석을 내놓았다. 골다공증 위험이 높은 여성들이 우유를 많이 마시기는 했지만, 그조차도 '양이 너무 적었고 너무 늦었다' 는 것이다. 좌우간 모든 증거를 총체적으로 파악할 경우, 적어도 북아메리카 사람들의 식단에서는 칼슘 섭취가 뼈를 강화한다는 연구가 압도적으로 많다. 더구나 유제품의 칼슘은 생체이용률이 높다. 다른 식품, 가령 **오렌지 주스**p.146에 칼슘을 더한다면 칼슘의 형태에 따라서 생체이용률이 달라진다. 인산 삼칼슘과 젖산 칼슘을 섞어 넣는 것보다 시트르산 말산 칼슘을 넣는 것이 몸에 더 잘 흡수된다는 식이다.

이상적인 칼슘 섭취량은 어떻게 정할까? 단서는 소변을 통한 칼슘 배출량에 있었다. 칼슘 섭취량이 1그램이 넘으면 소변의 칼슘 농도가 높아졌다. 이것은 몸이 칼슘을 필요한 만큼 충분히 보유했다는 뜻이다. 그러니 섭취량을 하루 1그램쯤으로 잡으면 얼추 적절한 계산일 것이다. 우유 한 잔에는 칼슘이 약 300밀리그램(0.3그램) 들어 있고, 요구르트 한 컵에는 400밀리그램 들어 있다. 채소 중에서 뛰어난 공급원인 브로콜리과 비교해 보면, 브로콜리 한 컵에는 칼슘이 약 100밀리그램 들어 있다.

젖산 칼슘, 글루콘산 칼슘, 시트르산 칼슘, 탄산 칼슘은 칼슘 보충제의 성분으로서 모두 괜찮은 물질들이고, 식사와 함께 섭취하는 게 좋다. 시트르산 칼슘이 흡수율은 가장 좋지만 탄산 칼슘에 비해 칼슘 함량이 낮다. 시트르산 칼슘의 칼슘 함량은 무게로 따져 24퍼센트인 반면, 탄산 칼슘은 40퍼센트이다. 게다가 시트르산 칼슘이 더 비싸다. 권장량은 칼슘의 양만 따지는 것이고, 보충제 무게에서 칼슘이 차지하는 비중은 일부분이라는 사실을 명심하자. 그렇게 보면 탄산 칼슘이 가장 효율적이다. 다만 탄산 칼슘을 복용하면 살짝 변비가 생길 수 있다. 우리 몸만 놓고 볼 때는 탄산 칼슘이 실험실에서 제조된 것이든 진주에서 온 것이든 아무 차이가 없다. 텀스(씹어 먹는 칼슘 보충제의 상표명—옮긴이)를 씹든, 도버 해협의 흰절벽에서 풀을 뜯든, 분필로 만찬을 즐기든, 개인의 취향이다. 칼슘 보충제들은 비타민 D도 함께 포함할 때가 많은데, 좋은 생각이다.

우유는 기적의 식품이 아닐지도 모른다. 하지만 우유가 건강한 식단에 크게 기여하는 것은 사실이다. 장담컨대, PETA 회원들이 주장하는 것과 달리, 우유는 독이 아니다. 전 뉴욕 시장 루돌프 줄리아니가 전립샘암 진단을 받았을 때, PETA는 줄리아니의 입술에 우유 콧수염을 묻힌 사진을 만들고, 낙농협회의 표어인 "우유 마셨어요?"를 비튼 "전립샘암 걸렸어요?"라는 문구를 입혀 선전을 했다. 나는 PETA에 묻고 싶다. "사람을 윤리적으로 대우하는 일은 어떻게 되었나요?"

제2부

식품 조작의
득과 실

철분을 보충하는 옳은 방법

SUPPLEMENT
IRON CONTENT

철분 결핍은 전 세계 인구 25퍼센트에게 영향을 미치는, 세상에서 가장 흔한 영양학적 이상이다. 하지만 북아메리카에서는 인구의 5퍼센트에 불과하다. 이 문제가 사람들의 관심거리가 된 때는 1930년대였다. 앞에서 만난 영양학계의 영웅 뽀빠이를 통해서 간접적으로나마 문제가 알려졌다. 다들 알겠지만, 뽀빠이는 힘이 필요할 때 스테로이드 주사를 맞는 대신 시금치 깡통을 딴다.

뽀빠이를 창조한 만화가 엘지 시거는 왜 마술처럼 에너지를 북돋워 주는 식품으로 **시금치**p.142를 택했을까? 철분이 에너지를 북돋울 수 있고, 시금치에 철분이 많기 때문이다. 하지만 뽀빠이와 시금치의 관계에는 몇 가지 문제점이 있다. 첫째, 철분을 섭취해서 에너지가 용솟음치는 일은 애초에 철분 결핍인 사람에게만 해당된다. 그런 경우에도 에너지는 정상 수준으로 돌아오는 것에 불과하다. 그밖에 다른 문제들도 두어 가지 있다. 시금치에 철분이 그렇게나 많이 든 것은 아니고, 들어 있는 철분도 몸에 쉽게 흡수되는 형태가 아니다.

뽀빠이가 만화에 처음 등장한 1929년 무렵, 과학자들은 철분이 영양에서 얼마나 핵심적인 역할을 수행하는지 막 알아낸 참이었다. 적혈구의 일부로 산소 운반을 담당하는 헤모글로빈 분자의 필수 부품이 철분이었다. 철분이 부족하면 빈혈이 생긴다. 피로해지고, 두뇌 활동이 또렷하게 되지 않고, 가렵기까지 하다. (우리가 골똘히 생각할 때 머리를 긁는 것도 그 때문일까?) 철분 섭취를 늘리면 이 문제가 해결되어 에너

"시금치는 과연 철분의 왕일까? 1800년대 과학자들이 시금치의 철분 함량을 기록할 때 실수를 저질러서 소수점을 한 자리 뒤에 찍었다! 이 실수 때문에, 뽀빠이의 에너지원으로 시금치가 선택된 것이다."

지가 충전된다.

철분이 건강에 기여하는 역할이 밝혀짐에 따라, 철분이 어떤 식품에 얼마나 많이 들었는지 아는 일이 중요하게 되었다. 식품의 철분 함량을 화학적으로 측정하는 방법에는 여러 가지가 있다. 가장 재미있는 방법은 철분을 싸이오사이아네이트와 반응시켜 붉은색을 띠게 하는 것이다. 색의 강도를 기준과 비교함으로써 철분량을 계산할 수 있다. 가령 시금치의 철분 함량을 측정한다면, 일단 시금치 표본을 태워서 재를 남긴다. 재의 수용액에 싸이오사이아네이트를 넣으면 붉은색이 돌고, 그 색도를 색도계와 대조한다. 실제로 그렇게 해보면 시금치가 그다지 좋은 철분 공급원이 아님을 알 수 있을 텐데, 1800년대 과학자들이 시금치의 철분 함량을 기록할 때 실수를 저질러서 소수점을 한 자리 뒤에 찍었다! 이 실수가 여러 교과서에 전파되었고, 만화가가 뽀빠이의 에너지원으로 시금치를 선택하기에 이르렀다. 시금치 속 철분이 쉽게 활용되지 못한다는 것도 문제이다. 시금치 속에 자연적으로 존재하는 옥살산과 타닌이 철분을 붙잡고 있어서 몸에 흡수되지 못한다.

시금치가 믿을 만한 공급원이 아니라면, 달리 무엇이 있을까? 육류에는 가장 잘 흡수되는 철분 형태인 '헴' 철분이 들어 있다. 콩류, **견과류**p.147, 자두도 좋은 공급원이다. 육류가 아닌 것 중에서 널리 많은 철분을 제공하는 식품은 단연 강화 밀가루이다. 1900년대 중반에 영양학계는 사람들의 철분 섭취량이 줄고 있다는 사실을 발견했는데, 아마도 사람들이 구식 철제 냄비를 버리고 신식 알루미늄이나 스테인리스 조리도구를 쓰기 시작한 탓인 듯했다. 영양학자들은 밀가루에 철분을 강화하기로 결정했고, 뒤이어 빵과 시리얼에도 그렇게 했다.

식품에 철분을 강화하는 것이 참신한 발상은 아니었다. 사람들이 생화학이라고는 털끝만큼도 모를 때부터 그런 관행이 있었다. 그리스 신화를 보면 이아손과 아르고 호의 용사들은 에너지를 북돋울 요량으로 칼을 갈 때 떨어진 철가루를 **적포도주**[p.116]에 타서 마신다. 용사들이 철분 결핍 빈혈을 앓고 있는 상황이어야 그 음료가 효과가 있었겠고, 용사들이 빈혈을 앓았을 것 같진 않지만 말이다. 17세기에 영국 의사 토머스 시드넘은 빈혈 환자들에게 '차가운 라인 산 와인'에 철을 담갔다가 마시라고 종종 처방했다. 한 세기 뒤, 의사들은 피로를 호소하는 환자들에게 사과에 쇠못을 박아 두었다가 먹으라고 권했다(물론 못은 뽑아 내고 먹어야 한다). 이것은 놀랍도록 효과적인 처방이었다. 사과는 산도가 높아서 철분을 조금이나마 녹일 수 있고, 사과에 들어 있는 비타민 C가 철분 흡수를 돕기 때문이다.

철분 강화를 꾀할 때는 흡수가 굉장히 중요한 문제이다. 황산 철은 수용성이고 생체이용률이 높지만, 식품의 색과 맛과 보존력에 영향을 미친다. 아무리 식품의 영양을 개선하더라도 그 때문에 사람들이 먹지 않게 되면 무의미할 것이다. 그래서 비록 흡수가 덜 되는 형태이더라도 평범한 철가루가 쓰일 때가 많다. 직접 확인해 보고 싶다면 토탈이라는 상표의 시리얼을 믹서기로 살짝 간 뒤에 자석으로 휘저어 보라. 미세한 철 입자들이 자석에 들러붙을 것이다.

철분 결핍은 전 세계적으로 널리 퍼진 문제라서, 과학자들은 끊임없이 더 나은 강화 기법을 찾고 있다. 개발도상국들은 대개 통밀가루를 먹는데, 통밀가루에는 철분과 강하게 결합하는 피트산이 들어 있기

"남성들과 나이 든 여성들은 하루 8밀리그램만 섭취하면 충분하고, 그 정도는 현대의 식단에서 쉽게 충족되므로 보충제를 먹을 필요가 없다."

때문에 효과적으로 강화하기가 어렵다. 가열하지 않는 식품이라면 비타민 C를 첨가해서 철분 흡수를 도울 수 있고, 킬레이트 철 화합물을 사용할 수도 있다. 후자의 경우에는 아미노산인 글리신 또는 에틸렌다이아민테트라아세트산(EDTA)과 철의 복합체를 만들어서 철이 피트산과 결합하지 못하도록 함으로써 흡수력을 높인다. 개발도상국에서 철분 섭취량을 늘리는 연구는 무척 중요하다. 철분 결핍 빈혈이라 하면 흔히 몸이 약해지고 힘이 빠지는 것만 생각하지만, 사실 훨씬 심각한 결과도 따를 수 있기 때문이다. 임신 합병증, 태아 사망률 상승, 육체적·정신적 발달장애 등이 생기곤 한다.

약간의 철분은 필수 영양소이지만, 많다고 다 좋은 것은 아니다. 남아프리카의 반투 족은 철제 냄비로 모든 음식을 조리하고, 철기에서 발표시킨 맥주를 마시기 때문에, 종종 철분 과잉을 겪는다. 한편 선진국 사람들에게 더 가까이 와 닿는 문제는 1000명 중 세 명꼴로 앓는 혈색소침착증 때문에 철분이 과하게 흡수되는 현상이다. 이 병의 증상은 빈혈과 아주 비슷하므로 의사가 오진을 하기 쉬운데, 그래서 철분 보충제를 처방한다면, 치명적인 결과가 올 수 있다. 적절한 치료법은 무엇일까? 믿거나 말거나, 방혈이다. 혈색소침착증이 있는 사람은 **비타민 보충제**p.268를 먹으면 해롭다. 비타민 C가 철분 흡수를 높이기 때문이다. 안타깝게도 이 현상은 혈액검사로만 진단이 되기 때문에, 대부분의 사람들은 증상이 겉으로 드러나기 전에는 자기가 그런 상태라는 것을 모르고 지낸다.

몸속 철분에 관하여 할 이야기가 하나 더 있다. 1992년에 핀란드 연구진은 몸에서 철분을 저장하는 단백질인 페리틴의 농도가 높은 남성일수록 심장발작 위험이 높다는 사실을 발견했다. 이론인즉, 철분이 자유 라디칼 형성을 촉매하고, 그렇게 생긴 자유 라디칼들이 동맥 내막을 손상시켜서 플라크를 만들어 낸다는 것이었다. 후속 연구들을 보면 철분과 심장질환의 연관성을 재확인하지 못한 경우가 대부분이었지만, 간혹 **파킨슨병**p.151 같은 신경질환과 철분의 연관을 암시한 결과는 있었다.

어쨌든 우리가 무턱대고 철분을 섭취할 이유가 없는 것은 분명하다. 남성들과 나이 든 여성들은 하루 8밀리그램만 섭취하면 충분하고, 그 정도는 현재 북아메리카의 식단에서 쉽게 충족되므로 보충제를 먹을 필요가 없다. 폐경 전 여성들 가운데 생리혈이 많은 사람, 임산부, 저칼로리 식사를 하는 사람, 지구력이 필요한 운동선수 등은 하루 18밀리그램쯤 필요하므로 보충제 복용이 바람직할지도 모른다. 하지만 의사나 영양사와 상담을 해야 한다. 어쩌면 육류, 가금류, 생선류 섭취를 늘리는 것만으로 충분할지도 모른다. 그러나 시금치는 도움이 안 된다. '에너지를 얻으려고' 철분 섭취를 한다는 것은 철분 결핍 빈혈로 힘이 없는 사람에게나 효과가 있다는 사실을 명심하자. 빈혈로 진단되더라도 자세한 검사가 필요하다. 왜냐하면 대장암 같은 다른 질병 때문에 혈액 부족 현상이 나타나는 것일지도 모르기 때문이다.

그렇다 해도 시금치를 많이 먹으라는 뽀빠이의 충고를 무시할 필요는 없다. 철분이 풍부하다는 주장은 잘못이지만, 시금치에는 엽산이 아주 많이 들어 있고, 베타카로텐도 풍부하다. 둘 다 건강에 좋은 성분들이다. 그러니 시금치 샐러드는 좋은 음식이다. 드레싱은 단일포화지방 기름으로 하자. **지중해 식단**p.22이 우수한 까닭이 그런 기름 때문이라니까 말이다. 뽀빠이가 올리브를 사랑하는 것만 봐도 알 수 있다.

얼마나 짜게 먹어야 할까?

SALTY FOOD
HIGH BLOOD

가공식품업계는 소금을 사랑한다. 염화나트륨은 싸고, 수분을 보유해 주고, 보존제로 기능하고, 맛을 좋게 한다. 한 소금 애호가가 말했듯, '음식이 맛이 없을 때는 소금이 빠진 것이다.' 옳은 말이다. 우리가 소금을 갈구하는 까닭은 아마 생리적으로 나트륨이 꼭 필요하기 때문일 것이다. 나트륨이 없으면 신경 세포들이 전기 신호를 전달하지 못하고, 근육이 제대로 수축하지 못하고, 체액이 항상 상태를 유지하지 못한다. 그러니 짠맛이 사람의 기본적인 미각에 속하는 것은 당연한 일이다. 그리고 소금은 식품에 짠맛을 더하는 것 이상의 기능을 한다. 소금은 신맛, 쓴맛, 단맛 등 다른 기본적인 맛들에 대한 감각을 바꿔 놓는 능력도 있다.

소금은 쓴맛을 억제하고 단맛을 높인다. 초콜릿, 사과파이, 시리얼 같은 의외의 제품들에 소금이 들어가는 까닭이 그 때문이다. 가공식품의 소금 함량이 낮을수록 소비자 수용도가 떨어진다는 조사도 있다. 그러니 피클, **핫도그**p.223, 사우어크라우트, 채소 주스, 코티지 치즈, 올리브, 깡통 수프, 피자 등 1인분당 소금이 1그램 이상 들어 있는 음식들을 사람들이 선호하는 이유도 설명이 된다. 하루 6그램인 권장 섭취량을 넘기는 것은 전혀 어려운 일이 아니다.

소금은 우리 선조들이 최초로 사용했던 감미료이다. 옛 사람들은 바닷물을 증발시키거나 소금 광산을 캐서 소금을 얻었다. 땅에 묻힌 소금도 기원을 따지고 보면 오래전에 사라진 바다에서 온 것이니, 기본적으로 모든 소금은 '바다 소금'이다. 일찍이 기원전 6500년부터 오스트리아의 잘츠부르크('소금의 도시'라는 뜻이다) 근방에서 사람들이 소금을 캤고, 고대 로마인들은 바닷가에 널따란 증발 연못들을 만들어서 소금을 모았다. 로마인들은 소금을 무척 귀하게 여겼고, 병사들에게 소금 살 돈을 따로 지급했다. 그 돈을 라틴어로 '살라리움'이라고 했고, 그로부터 봉급을 뜻하는 영어 단어 '샐러리'가 생겼다. 그렇게나 중요한 소금이므로, 소금을 엎으면 악한 기운을 끌어들여 불운을 겪게 된다고 했다. 예방책은 소금 한 자밤을 어깨 너머로 뿌리는 것이었다. 소금 알갱이가 악령의 눈에 박혀서 못된 짓을 하지 못하게 정신을 어지럽힌다고 했다. 엎지른 소금이 흉사의 전조라는 믿음은 뿌리가 깊다. 레오나르도 다 빈치의 〈최후의 만찬〉을 보면 유다 앞에 소금 단지가 뒤집어져 있다. 그가 예수를 배신하게 될 것임을 예기하는 것이다.

소금이 귀하게 여겨진 것은 맛 때문만이 아니었다. 소금의 보존력도 무척 유용했다. 박테리아나 곰팡이 세포의 안보다 밖에서 소금 농도가 높으면 세포 속 수분이 빠져 나와서 바깥의 농도를 낮추려 한다. 이 삼투 현상 때문에 세포에서 수분이 달아나서 세포가 죽는다. 상처가 났을 때 세균 감염을 막으려면 소금을 문지르라고 하는 것도 그 때문이다. 물론 그러면 우리 몸의 조직 세포도 상해서 염증이 난다. 그래서 '상처에 소금을 비빈다'는 표현이 있는 것이다. 소금물에 고기를 담그거나 소금 알갱이로 고기 표면을 덮어 두면 오래 보존할 수 있는데, 소금 알갱이를 한때 '콘'이라고 불렀기 때문에 '콘비프'라는 말이 생겼다.

소금을 보존제로 사용한 역사에서 가장 특이했던 사례는 17세기 영국에서 시체의 머리를 소금에 절였던 일이다. 당시에는 처형 당한 범죄자의 머리를 공개적으로 내걸어서 범죄를 예방하는 관행이 있었는데, 머리를 그냥 걸면 바로 썩기 시작했고, 그러면 새들이 살을 뜯어

"짭짤한 핫도그, 과자, 피자를 선호하는 미국 사람들에게는 고혈압이 하도 빈번해서 전염병이나 다름 없게 되었다. 우리가 먹는 소금의 75퍼센트는 가공식품에서 온다."

먹어서 깨끗한 두개골만 남기는 바람에 보기에 그다지 무섭지 않았다. 해결책은 머리를 소금물에 넣고 끓임으로써 부패를 방지하는 것이었다.

악당들은 죽은 뒤에 소금에 담가졌다. 그런데 혹시 살아 있을 때 소금을 먹어서 죽음에 이를 수도 있을까? 우리 몸은 혈중 나트륨 농도를 일정 수준으로 유지하려고 한다. 나트륨 농도가 어느 수준 이상으로 높아지면 농도를 유지하기 위해서 물이 더 필요하다. 그래서 혈액량이 늘어나고, 심장이 더 많은 피를 온몸으로 펌프질해야 하니 동맥벽의 압력이 높아지고, 따라서 뇌졸중과 심장발작이 올 수 있다. 반면 나트륨을 적게 섭취하면 수분 보유량이 줄고, 혈압이 낮아진다. 의사들이 고혈압 환자들에게 '소금 적당히 섭취하세요' 혹은 '너무 짜게 드시지 마세요' 라고 충고하는 것은 이 때문이다.

고혈압 환자들이 저나트륨 식단을 채택하면 50퍼센트쯤은 효과를 본다는 연구 결과가 많다. 왜 모두가 아니라 절반만 그럴까? 현실의 상황은 나트륨과 물의 균형이라는 지나치게 단순한 구도로만은 설명되지 않기 때문이다. 칼슘과 칼륨도 중요한 역할을 한다. 고혈압 환자들은 나트륨 섭취를 줄이는 것만큼이나 칼륨과 칼슘 섭취를 늘리는 것도 중요하다는 게 전문가들의 생각이다. 탈지우유, 바나나, 오렌지를 많이 먹으라는 뜻이다.

고혈압 환자들이 저나트륨 식단을 따르면 좋다는 데에는 이론의 여지가 없지만, 일반적으로 모든 사람에게 저나트륨 식단을 권해야 하는가에 대해서는 전문가들의 의견이 엇갈린다. 어떤 전문가들은 모든 사람이 소금 섭취량을 하루 9그램쯤에서 6그램으로 줄여야 할 과학적 근거는 없다고 본다. 내 생각에는 그것은 틀린 의견이다. 진단을 받지 않았을 뿐 실제로 고혈압인 사람들이 많으니, 소금 섭취를 줄이면 효과가 있을 것이다. 침팬지를 대상으로 한 실험을 보면 식단의 소금 함량을 높이자 확실히 혈압이 높아졌다. 사람을 대상으로 한 역학조사에서도 동일한 상관관계가 확인되었다. 소금을 적게 먹는 인구집단은 혈압이 낮다.

브라질의 야노마미 원주민 부족은 음식에 소금을 전혀 치지 않는다. 그래서인지 독뱀과 독벌레와 혈압 한번 재어 보자고 자꾸 졸라대는 과학자들에게 시달리면서도 고혈압을 겪지 않는다. 반면에 짭짤한 핫도그, 과자, **피자**p.22를 선호하는 북아메리카 사람들에게는 고혈압이 하도 빈번해서 전염병이나 다름 없게 되었다.

우리가 먹는 소금의 75퍼센트는 가공식품에서 온다. 빵 한 조각에 소금이 0.5그램이나 들어 있을 수 있다. 어쩌면 고혈압이 아닌 사람들도 저염식으로 혈압 강하 효과를 보겠느냐는 질문은 애초에 고려할 일이 아닌지도 모른다. 짭짤한 가공식품을 적게 먹을수록 건전한 식사가 되기 때문이다. 평균 소금 섭취량을 9그램에서 6그램으로만 줄여도 연간 수천 명이 목숨을 건질 것이라는 계산도 있다. 소금 사용을 장려하는 단체로서 그 영향력이 상당한 소금협회의 대변인은 틀림없이 이런 주장에 반박할 테지만, 나라면 그 단체의 발언은 에누리해서 듣겠다.

MSG를 어찌 하오리까?

WHAT ABOUT MSG?

화학 교수 이케다 키쿠나에는 분명히 식도락가였을 것이다. 대부분의 일본인들처럼 그도 다시마 국물로 맛을 낸 국을 특히 좋아했다. 다시 국물은 자체의 맛은 무척 순하지만 국물에 더해진 다른 재료들의 맛을 굉장히 좋게 만들어 주는 듯하다. 무엇이 이런 요리의 마법을 일으킬까? 이케다는 답을 찾아보기로 했다. 어마어마한 양의 다시마 국물로 작업을 시작한 이케다 교수는 수수께끼의 답인 듯한 흰 결정을 눈곱만큼 정제해 냈다. 결정을 혀에 얹으면 그 자체로는 거의 아무런 맛도 느껴지지 않았지만, 다른 음식들과 섞으면 그 맛이 훨씬 좋게 느껴졌다.

그 결정이 부여하는 맛깔진 느낌은 고전적인 미각들, 즉 단맛, 신맛, 쓴맛, 짠맛과는 달랐다. 이케다는 그 맛을 '우마미〔旨味〕' 즉 감칠맛이라고 불렀고, 1909년에 《도쿄화학협회지》에 제출한 기념비적인 논문에서 그 성분이 글루탐산이라고 밝혔다. 글루탐산의 나트륨염은 안정적인 화합물이고 물에 잘 녹으므로 상업적 이용 가능성이 충분했다. 이렇게 해서 '숨은 맛을 끌어내는' 첨가물로서 글루탐산 모노나트륨(MSG)의 성공적인 역사가 시작되었다. 이케다는 직접 사업에 뛰어들었다. MSG의 특허를 취득한 뒤에 아지노모토('맛의 본질')라는 상표명의 조미료로 팔았다. 그 일본인 발명가는 자신의 발견이 영양학적 논쟁을 자아내리라고는 꿈도 꾸지 않았겠지만, 이후 MSG는 고혈압, 천식, 우울증부터 주의력 결핍 장애, '중국 음식 증후군'까지 다양한 증상들을 일으키는 화학적 범인으로 고발되었다. 그러나 고발이 곧 사실은 아닌 법이다.

MSG는 거의 단숨에 상업적으로 성공했다. 이케다의 발견 이후 몇 년 만에 화학자들은 사탕무 설탕이나 옥수수 시럽을 발효시켜 글루탐산을 생산하는 경제적인 기법을 개발했다. 곧 깡통 수프, 가공육류, 샐러드 드레싱, 냉동식품, 기타 갖가지 식품들이 MSG를 더해서 맛을 끌어올렸다며 자랑스럽게 선전했다. 그러던 1968년, MSG의 앞길에 장애물이 등장했다. 호만 곽 박사가 《뉴잉글랜드 의학저널》에 투고한 편지가 발단이었다.

그는 중국 음식에 대한 개인의 체험이 의학계의 관심을 끌 만하다고 생각했던 모양이다. 그는 이렇게 썼다. "나는 중국 식당에서 식사를 할 때마다 이상한 증후군을 경험한다. 특히 중국 북부 요리를 전문으로 하는 식당에서 그렇다. 증후군은 보통 첫 접시를 먹은 후 15분에서 20분 사이에 시작되고, 두 시간쯤 지속되며, 후유증은 없다. 가장 뚜렷한 증상은 목 뒤가 무감각해지는 것이다. 무감각함이 서서히 두 팔과 등으로 번지고, 전체적으로 몸에서 힘이 빠지고, 가슴이 두근거린다." 《뉴잉글랜드 의학저널》의 편집자들은 '중국 음식 증후군'이라는 혹하는 제목을 붙여서 편지를 실었다. 덕분에 당장 상황이 꼬였다.

곽 박사는 증상의 원인으로 MSG를 꼬집어 비난하진 않았지만 가능성이 있다고는 언급했다. 그의 경험담을 읽은 독자들이 《뉴잉글랜드 의학저널》로 산더미처럼 편지를 보내 왔다. 이제 가능성은 상당한 개연성으로 탈바꿈했다. 의사들과 약학자들도 편지를 보내, 민감한 사람이라면 MSG 섭취 때문에 곽 박사가 묘사한 증상들을 겪을 수 있다고 주장했고, 실신, 심박 증가, 구역질, 근육통도 증상 목록에 추가했다. 더욱 심각한 고발도 등장했다. 워싱턴 대학교의 존 올니 박사는 수프 깡통 하나에 든 양의 MSG를 생쥐에게 주입했더니 뇌에 병변이 생겼다고 했다. 이것은 신중하게 해석해야 할 증거였지만, 식품업체들은 어쨌든 유아식에서 MSG를 빼기로 결정했다.

다음에는 반박이 등장했다. 실험 참가자들이 6주 동안 MSG를 매일 150그램씩 먹은 연구가 있었지만, 악영향이 전혀 없었다(중국 요리 한 끼에는 MSG가 많아 봐야 5그램쯤 들어 있다). 그 결과를 확인한 연구진은 중국 음식 증후군을 다양한 형태로 나타나는 식후 불쾌감의 한 종류라고 결론내렸고, MSG와 중국 음식 증후군을 연결하는 엄밀하고 현실적인 과학적 증거는 없다고 했다. 다른 과학자들도 비슷한 지적을 했다. 중국 음식 증후군이라고 주장하는 주관적 증상들이 일관되지 않다는 점, 심박이나 혈압이나 피부 온도 같은 객관적 증상들은 이른바 '발병' 중에 변함이 없다는 점을 지적했다. 영장류에게 MSG를 주사하거나 억지로 먹인 실험도 많았는데, 여기에서도 역시 아무런 영향이 드러나지 않았다.

MSG 논쟁은 1992년에 다시 타올랐다. CBS의 유력 고발 프로그램인 《60분》에서 MSG를 다뤘기 때문이다. 방송에서 한 여성은 자기가 MSG를 감지하지 못하는 바람에 복통을 앓아서 불필요한 수술을 받았다고 말했고, 다른 여성은 자기 아들의 과다활동성과 낮은 성적이 첨가물 때문이라고 주장했다. 존 올니 박사도 출연했다. 그는 흰 실험복을 차려 입고, 어떤 사람들에게는 MSG가 뇌 손상을 일으킬 수도 있다고 암시했다. 증거도 없으면서 말이다. 무책임한 방송이었다. MSG에 대한 산발적인 특이 반응은 있을지 몰라도 출연자들이 말한 고통이 MSG 탓은 아니라는 증거가 1968년 이후 산더미처럼 쌓여 왔는 데도, 방송은 그런 연구들에 관해서는 스치듯 언급하는 데 그쳤다.

MSG에 관하여 닳고 닳은 비난을 제기한 것은 비단 선정적인 TV 프로그램만이 아니었다. '글루탐산을 막기 위한 전국 조직'은 MSG의 악행에 관한 정보를 끝도 없이 정기적으로 쏟아낸다. 그러나 그 범죄

"MSG가 해롭다는 주장은 근거가 없다. 어쩌면 MSG는 일반적인 식후 불쾌감에 대한 만만한 희생양이 된 것인지도 모른다. 어떤 식품으로 검사하더라도 불쾌 증상을 보고하는 사람이 인구의 40퍼센트나 된다!"

라는 것들은 과학적 증거가 없는 이야기들이다. 1992년에 미국 식품의약국(FDA)은 MSG에 대한 대중의 걱정을 해소하기 위해서 독자적 과학 단체인 '미국실험생물학협회연합(FASEB)'에 이 문제를 조사시켰다. 1995년에 대조군을 설정한 이중맹검 연구의 종합보고서가 발표되었고, 그 결론은 일반적으로 사용되는 양에서는 MSG가 아무런 문제를 일으키지 않지만, 다량을 섭취할 경우에는 화끈한 느낌, 얼굴이 당기는 기분, 두통, 졸음, 힘 빠지는 기분 등이 극히 작은 인구집단에서 일어날 수도 있다는 것이었다.

한 가지, 역치가 존재한다는 점은 의미심장하다. 부작용은 MSG를 한 번에 2.5그램 이상 섭취한 경우에만 나타났는데, 중국 음식 중에서 몇몇 요리들은 그만큼을 제공할 때가 있다. 그래도 내 생각에 중국 요리에만 이 경멸적인 딱지를 붙이는 것은 공평하지 못하다. 글루탐산 함량이 그만큼 높은 다른 요리도 많기 때문이다. 그래서 '중국 음식 증후군' 대신에 'MSG 복합 증후군'이라는 표현을 선호하는 사람도 있다. 캐나다에서도 MSG의 안전성에 대한 연구가 수행된 적이 있다. MSG에 민감하다고 주장하는 사람 61명을 대상으로 조사했는데, 대상자들은 MSG를 2.5그램 미만 섭취한 경우에는 MSG와 위약 사이에 차이를 느끼지 못했다. 북아메리카 사람들의 MSG 일일 섭취량은 평균 0.55그램이다.

글루탐산 모노나트륨은 천식과 편두통을 일으킨다는 비난도 받는다. 이에 관해서는 몇몇 사례들이 잘 기록되어 있다. 사실 놀라운 일도 아니다. 자연 화합물이든 합성 화합물이든 그런 효과를 일으키는 물질은 숱하게 많다. 다만 북아메리카 사람들보다 MSG를 훨씬 많이 먹는 아시아 사람들에게서는 그런 연관관계가 보고된 바가 거의 없다는 사실이 아리송하다. 또 파마산 치즈나 토마토도 천연 글루탐산을 풍부하게 제공하는데, 그렇다고 '이탈리아 음식 증후군'을 주장하는 사람은 없다는 점도 흥미롭다. 또 모유가 소젖에 비해 글루탐산 농도가 10배나 높지만 모유가 아기에게 해롭다고 말하는 사람은 없다. MSG 반대자들은 단백질 분해로 생긴 천연 글루탐산과 식품 첨가물로 쓰이는 글루탐산은 인체에 서로 다른 영향을 미친다고 주장한다. 그러나 그들은 정확하게 왜 그런지는 말하지 못하는 채, 상업적 제조 과정에서 들어가는 불순물이 어쩌고 할 뿐이다.

전반적인 과학 증거를 볼 때, MSG가 해롭다는 주장은 근거가 없다. 어쩌면 MSG는 일반적인 식후 불쾌감에 대한 만만한 희생양이 된 것인지도 모른다. 그 어떤 식품으로 검사하더라도 불쾌한 증상을 느꼈다고 보고하는 사람이 인구의 40퍼센트쯤이나 된다! 실제로 MSG에 반응하는 사람이 있다는 것, 빈속에 상당량을 먹은 후에 특히 그렇다는 것은 인정할 수밖에 없는 사실이지만, 사람에 따라 증상의 차이가 크다. 그리고 증상들은 모두 일시적이고 무해하며, 객관적 측정 기법으로 짚어낼 수도 없다. 게다가 혈중 글루탐산 농도도 달라지지 않는다. 하지만 식품산업이 공익을 외면한 채 대중의 건강을 희생하고서라도 제 잇속을 챙기려고 MSG라는 영양학적 악당을 방치한다고 믿는 사람들은, 물론 이런 사실을 알아도 목청 높여 두려움을 외치는 일을 그만두지 않을 것이다.

손님들의 안녕을 (혹은 자기네 금전 출납기의 안녕을) 걱정하는 일부

중국 식당들은 MSG에 대한 비난을 마음에 새겨, 'MSG 무첨가'라는 표어를 내걸었다. 여전히 해초에서 추출한 글루탐산을 엄청나게 많이 요리에 넣으면서 말이다. 글루탐산 업계는 그와는 다른 전략을 취했다. '자연' 카드를 꺼내든 것이다. 업계는 '맛있고 안전한 자연물질'이라는 표어를 붙이고, 웹사이트에서는 이렇게 설명한다. 'MSG가 화학물질에서 만들어진다고 믿는 사람들이 많습니다. 하지만 MSG가 화학물질이라는 것은 우리가 마시는 물과 숨 쉬는 산소가 화학물질이라는 뜻과 같은 것입니다.'

당연히 MSG는 화학물질이다. 달리 무엇일 수 있겠는가? 그것은 부끄러워할 일이 아니다. 세상 모든 것이 화학물질로 만들어져 있다. 화학물질의 안정성은 자연 공급원에서 왔는가 아닌가에 따라 결정되는 게 아니다. 우리가 세심한 검사를 통해 인체에 대한 영향을 평가해 봄으로써 결정할 수 있을 뿐이다. MSG가 추천할 만큼 안전하다고 평가되는 이유는 여러 연구 결과들 때문이지, '자연'에서 유래했기 때문이 아니다. 글루탐산 제조업체들은 차라리 어느 정부기관이나 학술단체도 글루탐산 모노나트륨 섭취에 대해 경고를 내린 적이 없다는 사실을 광고해야 옳을 것이다.

청량음료와 아이들의 과잉행동

SOFT DRINK
and
CHILDREN ADHD

우리는 달콤한 것을 사랑한다. 설탕이 잔뜩 든 케이크, 쿠키, 아이스크림, 청량음료는 현대인들의 일상적인 간식이다. 시리얼에도, 빵에도, 심지어 케첩에도 당분이 들어 있다. 우리는 커피와 차에도 설탕을 넣는다. 우리가 하루에 먹는 당분은 모두 더해서 찻숟가락쯤으로 평균 50술(200그램쯤) 되는데, 이것은 실로 어마어마한 양이다. **청량음료**p.319 한 캔에 당분이 찻숟가락 10술(40그램)이나 담겨 있는 경우도 있다. 이때 말하는 '당분'은 사탕수수나 사탕무에서 생산한 흰 알갱이의 정제 설탕, 즉 수크로스만을 말하는 것이 아니다. 사탕수수 설탕의 아성을 넘보며 가공식품의 제일 감미료 자리를 차지해 가는 '고과당 옥수수 시럽(HFCS)' 이른바 액상과당도 있다. 액상과당의 인기는 왜 높아지고 있을까? 일단 싸게 만들 수 있기 때문이다.

액상과당은 글루코스로 만들고, 글루코스는 **옥수수**p.98 녹말에서 쉽게 얻어진다. 미국 옥수수 생산자들이 종종 정부 지원금까지 받는다는 사실을 감안하면, 재료는 차고 넘치는 셈이다. 옥수수 녹말에 박테리아 효소를 가하면 글루코스로 분해된다. 글루코스 자체도 감미료로 쓰일 수 있지만 수크로스에 비해 단맛이 70퍼센트밖에 안 된다. 그래서 또 다른 효소가 동원된다. 스트렙토미세스 무리누스 균의 한 균주인 글루코스 이성화효소가 글루코스를 프룩토스(과당)로 바꿔 놓는다. 프룩토스는 수크로스보다 30퍼센트 더 달다. 게다가 글루코스보다 물에 더 잘 녹기 때문에, 프룩토스 함량이 최대 55퍼센트까지 달하는 시럽

"젤리 속의 설탕은 수용성이라 침에 씻겨 내려간다. 반면 감자튀김 속의 복합 탄수화물은 불용성이라 치아 사이에 끼고, 박테리아의 먹이가 된다. 청량음료 속의 당분은 치아와 오랜 시간 접촉하지 않지만, 사탕을 계속 빨고 있으면 충치가 잘 생긴다."

으로 안정적으로 제조할 수 있다. 이 액상과당은 싸고, 수크로스보다 음료나 음식에 더 잘 섞인다.

사탕수수 업계야 당연히 액상과당과 경쟁하게 된 상황이 마음에 들지 않겠지만, 그건 둘째 치고 혹시 소비자에게 미치는 영향도 있을까? 건강상의 숨겨진 문제가 있을까? 첫 인상으로는 별로 그럴 것 같지 않다. **수크로스**p.193는 글루코스 한 분자와 프룩토스 한 분자가 결합하여 만들어진 이당류이다. 우리가 수크로스를 소화하면 대부분 글루코스와 프룩토스로 분해되므로, 수크로스는 사실상 프룩토스 50퍼센트 물질인 셈이다. 액상과당에 추가로 들어 있는 5퍼센트의 프룩토스 때문에 인체 반응이 다르게 나타날까? 어쩌면 그럴지도 모른다.

프룩토스의 소화, 흡수, 대사는 글루코스와는 다르다. 가령 글루코스는 식욕 억제 호르몬인 렙틴 생산을 자극한다. 글루코스가 이자로 하여금 **인슐린**p.82을 분비하게 하고, 그 인슐린이 렙틴 생산을 일으킨다. 반면에 프룩토스는 인슐린 분비를 일으키지 않는다. **당뇨**p.195 환자에게는 좋은 일이지만 체중을 통제하려고 애쓰는 일반인들에게는 좋은 일이 아니다. 또 렙틴은 위에서 분비되는 그렐린이라는 호르몬의 배출 속도를 낮추는데, 이 그렐린은 배고픔을 알리는 호르몬이기 때문에 렙틴 생산이 줄면 배고픔이 더 심하게 느껴진다. 설상가상으로 프룩토스는 글루코스보다 더 쉽게 세포 속에서 지방으로 바뀐다. 프룩토스 흡수장애도 문제이다. 프룩토스 섭취량이 늘면 가스가 차고, 속이 불편하고, 변이 묽어지는 사람이 많은데, 대부분의 사람들은 그런 증상을 음식 속 액상과당과 연결지어 생각하지 못한다.

과일에 흔하게 들어 있는 당인 프룩토스가 그런 문제를 일으킨다는 게 어찌 보면 이상하다. 과일을 많이 먹으라는 충고를 시도 때도 없이 듣지 않는가. 하지만 과일 속 프룩토스는 다른 건전한 영양소들과 함께 온다는 점을 명심하자. 청량음료 속 액상과당은 그렇지 않다. 사과 한 알과 청량음료 한 캔을 비교하면, 사과에는 프룩토스가 10그램쯤 들었고 음료에는 25그램쯤 들었다. 사과 속 섬유질은 글루코스 흡수를 늦춰서 대사에 미치는 영향을 줄여 준다. 사과에는 청량음료에는 없는 갖가지 항산화물질들도 들어 있다.

영양학계의 도사들 중 제대로 교육을 받지 못한 몇몇 인물들은 수크로스나 프룩토스가 독이라고 주장하지만, 그것은 사실이 아니다. 과다 섭취가 문제일 뿐이다. 세계보건기구에 따르면 음식이나 음료에 첨가물 형태로 든 당분에서 얻는 칼로리는 하루 칼로리 섭취량의 10퍼센트를 넘지 않는 게 좋다. 그런데 우리는 그보다 훨씬 많이 먹는다. 그 잉여의 칼로리가 북아메리카에 전염병처럼 번지는 비만 문제를 일으키고, 또한 **충치**p.195도 일으키는 것이다.

입 안에 사는 박테리아들은 설탕을 못 견디게 사랑한다. 박테리아가 설탕을 대사하면 산이 생성되고, 그 산이 사기질을 갉아 먹어서 충치를 일으킨다. 이 박테리아들은 녹말로도 잔치를 즐길 수 있다. 녹말은 글루코스로 분해된 뒤에 역시 산을 만들어 낸다. 그러면 젤리와 **감자튀김**p.296 중 어느 쪽이 충치에 더 나쁠까? 젤리 속의 설탕은 수용성이라서 침에 씻겨 내려간다. 반면에 감자튀김 속의 복합 탄수화물은 불용성이라서 치아 사이에 끼고, 박테리아의 먹이가 되어 산을 낸다. 마찬가지로, 청량음료 속의 당분은 치아와 오랜 시간 접촉하지 않지만, 사탕을 계속 빨고 있으면 충치가 잘 생긴다.

당분에 관한 사실들은 이만하면 충분히 살펴보았다. 사실이 아닌 신화는 어떤 것이 있을까? 아마 최대의 신화는 당분이 아이들의 행동에 영향을 미친다는 억측일 것이다. 아이들이 달짝지근한 간식을 먹은 뒤에 '광적으로' 수선을 피운다는 부모들의 불평을 들어보았을 것이다. 처음 그 연관성이 제기된 것은 1922년이었으나, 1970년대에 들어 대중매체가 이 문제를 거론하기 시작하면서 '기능성 반응성 저혈당증'이라는 의문스러운 명칭까지 지어 냈다. 부모들과 교사들은 아이들의 못된 행동에 대한 이유를 항상 절실하게 찾아 헤매므로, 당분 섭취와 과다활동성 사이에 연관관계가 있다는 생각을 쉽게 믿었다. 그런데 잠깐, 아이들은 생일파티처럼 원래 청개구리 같은 짓을 하기 쉬운 날 단 음식을 많이 먹지 않던가? 어쩌면 문제의 원인은 설탕이 아닌 게 아닐까?

연구에 따르면 정말 그런 듯하다. 설탕을 먹은 아이들과 위약을 먹은 아이들을 비교했더니, 당분이 과다활동성을 일으키지 않는 것은 물론, 오히려 진정 효과가 있었다. 여기에는 과학적인 근거도 있다. 당분을 섭취하면 뇌에서 세로토닌이라는 화학물질의 농도가 높아지는데, 이 물질은 진정 효과가 있다. 그러면 왜 부모들이 받은 인상은 통제 연구 결과와 정반대일까? 부모들이 무의식중에 품은 기대 때문일 것이다. 한 영국 방송에서 이 점을 잘 보여 주는 실험을 한 적이 있다.

〈음식에 관한 진실〉이라는 프로그램의 제작자들은 당분과 과다활동성의 연관성을 나름대로 과학적인 실험을 통해 밝혀 보기로 했다. 그들은 아이들을 위해 두 종류의 파티를 마련했다. 첫 번째 파티에 아이를 데려다 준 부모들은 탁자에 달짝지근한 간식들이 잔뜩 쌓인 것을 보았다. 하지만 부모들이 나간 뒤, 제작자들은 정크푸드를 몸에 좋은 간식들로 바꿨고, 아이들은 활기찬 음악과 놀이를 즐겼다. 2주 뒤, 같

"설탕을 먹은 아이들과 위약을 먹은 아이들을 비교했더니, 당분이 과다활동성을 일으키지 않는 것은 물론, 오히려 진정 효과가 있었다."

은 아이들을 다른 파티에 초대했다. 이번에는 차분하게 이야기를 들려주는 파티였다. 처음에는 몸에 좋은 간식들을 차려 놓고 부모들이 보게 했지만, 부모들이 나간 뒤에 얼른 케이크, 쿠키, 청량음료로 바꿨다. 파티가 끝난 뒤에 부모들에게 아이의 행동을 평가하라고 했더니, 부모들은 이구동성으로 첫 번째 파티 뒤에 과다활동성이 드러났다고 했다. 부모들은 그것이 당연하다고도 생각했다. 아이가 단것을 잔뜩 먹었으리라 예상했기 때문이다. 나중에 이것이 책략이었음이 밝혀졌기에 망정이지, 그러지 않았더라면 그 부모들은 설탕이 과다활동성을 일으킨다는 믿음을 오히려 굳혔을 것이다. 사실 아이들이 파티 후에 못된 행동을 보인 까닭은 파티에서 정신 사나운 음악을 들으며 마구 뛰어다니느라 흥분해서였다. 두 번째 파티는 차분한 자리였기에, 아이들은 설탕을 잔뜩 먹었어도 평온한 상태로 부모에게 돌아갔다.

최근 설탕과 과다활동성의 연관성을 주장하는 사람들이 근거로 삼을 만한 연구가 등장했다. 노르웨이 과학자들이 10대 청소년 5000여 명의 식습관을 조사했더니, 단 음료 섭취와 과다활동성 사이에 의미 있는 연관관계가 존재하는 듯했고, 나아가 여러 정신적 문제들과도 복잡한 연관이 있는 듯했다. 가장 심각한 과다활동성을 보이는 아이들은 청량음료를 하루 넉 잔 이상 마시는 집단에서 나왔다. 하루 넉 잔 이상 마시는 아이들이 전체의 10퍼센트쯤 되는 것을 볼 때, 그만큼 마시는 게 특별히 많은 것도 아니었다. 이상한 점은, 청량음료를 전혀 마시지 않는 아이들이 정신적 문제가 있을 확률이 더 높았다는 점이다. 하지만 어느 쪽이 사실이든, 이런 연관관계는 인과관계가 아니다. 과다활동성을 보이는 10대들이 어떤 이유에서인지 청량음료를 더 많이 마시는 것인지도 모른다.

물론 과다활동성과의 관계가 사실이든 아니든, 당분을 줄이라는 게 과학적으로 건전한 조언임에는 분명하다. 혈액에 당분이 넘치면 인슐린이 급격하게 쏟아지고, 혈당치가 곤두박질쳐서 정상 수준 아래까지 내려갈 수 있으며, 그러면 머리가 둔해져서 성적이 나빠지니까 말이다. 하지만 아이들의 행동에는 음식 속 지방의 종류 같은 다른 영양학적 요인들이 더 큰 영향을 미칠 가능성이 높다. 지방은 세포막의 핵심 구성요소로서 세포막의 유동성을 결정하고, 세포들이 신경전달물질이라는 화학물질을 써서 서로 소통할 때에 세포막의 유동성이 영향을 미친다.

가공식품이 등장한 후로 우리의 지방 섭취 패턴은 크게 바뀌었다. 가공식품 속의 트랜스지방, 옥수수유나 콩기름 속의 오메가 6 지방 섭취는 늘었고, 생선이나 채소 속의 오메가 3 지방 섭취는 줄었다. 이 점이 아이들의 행동에 영향을 미칠지도 모른다. 아이들의 식단에 오메가 3 지방을 보충했더니 행동이 나아졌다는 연구도 있다. 밀 속의 글루텐, 우유 속의 카세인, 식용색소들이 행동에 악영향을 끼친다는 증거도 더러 있었다. 이런 발견들에 관해서는 아직 논란의 여지가 있지만, 가공식품과 설탕을 적게 먹는 식단이 모든 면에서 바람직하다는 점에 관해서는 논란의 여지가 없다. 그러니까 다음에 아이들에게 파티를 열어줄 때에는 케이크나 아이스크림 대신에 **사과**p.14와 당근을 먹이자. 하지만 얌전한 행동을 원하는 것이라면 광대 대신에 첼리스트를 부르는 편이 효과가 있을 것이다.

'무영양' 천연 감미료로 칼로리 줄이기

CUTTING CALORY PROJECT 1

거울을 보자. 내 모습이 마음에 안 든다고 생각하는 사람이 적지 않을 것이다. 군더더기 같은 몇 킬로그램의 살집은 분명히 보기 좋은 모습이 아니다. 단것을 너무 많이 먹어서 붙은 살인 경우가 많겠지만, 식단에서 설탕을 줄이기는 어렵다. 단맛이 너무나 유혹적인 것을 어쩌겠는가. 단맛을 유지하되 칼로리를 낮추는 방법을 찾는 것도 마찬가지로 어렵다. 몇 가지 가능성이 떠오른다. 제일 먼저 떠오르는 생각은 설탕보다 훨씬 단 물질을 찾는 것이다. 아주 소량만 사용해도 단맛을 낼 수 있을 테니까 말이다. 그게 아니라면, 단맛을 내되 몸에 잘 흡수되지 않는 물질을 찾아볼 수도 있다. 몸에 흡수되지 않으면 칼로리를 내지 않을 테니 말이다.

우리는 그런 물질을 자연에서 찾아볼 수도 있고, 화학자의 창의력에 의존하여 대체물을 합성해 낼 수도 있다. 그런데 여기에서는 과학만이 문제가 아니다. 감미료 시장의 잠재 수익은 어마어마하기 때문에 경쟁이 실로 가열차다. 설탕 산업은 우리의 맛봉오리들에 대한 지배력을 놓지 않으려 하므로, 위협을 느낄 때마다 격렬하게 경쟁자를 공격한다. '무영양' 감미료 생산업체들은 거대 설탕 산업에 맞서 맹렬히 싸워야 할 뿐더러, 자기들끼리도 시장 점유율을 놓고 다퉈야 한다. 여기에 각종 의제를 내건 이익집단들까지 끼어들어 문제를 더 복잡하게 만든다. 그런 집단들은 합성 감미료를 비난하면서, 이익에 눈 먼 사악한 업계가 제조해 낸 나쁜 물질이라고 주장한다. 이 감미료 전쟁에서 과학은 구석자리로 물러나 있을 때가 많으니, 안타까운 일이다.

진흙탕 같은 감미료 분쟁을 자세하게 살펴보자. 제일 먼저 만나 볼 것은 '천연' 감미료로 널리 선전된 스테비아이다. 이 '안전하고, 무열량이고, 천연 성분인 설탕 대체품'을 시장에서 쫓아내려는 음모가 있다는 소문은 사실일까? 여러 스테비아 제조업체들이 그렇다고 주장한다. 음모의 배후에는 누가 있다는 것일까? 그것은 설탕 제조업체들과 인공 감미료 제조업체들이고, 스테비아가 식품첨가물로 허용되면 자기들의 수익이 곤두박질칠까 봐 두려워서 그런다는 것이다. 그러나 미국 식품의약국과 캐나다 보건국에 따르면 그런 주장은 허튼소리이다. 스테비아가 식품첨가물로 허용되지 않는 이유는 단순하다. 안전성 문제가 미결로 남아 있기 때문이다.

하지만 파라과이의 과라니 원주민들은 스테비아에 문제가 있다고 생각하지 않는 모양이다. 그들은 수백 년 전부터 전통 음료인 마테 차에 스테비아를 타서 달게 마셨다. 남아메리카에 자생하는 스테비아 레바우디아나라는 관목은 단맛을 내는 천연 화합물들을 많이 포함하고 있다. 그 한 종류인 스테비오사이드와 그와 비슷한 화합물 종류인 레바우디오사이드는 설탕보다 수백 배 달다. 그래서 아주 조금만 넣어도 충분히 단맛을 낸다.

일본에서는 정제한 스테비오사이드를 식품이나 음료에 첨가물로 널리 사용하며, 특히 다이어트 콜라나 무설탕 껌 등에 쓴다. 파라과이와 브라질에서도 마찬가지이다. 그러면 어째서 그런 나라들은 스테비아를 안전한 첨가물로 간주하는 반면에 미국이나 캐나다는 그렇지 않을까? 북아메리카 관리당국들의 말에 따르면, 북아메리카의 규제체계가 더 엄격하기 때문이고, 스테비아 제조사들이 안전성 확증 자료를 충분히 갖추지 못했기 때문이다.

스테비아 제조사들이 자기 제품을 식품첨가물로 팔고 싶다면, 다른 인공 감미료 업체들이 따르는 것과 동일한 기준을 만족시켜야 한다. 미국과 캐나다 정부에 따르면 스테비아는 아직 그 기준을 충족시키지 못했으므로, 안전성에 대한 의문들이 적절히 해소되지 않은 상황이다. 수컷 쥐들에게 22개월 동안 스테비아를 다량 섭취시켰더니 정자 생산이 줄었고, 고환에서 비정상적 세포 증식이 촉진되었다는 연구가 있다. 스테비오사이드가 분해되어 생기는 산물인 스테비올을 암컷 쥐들에게 다량 섭취시켰을 경우에는 새끼의 수와 몸무게가 줄었다. 정부 측 과학자들은 이런 연구들을 지적한다.

일본, 중국, 한국, 남아메리카 국가들은 그런 연구들에 크게 무게를 두지 않는 게 분명하다. 스테비오사이드를 식품첨가물로 승인해 주었으니 말이다. 아직까지 그런 나라들에서 스테비오사이드로 인해 사람이 해를 입었다는 보고는 없지만, 그런 나라들에서는 애초에 인공감미료가 가미된 제품들의 소비량이 적다는 점을 감안해야 한다. 북아메리카에서 스테비아가 첨가물로 승인되면 사정이 다를 것이다. **아스파탐**p.206이나 **사카린**p.199을 못 미더워하는 사람들이 당장 스테비아에 열광할지도 모르고, 현재 어쩌다 보니 스테비아 최대 소비 국가가 된 일본이 먹는 것보다 훨씬 많은 양을 북아메리카 사람들이 먹게 될 가능성이 높다.

스테비아 제조사들이 장기적 안전성 데이터를 제공한다면 캐나다와 미국도 식품첨가물 승인을 고려할 테지만, 아무튼 지금으로서는 스테비아를 식품보조제로만 합법적으로 팔 수 있다. 식품보조제의 규제 기준은 식품첨가물과 다르다. 스테비아 잎을 분쇄해서 만든 제제, 잎 추출액을 담은 제제, 정제한 스테비오사이드 알약 등이 모두 시장에 나와 있다. 역사적 증거로 판단할 때, 이런 제품들을 적당량 섭취한다면 아마 안전할 것이다. 그러나 자주 다량 섭취하면 어떻게 되는지는 아무도 모른다. 스테비아가 식품첨가물로 시판되지 못하는 것은 음모 때문이 아니다. 그저 안전성 증거가 제출되지 않았기 때문이다.

스테비아 논란을 들여다보자니 감미료가 당긴다. 전통 마테 차를 한 잔 타서 감미료를 섞어 마시면 좋지 않을까? 인터넷에 나도는 숱한 광고를 보면 마테 차에 '강력한 원기회복 효과'가 있다니까 말이다. 누구나 조금쯤 원기회복이 필요한 법이다. 마테도 스테비아와 마찬가지로 남아메리카 산 관목이다. 파라과이, 브라질, 기타 남아메리카 나라들에서 자라는 일렉스 파라구아리엔시스라는 작은 관목의 잎을 말려서 우린 게 마테 차이다. 파라과이 차라고도 불리는 이 음료는 활력 충전 및 두뇌 기능 향상에 좋다고 한다. 유럽에서는 마테 추출물을 체중 감량에 사용하기도 한다. 그러나 이 식물이 대사를 촉진하거나 식욕 억제제로 기능한다는 과학적 증거는 전혀 없다. 원기회복 면에서는 어떨까?

마테 추출물을 분석한 결과, 수백 가지 화합물들이 들어 있었는데, 이것은 어떤 식물성 물질을 분석하더라도 마찬가지이다. 마테 추출물에 비타민도 있고 미네랄도 있고 평범한 항산화물질도 더러 들어 있었지만, 마법의 성분은 없었다. 음료가 각성효과를 줄 때는 대개 카페인 탓일 때가 많은데, 마테 차는 커피나 홍차보다 카페인 함량이 낮다. 마테 차가 '자연에서 가장 완벽한 음료'라거나 '신들의 음료'라는 주장은 그저 허풍이다. 전통적으로 마테 차를 뜨겁게 마신다는 점도 문제이다. 남아메리카 사람들은 마테 차를 하도 뜨겁게 마시기 때문에, 식도암과의 연관이 의심되는 지경이다.

내가 제대로 못 끓여서 그랬는지도 모르지만, 내 입에 마테 차는 마치 맛없는 커피와 녹차와 삭힌 풀을 합친 맛이 났다. 원기가 회복되기는커녕 역하게 느껴졌다. 여담이지만, 과라니 사람들은 전통적으로 마테 차를 쇠뿔에 담아 마셨다. 이 음료에 온갖 거창한 주장들이 따라붙는 것을 생각할 때 나름대로 어울려 보이는 일이다. 어쨌든 내가 스테비아 잎을 더하지 않았더라면 차는 훨씬 나쁜 맛이 났을 게 틀림없다. 스테비아를 장기적으로 다량 섭취하면 어떤 효과가 나는지는 나도 모르겠지만, 내가 확실히 증언할 수 있는 사실은, 이 놀라운 식물의 잎에 든 스테비오사이드를 극소량만 먹어도 엄청나게 달다는 것이다.

그런데 만약 우리가 몸에 잘 흡수되지 않는 감미료를 발견한다면, 단맛이 그처럼 강렬해야 할 필요가 없을 것이다. 흡수가 안 되는 감미료는 칼로리 걱정을 덜어 준다는 점 말고도 또 다른 이점이 있다. 제품에 '부피'를 더해 줄 수 있다는 점이다. **초콜릿**p.105을 예로 들어 보자. 단맛만 따지자면 초콜릿 속의 설탕을 아스파탐이나 **아세설팜**p.205 칼륨이나 **수크랄로스**p.217 같은 인공 감미료로 얼마든지 대체할 수 있다. 이들은 모두 설탕보다 수백 배 달기 때문에 극소량만 써도 충분하다. 하지만 설탕은 단맛을 주는 것을 넘어서 초콜릿에 부피를 주고, 매력적인 질감을 준다. 설탕을 인공 감미료로 바꾸기만 해서는 매력적인 초콜릿을 만들 수 없는 것이다. 바로 그렇기 때문에 흔히 폴리올이라고 불리는 당알코올들이 등장했다.

폴리올은 단맛이 나지만 몸속에서 설탕과 다른 방식으로 대사되는 탄수화물이다. 여러 채소에 자연적으로 들어 있고, 천연 당류로부터 쉽게 합성할 수도 있다. 가령 초콜릿 제품에 많이 쓰이는 폴리올인 락티톨은 우유에 든 당인 락토스를 수소 기체와 반응시켜 만든 것이다. 비슷한 식으로 글루코스는 소르비톨로, 말토스는 말티톨로, 만노스는 만니톨로 바뀐다. 이런 폴리올들은 무설탕 껌, 아이스크림, 사탕, 과자 등을 만드는 데 쓰인다. 폴리올이 설탕 대체물로 효과적인 까닭은 기본적으로 설탕과 동량으로 치환될 수 있기 때문이다. 다만 폴리올이 설탕보다 조금 덜 달기 때문에 보통 수크랄로스 같은 인공 감미료를 더해서 단맛을 높인다. 그런데 한 가지 탄수화물을 다른 탄수화물로 바꾸는 게 대체 왜 좋단 말인가?

흔히 설탕이라고 불리는 **수크로스**p.184는 글루코스 한 분자와 프룩토스 한 분자가 결합한 것이다. 수크로스가 위와 소장에서 소화가 되

"초콜릿의 칼로리는 설탕이 아니라 대부분 코코아 버터의 지방에서 온다. 무설탕 초콜릿이라고 해도 지방 함량은 일반 초콜릿보다 적지 않다."

면 그 결합이 깨지고, 글루코스와 프룩토스가 혈류로 흡수되어 에너지원으로 기능한다. 수크로스 1그램은 4칼로리를 '포함한다.' 그 말은 수크로스 한 분자를 소비하려면 우리가 4칼로리에 해당하는 활동을 해서 칼로리를 '써야' 한다는 뜻이다. 그러지 않으면 잉여의 당이 지방으로 변환되어 몸에 저장되기 쉽다.

이제 락티톨 이야기로 돌아가자. 이 화합물은 위와 소장에서 혈류로 잘 흡수되지 않는다. 일부가 서서히 흡수되기는 하지만, 대부분은 작은창자를 거쳐서 큰창자로 이동한다. 큰창자에서 락티톨은 다양한 박테리아들과 만난다. 몇몇 박테리아들은 락티톨을 맛 좋은 음식물로 여기고 한껏 잔치를 벌이는데, 안타깝게도 이들은 가스를 많이 내는 종류여서, 락티톨로 배를 채운 뒤 가스를 내보낸다. 그 때문에 속이 더 부룩해지고 복통을 겪을 수 있다. 게다가 흡수되지 못한 락티톨을 얼른 내보내려고 우리 몸이 노력하므로, 이따금 불쾌한 설사제 효과도 난다. 그렇다면 좋은 점은 대체 무엇일까?

무엇보다 몸에 흡수되지 않는 영양소는 칼로리를 낼 수 없다. 락티톨은 일부만 흡수되기 때문에 그램당 2칼로리를 낸다. 그램당 4칼로리인 설탕에 비해 절반이다. 따라서 설탕 1그램에 비해 락티톨 1그램의 칼로리를 '태우는' 데 더 적은 활동이 필요하다. 다만 잊지 말아야 할 점은, **초콜릿**p.105의 칼로리는 설탕이 아니라 대부분 코코아 버터의 지방에서 온다는 사실이다. 무설탕 초콜릿이라고 해도 지방 함량은 일반 초콜릿보다 적지 않다. 설탕을 락티톨로 교체하면 칼로리가 약 20퍼센트 줄어드니, 엄청나게 절감되는 것은 아닌 셈이다. 그런데 락티톨에는 흥미로운 이점이 하나 더 있다. **'생균활성촉진제'** p.251 로 작용할 수 있다는 점이다.

락티톨을 매일 5에서 10그램쯤 먹으면 대장에서 질병을 유발하는 박테리아는 줄고 유용한 박테리아는 많아진다. 이 유용한 박테리아들이 대사물질로 내놓는 유기산 중 일부는 항암 효과가 있을지도 모른다. 아울러 대장 박테리아들은 락티톨을 좋아하지만 입 안의 박테리아들은 좋아하지 않는다는 것도 장점이다. 입안의 박테리아들에게 설탕이 주어지면 **충치** p.260 를 일으키는 산이 생성되지만, 락티톨은 그럴 위험이 없다.

일부이나마 혈류로 흡수된 락티톨은 어떻게 될까? 대부분의 탄수화물과 달리 락티톨은 쉽게 글루코스로 전환되지 않기 때문에, 인슐린 반응도 쉽게 일으키지 않는다. 그러니 탄수화물 식품 교환표를 따져서 음식을 먹어야 하는 **당뇨** p.211 환자들은 같은 탄수화물 교환값에 일반 초콜릿보다 무설탕 초콜릿을 더 많이 먹을 수 있다. 무설탕 초콜릿을 더 많이 먹고 싶은가 하는 문제는 논외로 하고 말이다. 그런데 우리가 지금까지 락티톨을 이야기하면서 전제로 한 것은, 락티톨을 비롯한 당알코올을 적당량 섭취할 때에는 부작용이 없어야 한다는 점이다. 그러나 사실은 당알코올을 조금만 먹어도 일시적으로 속이 더부룩하고, 설사가 오고, 심각하게 가스가 차는 사람들이 있다.

당알코올은 몇 가지 상업적인 매력이 있지만 이상적인 '천연' 감미료는 못 되는 셈이다. 만약에 설탕처럼 단맛이 나고, 설탕처럼 부피를 채우는 데 쓰일 수 있고, 열을 가하면 설탕처럼 갈색이 되지만, 설탕과 달리 치아를 썩게 하지 않고, 칼로리도 설탕보다 낮고, 심지어 몸에도 좋은 천연 대체물이 있다면 멋지지 않을까? 꿈도 크다고? 글쎄,

꿈이 현실이 될지도 모른다. 타가토스라는 화합물이 이런 선부른 선전들을 모두 충족시키는 제품이 될지도 모르겠다. 타가토스의 매력은 정확하게 말해서 이것이 당의 대체물이 아니라 또 다른 당이라는 데 있다.

당으로 당을 대체한다고? 혼란스럽게 들릴지도 모르겠다. 화학자가 '당' 이라고 할 때에는 그 뜻이 일반인들과는 다르다는 게 핵심이다. 대부분의 사람들에게 당이라 하면 설탕이다. 즉 사탕수수나 사탕무에서 분리한 달콤한 수크로스 결정을 말한다. 반면 화학자에게 당은 탄수화물의 한 종류를 일컫는다. 그 탄수화물들은 화학구조가 서로 비슷하고 다들 단맛이 난다. 수크로스, 락토스, 글루코스, 프룩토스가 모두 그런 당들이다. 우리 이야기의 주인공인 타가토스도 그런 당이다.

물질의 단맛은 물질의 분자구조에서 비롯한다. 특수한 형태를 띤 분자들만이 우리 혀의 맛봉오리들 속에 있는 단맛 수용체에 가서 결합한다. 흡사 열쇠가 자물쇠에 들어맞듯이 말이다. 이런 상호 작용이 이뤄지면 신경이 자극되어서 뇌로 '단맛' 이라는 메시지를 전한다. 설탕 즉 수크로스는 훌륭한 열쇠이다. 흔히 과당이라고 하는 프룩토스는 설탕보다 더 훌륭한 열쇠라서 더 달다. 문제는 이 당들이 맛봉오리를 자극한 뒤에 결국 혈류로 흡수된다는 데에 있다. 에너지원으로 소모되지 않고 남은 당들은 지방으로 바뀌어 체중을 불린다. 그런데 장벽에서 당이 흡수되는 속도도 그 분자구조에 따라 좌우된다. 그렇다면 단맛 수용체에는 잘 결합하지만 장에서는 잘 흡수되지 않는 분자구조를 지닌 당을 합성하면 되지 않을까?

세상 만물은, 아마도 뱀파이어를 제외하고는, 다들 거울상을 지닌다. 분자도 그렇다. 거울상은 신기한 존재이다. 탁구공을 거울 앞에 둔다고 상상해 보자. 거울에 비친 영상을 어떻게든 실물로 따낼 수 있다면, 그 물체는 원래의 탁구공과 똑같을 테고, 정확하게 서로 겹칠 것이다. 이제 우리 왼손을 거울에 비춘다고 상상해 보자. 거울에 보이는 것

"케이크를 먹으면서 살이 찌지 않기를 바라는 것은 지나친 욕심이다. 하지만 그 케이크의 단맛이 타가토스로 낸 것이라면, 적어도 살이 덜 찌기는 할 것이다!"

은 오른손이다. 이 거울상을 실물로 따낸다면, 그것은 원래의 왼손과 같지 않다. 탁구공과 손은 왜 차이가 날까? 공은 좌우대칭이지만 손은 그렇지 않기 때문이다. 기본적으로, 좌우대칭이 아닌 물체는 거울상이 원래 대상과 같지 않다. 당들도 좌우대칭이 아니기 때문에 '왼손' 형태와 '오른손' 형태가 따로 존재한다. 그런데 몇몇 예외적인 경우를 제외하고는, 자연에서 발견되는 모든 당들은 오른손 형태로만 존재한다. 이것을 D당이라고 부른다.

이쯤에서 한 가지 발상이 떠오른다. D당의 거울상인 L당을 실험실에서 합성해 보면 어떨까? 혹 그것이 D당만큼 달면서 흡수 속도는 느릴지도 모르니까 말이다. 알고 보니 글루코스의 경우에는 정말 그랬고, 글루코스보다 더 단 친척인 프룩토스도 그랬다. 그러나 안타깝게도, 과학자들이 온갖 시도를 해보았건만, 이들의 L당을 상업적으로도 유용하게 대규모로 합성하는 방법을 알 수가 없었다. 그러던 중, 스페릭스 사의 어느 심지 굳은 연구자가 유제품에 소량 존재하는 타가토스와 L 프룩토스의 분자구조가 무척 비슷하다는 사실을 알아챘다.

타가토스는 수크로스만큼 달다. 사실 이 당은 오래전부터 알려져 있었다. 원래 어느 상록수의 고무 같은 레진으로부터 분리되었는데, 이때까지는 누구도 이 당의 흡수성을 따져 볼 생각을 못했던 것이다. 처음에 쥐로, 다음에 사람으로 실험해 본 결과, 타가토스의 흡수는 몹시 비효율적이었다. 대부분이 흡수되지 않고 큰창자로 넘어가 버렸다.

그 말인즉 타가토스의 칼로리가 설탕보다 훨씬 낮다는 것이다. 설탕의 칼로리가 그램당 4칼로리인데 비해 타가토스는 1.5칼로리에 불과하다. 좋은 소식이 또 있다. 대장에서 박테리아들이 타가토스를 분해하여 단쇄 지방산들을 내놓는데, 이들은 대장암 예방 효과가 있다고 한다. 타가토스의 이점은 또 있다. 타가토스를 식사에 포함해 섭취하면 **2형 당뇨**p.124 환자들의 **혈중 글루코스**p.58 수치가 개선되었다. 사람을 대상으로 하여 타가토스 섭취의 이모저모를 광범위하게 시험해 보았으나 어떠한 부작용도 발견되지 않았다. 지나치게 많이 섭취하면 장이 살짝 불편하고 변이 묽어지는 정도였다.

미국 식품의약국은 타가토스의 안전성을 확신하고, 식품으로 사용해도 좋다고 승인했다. 이 당을 **락토스**p.162(젖당)로부터 경제적으로 생산해 내는 기법이 벌써 등장했다. 락토스는 유청에서 쉽게 얻을 수 있다. 최종 제품에는 유단백질이나 락토스가 전혀 남아 있지 않기 때문에, **우유**p.159 알레르기가 있거나 락토스 소화불능증인 사람도 안심하고 타가토스를 먹어도 좋다. 물론 타가토스만으로 북아메리카의 비만 문제를 해결할 수는 없을 것이다. 케이크를 먹으면서 살이 찌지 않기를 바라는 것은 지나친 욕심이다. 하지만 그 케이크의 단맛이 타가토스로 낸 것이라면, 적어도 살이 덜 찌기는 할 것이다!

'무영양' 인공 감미료로 칼로리 줄이기

CUTTING CALORY PROJECT 2

인공 감미료가 얼마나 수지 맞는 장사인가 생각할 때, 현재 알려진 인공 감미료들은 회사에 고용된 똑똑한 화학자들이 설탕 대체물을 찾으려 애쓴 끝에 발견한 것이라고 생각하기 쉽다. 사실은 그렇지 않다. 시판 인공 감미료들은 대부분 우연히, 부주의한 실험 행위 때문에 발견된 것이 많았다. 그런 일을 일으킨 과학자들은 허술할지는 몰라도 똑똑했기 때문에, 자기가 중요한 발견을 해냈다는 사실을 바로 깨달았다.

시장에 선보인 최초의 인공 감미료는 사카린이다. 뒤를 따른 여러 감미료들과 마찬가지로, 사카린은 태어나자마자 논란에 휘말렸다. 독일 화학자 콘스탄틴 팔베르크는 볼티모어 소재 존스홉킨스 대학교의 선도적 연구자 아이라 렘슨과 함께 일하려고 미국으로 건너왔다. 팔베르크가 맡은 일은 그다지 흥미로운 것은 아니었다. 그는 톨루엔 설펀아마이드라는 콜타르 유도체의 산화 과정을 연구하라는 지시를 받았다. 그 독일 화학자는 상당히 칠칠치 못한 사람이었던지, 실험실을 나설 때 손도 잘 안 씻었던 모양이다. 그 부주의함이 그에게 행운을 안겨주었다.

어느 날 저녁식사 자리에서 팔베르크는 방금 맨손으로 집어 먹은 빵이 유독 달다는 것을 느꼈고, 자기가 실험실에서 다루던 물질이 단맛의 정체임을 알아차렸다. 그는 이 사실을 렘슨에게 알렸다. 두 과학자는 1880년에 《미국 화학협회지》에 논문을 실어, 설탕보다 수백 배

단 새 화합물의 발견을 알렸다. 렘슨은 이 발견을 단순히 호기심 가는 사건으로 보았지만, 팔베르크는 상업적으로 응용할 잠재력이 있다는 것을 즉각 알아차렸다. 팔베르크는 설탕 가격이 늘 크게 요동친다는 사실을 알았고, 값싼 감미료를 내놓으면 대단히 환영 받으리라는 사실도 알았다. 그는 다이어트를 하는 사람들도 이 신제품에 매력을 느끼리라고 생각했다. 팔베르크는 라틴어로 설탕을 뜻하는 단어에서 따서 '사카린' 이라는 이름을 지었고, 그 제조 과정에 대해 몰래 특허를 취득했다. 몇 년 뒤, 사카린은 세계 최초의 상업적 무영양 감미료가 되었고, 팔베르크는 부자가 되었다.

렘슨은 자기나 존스홉킨스 대학교가 사카린으로 동전 한 푼도 벌지 못한 사실에 대해서는 화내지 않았다. 렘슨은 뼛속까지 철저한 과학자였고 자기 연구가 금전적 이득을 가져다주는지에 관해서는 그리 괘념치 않았다. 하지만 그는 팔베르크를 격렬하게 미워하게 되었다. 팔베르크가 사카린 발견을 저 혼자만의 공으로 만들려고 갖은 수단을 동원했기 때문이다. 렘슨은 "팔베르크 같은 무뢰한과 내가 싸잡아 일컬어지는 게 구역질 난다"고 자주 말했다. 그러나 렘슨이 어떻게 생각하든, 두 사람의 이름은 영원히 함께 묶여 불릴 운명이다. 사카린의 발견은 그만큼 중요한 사건이었기 때문이다. 왜냐하면 첫째, 사카린의 상업적 생산은 대학교에서 시장으로 '기술 전이' 가 일어난 거의 최초의 사례였고, 둘째로 더욱 중요한 점은, 현재까지도 숱한 논란을 낳는 무영양 감미료라는 개념을 처음 도입한 것도 사카린이었다.

사카린이 처음 생산된 곳은 팔베르크가 특허를 취득한 독일이었다. 미국에서 사카린 제조가 시작된 것은 1902년이 되어서였다. 제약회사의 구매담당 직원으로 일하던 존 프랜시스 퀴니는 미국에서 사카린을 생산하기로 결심했다. 유럽에서는 감미료에 관한 법적 문제들이 막 생겨나던 차였지만 미국에서는 그런 부담이 없었다. 퀴니는 1500달러를 빌려서 회사를 세웠다. 처음에 직원은 퀴니 본인과 퀴니의 아내 단 둘이었다. 퀴니는 아내의 처녀적 성을 회사 이름으로 삼았다. 이렇게 해서 몬산토 사가 탄생했다. 몬산토는 처음에는 오로지 사카린만 생산했지만, 곧 종목을 다변화했고, 이후 세계 최대의 화학약품 회사로 성장했다.

사카린이 마주친 최초의 적은 1883년에 미국 농무부 산하 화학국의 국장이 된 하비 W. 와일리 박사였다. 와일리는 퍼듀 대학교 화학 교수로 있던 시절에 식품첨가물 문제에 관심을 가지게 되어, 식품첨가물의 무분별한 사용에 경각심을 품고 있었다. 그는 식품 안전을 지키는 투사가 되었고, 그가 범인을 잡으려고 던진 그물에 걸린 대상이 바로 사카린이었다. 그는 사카린을 가리켜 '식품으로서의 가치는 하나도 없으며 건강에 극도로 해로운 콜타르 부산물'이라면서 맹렬하게 비난했다.

와일리에게 안된 일이었던 것은, 시어도어 루스벨트 대통령이 의사로부터 사카린을 처방 받은 뒤에 이 제품에 홀딱 반한 사실이었다. 루스벨트는 "사카린이 건강에 해롭다고 말하는 사람은 바보다"라고 말하면서 와일리의 권위를 깎아 내리는 지시를 했다. '과학자들로 구성된 심사 위원회'를 설치하여 와일리의 권고를 검사하라고 시킨 것이다. 위원회장을 맡은 사람은 얄궂게도 아이라 렘슨이었다. 위원회의 결론은 사카린이 안전하긴 하지만 당뇨 환자의 불편을 더는 용도로만 사용을 제한하는 게 좋겠다는 것이었다. 이 제안에는 법적 구속력이 전혀 없었기 때문에, 무영양 감미료에 대한 대중의 수요를 충족시키려고 혈안이 된 거대 산업의 면전에서 곧 잊혀졌다.

1977년에 사카린은 다시 문제에 부닥쳤다. 수컷 쥐들에게 사카린을 먹였더니 방광암 발병률이 높아졌다는 연구 결과가 캐나다에서 나왔다. 그러나 사람으로 쳤을 때 다이어트 음료를 하루에 800캔씩 마시

"수컷 쥐들에게 사카린을 먹였더니 방광암 발병률이 높아졌다는 연구 결과가 나왔다. 그러나 그것은 사람으로 쳤을 때 다이어트 음료를 하루에 800캔씩 마시는 것에 해당하는 양이었다."

는 것에 해당하는 양을 먹여야 했고, 그 어미들도 같은 양을 먹은 경우에만 그랬다. 사카린 옹호자들은 이 연구가 사람과는 무관하다고 비웃었지만, 캐나다 정부는 이 연구에 근거해서 사카린을 식품첨가물로 쓰지 못하게 했고, 설탕 대체 감미료로만 쓰게 했다. 미국 식품의약국(와일리가 맡았던 부처의 후신이다)도 금지안을 제안했다. 하지만 당장 사람들로부터 어마어마한 불평이 쏟아지자, 의회는 후속 연구들이 마무리될 때까지 사카린을 시장에서 없애는 조치는 잠시 유예하기로 했다. 따라서 사카린을 계속 첨가물로 쓸 수는 있었지만, "사카린은 실험 동물들에게 암을 일으킨다고 알려져 있습니다"라는 경고문을 그 유명한 분홍색 작은 종이봉투에 의무적으로 명기하게 되었다.

이어진 연구 결과, 사카린은 발암물질이라는 오명을 깨끗하게 씻지 못했다. 하지만 인간 역학조사를 보면 설령 위험이 있더라도 몹시 작은 정도였다. 결국 2000년에 미국 정부는 사카린을 공식적인 인간 발암물질 목록에서 삭제했고, 클린턴 대통령은 사카린 제품의 의무 경고문 부착을 철회하는 법안에 서명했다. 캐나다는 아직도 사카린을 첨가물로 허용하지 않는다.

한편 사이클라민산 나트륨의 사정은 오히려 거꾸로이다. 이 감미료는 미국에서는 발암 가능 물질로 여겨지는 반면, 캐나다를 비롯한 세계 55개국에서는 그렇지 않다고 여겨진다. FDA는 1969년에 이 인공 감미료를 금했지만, 다른 나라들에서는 이 제품이 쾌조의 판매세를 보이고 있다. 같은 과학 증거를 놓고도 여러 나라들이 서로 다른 결론에 이를 수 있음을 보여 주는 예이다. 어떻게 그럴 수 있을까? 증거가 결정적이지 못하거나, 아니면 순수한 과학 이외의 요인들이 개입하기 때문이다.

사이클라민산 나트륨의 감미 효과는 1937년에 발견되었다. 일리노이 대학교의 대학원생 마이클 스베다는 해열제를 연구하고 있었다. 요즘은 상상도 못할 일이지만, 당시 스베다는 실험실에서 자주 담배를 피웠다. 어느 날 그가 어쩌다가 담배 가루를 조금 입술에 문질렀는데, 평소와 다른 맛이 났다. 후에 그가 한 말을 빌리면, "호기심이 동할 만큼 달콤한 맛이 났다." 당시는 설탕 대체물로 사카린밖에 없던 시절이었다. 그런데 사카린은 끝맛이 쓴 단점이 있었기 때문에, 시장은 더 나은 감미료를 받아들일 준비가 된 참이었다.

스베다는 자기 발견의 잠재력을 알아차려 특허를 신청했고, 결국 애보트 연구소가 그 특허를 가지게 됐다. 10여 년에 걸쳐 제품 안전성 검사가 이뤄졌고, 1950년에 드디어 FDA 승인이 떨어졌다. 이때쯤 이미 비만이 큰 사회문제로 부상한 터였다. 애보트 사는 사이클라민산을 설탕의 값싼 대용물이 아니라 저칼로리 감미료로 선전하기 시작했다. 사이클라민산은 설탕보다 30배 달았기 때문에 사카린의 강력한 단맛에는 한참 못 미쳤지만 사이클라민산 10에 사카린 1의 비율로 섞으면 쓴 뒷맛이 싹 사라졌다. '스위트앤로' 제품은 인공 감미료 시장을 대번에 평정했다. 1960년대 말에는 **청량음료**p.183에서 샐러드 드레싱에 이르기까지 갖가지 제품에 사이클라민산이 담겼고, 미국 사람들은 사이클라민산을 연간 95만 5000킬로그램가량 먹었다.

사람만 사이클라민산을 먹어 치웠던 것은 아니다. 쥐들도 엄청나게 먹었다. 사이클라민산은 FDA 승인을 이미 받았지만, 그 성질에 관한 연구는 계속되었고, 그 과정에서 안전상의 허점들이 드러나기 시작했다. 1966년에 과학자들은 장 박테리아들이 사이클라민산을 사이클로헥실아민으로 바꿀 수 있음을 알아냈는데, 이것은 독성이 있을지도 모르는 물질이었다.

이후 쥐에게 사이클라민산을 먹이는 실험이 줄줄이 등장했고, 병아리에게 주사하는 실험도 등장했다. 다이어트 청량음료를 하루에 350캔 마시는 것에 해당하는 양만큼 사카린과 사이클라민산 혼합물을 쥐들에게 먹였더니 방광종양이 생겼다는 연구도 있었다. 더욱 극적인 사건은 1969년에 벌어졌다. FDA 소속 과학자 재클린 베렛이 NBC의 〈나이트 뉴스〉에 출연하여 사이클라민산을 맞은 기형 병아리들의 사진을 보여 주었다. 베렛은 이것이 '탈리도마이드보다 위험하다'고 단언했고, FDA는 1970년에 사이클라민산을 금지시켰다.

캐나다 정부는 사이클라민산이 크게 위험하다고 생각하지 않았지만, 어쨌든 설탕 대용 봉지 감미료로만 쓰도록 제한했다. 이후 서른 가지가 넘는 연구들이 발표되었고, 영장류를 대상으로 한 연구도 더러 있었지만, 사이클라민산의 위험을 입증하는 결과는 하나도 없었다. 그래도 미국은 여전히 사이클라민산을 금지한다. 이것을 두고 설탕 산업의 로비가 먹힌 결과라고 주장하는 사람도 있다.

아쉽게도 사람을 대상으로 한 역학조사는 아직 없었다. 왜냐하면 사이클라민산 하나만을 사용하는 예가 사실상 없고, 보통은 여러 제품을 섞어 쓰기 때문이다. 사이클라민산 자체는 발암물질이 아니라도 그것이 다른 성분들의 발암 잠재력을 높인다고 주장하는 연구자도 있지만, 그런 믿음을 뒷받침할 증거는 없다. 어쨌든 커피에 살짝 뿌린 사이클라민산이 암을 일으킬 가능성은 **커피**p.109에 원래 들어 있는 **벤젠**p.319이나 푸르푸랄 같은 발암물질들의 위험에 비하면 아무것도 아니다.

사이클라민산이나 사카린과 마찬가지로 아세설팜 칼륨의 단맛도 부주의한 실험 때문에 우연히 발견되었다. 이번 주인공은 독일 회히스트 화학회사에서 새로운 분자들을 합성하려 하던 카를 클라우스였다. 1967년에 그는 자기 손가락을 핥았다가 단맛을 느꼈다. 그는 그 발견의 시장 잠재력을 당장 알아챘지만, 아세설팜이 인공 감미료로 승인을 얻기까지는 이후 20년 가까이 시험을 거쳐야 했다.

이 화합물은 설탕보다 200배쯤 달고, 아스파탐과 달리 가열해도 단맛이 사라지지 않는다. 아세설팜 섭취량의 95퍼센트가량이 그 형태 그대로 소변으로 배출되고, 미국과 캐나다와 유럽의 관계 당국이 꼼꼼하게 수행한 안전성 평가에서 아무 문제가 발견되지 않았다는 점을 볼 때, 이 감미료의 사용을 반대하는 사람은 없을 것만 같다. 하지만 그렇지 않다. 그 어떤 물질이 시장에 도입되든, 반대하고 나서는 개인이나 단체가 반드시 있다. 그들은 시험이 부적절하게 이루어졌다고 규탄하고, 제조사가 소비자의 건강을 볼모로 러시아 룰렛 같은 위험한 장난을 친다고 주장한다.

아세설팜의 경우에는 제품 소유권을 지닌 회히스트 사가 직접 시험을 수행했다는 점이 문제가 되었다. 비판자들은 쥐 실험 기간이 충분히 길지 않았네, 적용된 용량이 너무 적었네, 암컷 쥐들의 유방종양 증가 현상이 무시되었네 등등을 말했다. 알고 보면 관계 당국은 이런 주장들을 모두 점검했고, 근거가 희박하다고 판단하여 모두 기각했다.

현재 과학자들의 의견에 따르면 아세설팜은 체중 1킬로그램당 어림잡아 10에서 15밀리그램 정도가 1일허용섭취량이고, 그 정도 양은 아무 문제도 일으키지 않는다. 음식으로는 얼마를 먹는 양일까? 220밀리리터짜리 코카콜라제로 캔 하나에 아세설팜이 30밀리그램 들어 있으니, 평균적인 성인이 아세설팜을 1일허용섭취량에 가깝게 먹으려면 하루에 적어도 20캔을 마셔야 한다. 코카콜라제로에는 왜 아세설팜이 들어 있을까? 다이어트 콜라는 아스파탐으로 단맛을 내지만, 코카콜라제로는 아스파탐과 아세설팜을 섞어 쓴다. 여기에서 우리는 아세설팜의 흥미로운 성질 하나를 알 수 있다. 아세설팜이 다른 감미료들의 불쾌한 끝맛을 감춰 주면서 단맛을 더욱 높이는, 시너지 효과를 낸다는 점이다. 아세설팜과 아스파탐을 섞으면 설탕보다 300배쯤 달다. 각각 쓸 때에 비해서 감미 능력이 향상되는 것이다.

아스파탐p.191은 가장 널리 사용되는 인공 감미료이자, 아마 가장 논란이 분분한 감미료일 것이다. 1965년, G. D. 설 사의 화학자 짐 슐라터는 막 실험실에서 합성한 화합물의 맛을 보았다. 슐라터는 설탕 대체물을 찾는 게 아니라 위궤양 연구를 하고 있었다. 음식이 위에 들어가면 위산 생산을 개시하는 가스트린이라는 호르몬이 분비된다. 당시에는 위궤양이 위산 과다 때문에 생긴다는 생각이 일반적이었기에, 슐라터는 가스트린을 비활성화할 약물을 찾는 데 관심을 두었다.

연구 중에 그는 가스트린의 몇 가지 속성들을 닮은 모형 화합물을 합성해 냈다. 어느 날, 그는 종이를 한 장 집으려고 손가락에 침을 묻혔다가 단맛을 느꼈다. 그는 자신이 막 합성한 아스파틸페닐알라닌 메틸 에스터가 단맛의 원인이라는 것을 추적해 냈다. 슐라터는 그 발견 덕분에 그로부터 20년 뒤에 설 사가 한 해 10억 달러의 이득을 긁어 모으게 되리라고는 꿈도 꾸지 못했을 것이다. 그리고 그 달콤한 결정이 씁쓸한 과학적 논쟁에 휘말리게 되리라는 것도 전혀 생각지 못했을 것이다.

아스파탐을 둘러싼 논란을 이해하기 위해서, 우선 정확한 사실들부터 이야기하는 편이 좋겠다. 이 감미료를 흔히 '무열량'이라고 선전하지만, 그것은 기술적으로 정확한 표현이 아니다. 아스파탐이 소화관에서 분해되면 아스파트산, 페닐알라닌, 메탄올이 나오고, 이들은 몸에 흡수되고 대사된다. 이들을 다 합쳐서 그램당 4칼로리쯤 열량이 나지만, 아스파탐이 설탕보다 180배쯤 더 달기 때문에 음식과 음료에 극미량만 넣어도 만족스러운 단맛을 내므로 쓰이는 양이 아주 적다. 칼

"아스파탐은 설탕보다 180배쯤 더 달기 때문에 음식과 음료에 극미량만 넣어도 만족스러운 단맛을 내므로, 쓰이는 양이 아주 적다. 칼로리 기여가 사실상 없다고 할 수 있다."

로리 기여가 사실상 없다고 할 수 있다. 아스파탐은 열을 받으면 구성 요소들로 분해되어서 단맛을 잃기 때문에 데우거나 굽는 음식에는 쓸 수 없다.

다이어트 음료는 100밀리리터당 아스파탐을 보통 60밀리그램쯤 포함하니 한 캔에 200밀리그램쯤 되는 셈이다. 이 양이 어느 수준인지 평가하려면, 미국 식품의약국이 사용하는 '1일허용섭취량(ADI)' 이라는 개념을 알아야 한다. 이것은 사람이 평생 매일같이 먹어도 안전하다고 여겨지는 섭취량을 말한다. 아스파탐의 ADI는 체중 1킬로그램당 50밀리그램이다. 실제 사람들의 일일 섭취량은 그 2퍼센트도 못 되는 수준이고, 가장 많이 먹는 집단도 ADI의 16퍼센트쯤을 섭취한다. ADI만큼 먹으려면 성인은 355밀리리터짜리 청량음료를 20캔 마셔야 하고, 아이는 7캔 마셔야 한다. 봉지 감미료로 따지면 성인이 97봉지를 먹어야 하는 양이다. 업계에서 조사한 수치에 따르면 아스파탐 소비자의 99퍼센트는 매일 체중 킬로그램당 34밀리그램 이하를 먹고 있다. 하루 총 섭취량은 평균적으로 약 500밀리그램이다. 체중이 70킬로그램인 사람의 ADI가 3500밀리그램이니, 한참 못 미치는 것이다.

아스파탐의 세 가지 분해 산물들이 다량 섭취시 독성이 있는 물질들이라는 것은 틀림없는 사실이다. 필수 아미노산인 페닐알라닌은 정상적인 성장 및 조직 유지를 위해 반드시 식단에 포함되어야 하지만,

"다량의 메탄올은 실명이나 죽음으로 이어질 수 있기 때문에, 걱정 많은 비판자들은 아스파탐에서 나온 메탄올이 안전하지 못하다고 주장한다. 하지만 세상에 안전한 물질은 없다. 안전한 용량이 있을 뿐이다."

혈중 페닐알라닌 농도가 계속 높게 유지되면 뇌 손상이 올 수 있다. 어린이 2만 명 중 한 명 꼴로 앓는 페닐케톤뇨증이라는 유전병에는 이것이 심각한 문제가 된다. 페닐케톤뇨증 환자는 페닐알라닌을 제대로 대사하지 못하기 때문에, 아이의 뇌에 페닐알라닌이 위험스러우리만치 많이 축적된다. 이런 아이는 출생 후 적어도 6년 동안만이라도 페닐알라닌 섭취를 엄격하게 제한해야 한다. 그러므로 페닐케톤뇨증 환자에게는 페닐알라닌을 함유한 아스파탐이 좋지 않고, 아스파탐을 원료로 쓴 제품에는 모두 이런 내용의 경고문이 붙어 있다. 한편 이후 개발된 네오탐은 이런 문제를 일으키지 않는다. 네오팜은 아스파탐의 분자구조가 살짝 변형된 형태로, 아스파탐의 강렬한 단맛은 그대로 간직하지만 체내에서 페닐알라닌을 내놓지 않는다.

보통 사람의 경우, 아스파탐을 섭취했을 때 혈중 페닐알라닌 농도가 상승하는 정도는 여느 단백질 음식을 먹었을 때와 비슷한 수준이다. 어린아이가 감미료 정제를 100개쯤 삼킨 것에 해당하는 많은 양을 먹더라도 혈중 페닐알라닌 농도는 위험한 수준까지 오르지 않는다. 페닐케톤뇨증 아이들도 마찬가지이다. 아스파탐의 또 다른 분해산물인 아스파트산에 대해서도 그간 엄밀하게 조사가 되었다. 극단적으로 많은 양의 아스파트산을 영장류에게 먹인 결과, 혈중 농도는 크게 치솟았지만 손상은 전혀 없었다. 사람은 그보다 많은 양이 몸에 들어와도 빠르게 빠져나갔다. 더구나 아스파탐이 든 음식을 먹거나, 아스파탐으로 단맛을 낸 음료를 4시간에 3잔의 속도로 많이 마시더라도 혈중 아스파트산 농도는 증가하지 않았다.

급성 독성이나 페닐케톤뇨증 환자들에 대한 걱정 말고 어떤 다른 문제가 있을까? 아스파탐이 엄격한 규제를 따름에도 불구하고 시판 식품첨가물들 가운데 가장 분분한 논란을 일으키는 까닭은 무엇일까? 그것은 인터넷에 홍수처럼 쏟아지는 잘못된 주장들이 사람들의 우려를 부추긴 탓이 크다. 그런 웹사이트들은 아스파탐을 악마처럼 묘사한다. 암, 심장질환, 우울증, 두통, 발작, 시각 장애, 다발성경화증, 파킨슨병, 탈모, 심지어 남성들의 가슴 확대까지 온갖 문제들의 원인으로 아스파탐을 지목한다. 그런 현상들에는 실로 다양한 생화학이 관여하므로, 정말 그 모든 문제를 일으키는 하나의 물질이 있다면 참으로 놀라운 물질이 아닐 수 없다. 흔한 아미노산 두 개와 메탄올 약간으로 대사되는 물질이 그럴 수 있겠는가!

아스파탐을 겨냥한 고발 중에서 가장 극렬한 것은 메탄올이 방출된다는 점을 지적한 것이다. 다량의 메탄올은 실명이나 죽음으로 이어질 수 있기 때문에, 걱정 많은 비판자들은 아스파탐에서 나온 메탄올이 안전하지 못하다고 주장한다. 하지만 세상에 안전한 물질은 없다. 안전한 용량이 있을 뿐이다. 아스파탐이 든 다이어트 음료 1리터는 메탄올을 56밀리그램 내놓는다. 그 독성은 얼마나 될까? 대단치 않다. 우리가 먹는 다른 음식들에 든 메탄올 양과 비교해 보면 알 수 있다. 메탄올은 과일 주스에 자연적으로 들어 있는데, 주스 1리터당 평균 140밀리그램쯤 들어 있다. 와인도 1리터당 최대 320밀리그램쯤 메탄올을 함유한다. 이렇게 말하면 아스파탐 반대자들은 반론하기를, 주스나 와인에서처럼 에탄올 같은 다른 알코올들과 함께 메탄올을 섭취할 때는 인체의 메탄올 대사 과정이 다르다는 것이다.

그들의 논증은 다음과 같다. 메탄올 자체는 그다지 문제될 게 없는

데, 체내 효소들이 메탄올을 대사해서 폼산(포름산)이라는 독성 물질을 내놓는 게 문제다. 맞는 말이다. 그 효소들은 에탄올도 대사한다. 이것도 맞는 말이다. 그런데 효소들은 에탄올을 더 좋아하기 때문에, 혈액에 에탄올과 메탄올이 둘 다 있으면 에탄올을 먼저 처리하느라 바빠서 메탄올은 내버려둔다. 메탄올은 몸에 해를 끼치기도 전에 몸 밖으로 배출된다. 반면에 에탄올이 없으면 효소들은 메탄올을 처리하여 폼산을 내놓는다. 역시 맞는 말이다. 바로 이 폼산이 '메탄올 독성'을 유발한다. 논증이 모호해지는 것은 이 대목이다. 아스파탐을 섭취하면 혈중 폼산 농도가 높아진다는 증거가 있는가? 메탄올 관련 문헌을 샅샅이 뒤져 봐도 그런 발견은 없다. 오히려 아스파탐을 다량 섭취한 뒤에도 폼산 농도가 변하지 않는다는 것을 보여 준 데이터들은 몇 있었다. 혈중 메탄올 농도도 마찬가지이다.

사실 아스파탐은 이제껏 시판된 식품첨가물들 가운데 가장 폭넓게 조사된 물질일 것이다. 무릇 새로 도입되는 모든 물질에 대해 부작용을 고발하는 보고서가 나오게 마련이다. 왜냐하면 아무리 시험을 많이 한다고 해도 인구 중 극소수에게 일어나는 특이체질적 반응을 없앨 수는 없기 때문이다. 아스파탐은 사실 부작용 사례도 적은 편이었다. 7000만 명이 넘는 북아메리카 인구가 아스파탐을 정기적으로 먹고 있지만 불평 신고는 매년 평균 300건쯤밖에 되지 않는다. 불평의 대부분은 두통, 어지럼증, 시각 이상, 기분 변화에 관한 것이다(67퍼센트). 위장 문제(24퍼센트), 두드러기나 발진이나 붓기 등의 알레르기 증상도(15퍼센트) 보고되었다. 아스파탐 때문에 발작이 일어났다는 주장도 간혹 있다. 대부분의 경우에는 아스파탐 섭취량이 정상 수준을 훨씬 상회할 때에만 이런 문제들이 일어났다.

아스파탐에 대한 이중맹검 실험이 여럿 있었다. 설계가 가장 잘된 실험으로 듀크 대학교의 연구를 꼽을 수 있다. 연구진은 스스로 아스파탐에 민감하다고 말한 사람들에게 다량의 아스파탐을 주입하여 효과를 살펴보았는데, 그 결과 두통 횟수, 혈압, 혈중 히스타민 농도(알레르기 반응의 한 척도이다)에 있어서 실험군과 대조군 사이에 아무런 차이가 없었다.

일리노이 대학교에서 당뇨 환자들을 대상으로 한 연구를 보면, 아스파탐 군보다 위약군 피험자들이 오히려 더 많은 반응을 보였다. 한편 두통 클리닉의 의사들에게 조사한 바에 따르면, 진찰 환자들 가운데 8퍼센트가량이 아스파탐 때문에 두통을 일으킨다고 보고한 결과가 있었다. 아스파탐의 부작용을 조사한 문헌에는 이런 모순적인 데이터들이 흔하다. 개개인의 일회적인 사례들을 과학적으로 세심하게 통제하여 입증한 경우는 없었다. 물론 그렇다고 해서 문제가 가짜라는 말은 아니다. 다만 그 증상들이 아스파탐 때문이 아닐 가능성이 높다는 말이다.

우리는 쉽게 짚어 내기 어려운 온갖 이유들 때문에 심심찮게 두통이며 복통이며 통증을 앓는다. 그렇게 아플 때 어쩌다가 아스파탐을 섭취했다는 사실이 떠오르면, 그때부터는 연상작용에 의해서 자동으로 감미료가 죄인으로 낙인 찍히는 것이다. 아스파탐에 대한 악선전을 들어본 사람은 이런 생각을 하기가 더 쉬울 것이다.

이 분야에서 가장 훌륭했던 이중맹검 실험에서도 아스파탐의 효과는 확인되지 않았다. 매사추세츠 공과대학교의 폴 스피어스 박사와 그 동료들은 하루에 **청량음료**p.183 열두 캔을 마시는 것보다 많은 양에 해당하는 아스파탐을 대상자들에게 먹이고 그들의 뇌파, 기분, 기억, 행동, 생리 현상을 관찰했다. 그러나 아무 차이가 없었다. 두통, 피로, 구역질 빈도가 아스파탐 군과 위약군이 같았다. 비판자들은 이것이 업계의 지원을 받아 이뤄진 연구라는 사실에 의혹을 드리운다. 하지만 과학자들이 감미료 연구에 대한 자금을 달리 어디서 지원받겠는가? 전구 회사에서? 지원금을 받았다고 해서 반드시 그 연구자가 매수되었다고 볼 수는 없다.

아스파탐의 부작용을 확인한 연구도 몇 있긴 하다. 민감한 사람들이 아스파탐 때문에 두드러기나 붓기 같은 알레르기 증상을 보일 수 있음을 확인한 연구가 적어도 하나 존재한다. 알레르기가 왜 생기는지는 불명확하다. 아스파탐의 구성요소 중에는 알레르기 반응을 일으킨다고 알려진 성분이 없기 때문이다. 아스파탐이 분해될 때 생기는 다이케토피페라진이라는 화합물이 원인일지도 모른다는 제안이 있는데, 그렇다면 몇몇 소비자들이 느끼는 부작용이 사실인 셈이다. 아무 탈도 없는데 괜히들 수선이라고 치부하기에는 너무 말들이 무성하니까 말이다.

하지만 베티 마티니 같은 작자들의 말을 들으면, 이건 수선을 넘어서 숫제 활활 타오르는 대화재 격이다. 참, 마티니 '박사' 라고 불러야 하나? 그녀가 웹에 쏟아내는 엄청난 양의 글에 그렇게 서명을 하니까 말이다. 마티니가 어떤 비공인 종교 단체에서 인문학 명예학위를 받은 것은 사실이나, 과학 분야의 학위는 없다. 그런데도 그녀는 이른바 '아스파탐 질병' 이 전 세계 수백만 명의 삶을 해친다고 확신한다. 마티니는 과학적으로 타당한 사실을 한 줌 내놓은 뒤, 그것을 형체도 알아보지 못할 지경으로 왜곡해서 주장한다. 그녀는 더없이 열정적이고, 자기 일의 대의를 진심으로 믿고 있다.

예를 들어보자. 마티니는 몸속의 메탄올이 폼알데하이드로 대사된다고 하는데, 이것은 맞는 말이다. 그러나 "메탄올과 폼알데하이드가 생명체 속에서 최고로 강력하게 작용하는 유기염기들이고, 그들이 중합제로 기능하여 생체조직을 플라스틱으로 바꿔 놓는다"는 어마어마한 주장은 얼토당토않은 말이다. 그녀는 또 볼티모어 오리올즈의 투수 스티브 베흘러의 사망 원인이 체중 조절을 위해 복용했던 마황 때문이라고 세간에 알려져 있지만, 실은 아스파탐 때문이었다고 주장한다. 아스파탐이 "심장을 망가뜨렸기 때문"이라는데, 증거는 전혀 없다. 참,

실리콘 가슴 보형물로 인한 문제도 실제로는 물론 아스파탐이 원인이라고 한다. 마티니에 따르면 이 문제가 한 번도 겉으로 드러나지 않은 것은 정보 제공자들이 족족 매수되었기 때문이다.

마티니 본인은 깨닫지 못하지만, 그녀의 독설적이고 선동적인 수사와 멍청한 주장은 오히려 그녀의 대의에 반하는 결과만 낳고 있다. 그녀가 '사실'이라고 말하는 것들, 실제로는 대부분 턱없는 헛소리에 불과한 내용들을 정면으로 따져보면, 그녀가 소탐대실하고 있다고 말할 수밖에 없다. 내가 볼 때 마티니는 두뇌 수선이 필요한 사람일 뿐이다. 하지만 아스파탐의 부작용에 관한 일회적인 증거들을 어마어마하게 많이 긁어 모은 사람이라는 영예는 누릴 만하다. "아스파탐이 심장 전도를 해치기 때문에 곳곳에서 운동선수들이 파리처럼 쓰러져가고 있다"는 말 등 그녀의 주장들 대부분은 하도 유치해서 쉽게 무시할 만한 것들이지만, 간혹 관심을 쏟을 만한 이야기도 있다.

아스파탐이 건강에 미치는 영향에 대하여 대부분의 연구들이 안전 판정을 내렸지만, 두통과 시각 장애와 기분 혼란을 일으킨다고 제안한 연구도 조금이나마 존재하기 때문이다. 업계의 후원을 받은 연구들은 90퍼센트가 안전성을 확인한 반면, 독립적으로 수행된 연구들의 90퍼센트는 모종의 부작용이 있을 가능성을 적시했다는 것도 눈여겨볼 만하다. 그런 연구들이 제기한 근심거리들 중에서 제일 심각한 것은 발암 가능성이다.

그런 주장을 처음 제기한 사람은 워싱턴 대학교의 존 올니 박사이다. 반 MSG 십자군을 이끄는 용사로 이미 소개했던 바로 그 사람이다. 그는 미국인들에게서 뇌 종양 발생률이 높아진 시점이 아스파탐 도입 시점과 맞물린다고 지적했다. 그러나 다른 사람들이 분석한 바에 따르면 뇌 종양 발생률은 아스파탐 도입 8년 전부터 높아지기 시작했고, 아스파탐 사용량이 고공상승하는 동안에는 오히려 평탄세를 유지했다. 이 반론에 대한 베티 마티니의 대답은 감미료 제조업체가 식품

"세상에는 분명 아스파탐을 다량 섭취하면 부작용을 경험하는 사람이 존재하겠지만, 인구 대부분에게 아스파탐은 심각한 건강 문제를 전혀 일으키지 않는다."

의약국과 연구자들을 매수했기 때문이라는 것이다. 그녀는 캘리포니아의 한 연구진이 1997년에 《국립암연구소저널》에 실은 논문을 놓고도 아마 같은 말을 할 것이다. 연구진은 19세 미만의 뇌암 환자 56명으로부터 아스파탐 섭취량 정보를 수집하여 대조군 94명과 비교했다. 그랬더니 종양 환자들이 딱히 아스파탐을 많이 섭취했다고 볼 수 없었고, 산모가 섭취한 경우에도 수유를 하든 하지 않든 아이의 뇌 종양 위험이 높아지지 않았다.

최근에 유럽 라마치니 종양학 및 환경과학 재단의 존경받는 암 연구자인 모란도 소프리티 박사가 쥐 1900마리에게 다양한 분량의 아스파탐을 평생 먹인 연구를 공표하여 암 논란을 다시 부채질했다. 그에 따르면 다이어트 음료 3리터에 해당하는 양을 매일 쥐에게 먹였을 경우, 림프종과 백혈병 발병률이 비정상적으로 높았다. 무시무시한 일이다. 하지만 그의 데이터에는 일관되지 못한 이상한 대목들이 좀 있었다. 가령 암컷 쥐들은 암에 있어서 용량 의존적 상관관계를 보이지 않았고, 제일 오래 산 쥐들 중 몇몇은 하루에 다이어트 음료 1750캔에 해당하는 엄청난 양을 복용한 녀석들이었다.

어쨌든 유럽 식품안전국 같은 규제 기관들은 소프리티의 증거를 철저히 점검하여 만에 하나라도 규제 기준을 바꿔야 할지 살펴보기로 했다. 독성학자들로 구성된 독립적인 위원회가 데이터를 재검토했다.

그들의 결론은 쥐의 백혈병 및 림프종 발병률이 높아졌다는 소프리티의 결론이 잘못 도출된 것이고, 그의 연구에 여러 방법론적 실수가 있다는 것이었다. 위원회는 아스파탐의 안전성을 더 살펴볼 이유가 없는 것 같다고까지 단언했다.

이 소식이 매체에 실릴 무렵, 미국 국립보건연구소가 수행한 연구결과도 발표되었다. 마티니 일당으로 하여금 허겁지겁 적당한 중상모략의 표현들을 찾도록 만들 만한 결과였다. 그 연구는 실로 규모가 방대했다. 1990년대 중반에 남녀 50여만 명에게 상세한 식단 설문을 작성시킨 뒤, 설문지를 바탕으로 하여 사람들의 아스파탐 섭취량을 계산해 보았다. 이후 많은 대상자들이 각종 암에 걸렸지만, 종양의 종류나 수와 아스파탐 섭취량 사이에는 아무런 연관이 없었다.

현재 사람에 대한 역학 자료 중 아스파탐을 암과 연결 짓는 증거는 전무하다. 그런 연결이 실재한다면 2007년에 《종양학연보》에 발표된 대규모 연구에서 틀림없이 밝혀졌을 것이다. 실바노 갈루스 박사가 이끈 이탈리아 연구진은 이탈리아 전역에서 13년 동안 데이터를 수집한 뒤, 암 환자들과 건강한 대조군의 감미료 섭취량을 비교했다. 그 결과, 아홉 가지 흔한 암들과 아스파탐 (그리고 다른 감미료들) 섭취량 사이에 그 어떤 연관관계도 발견되지 않았다. 우리가 또 알아야 할 점은, 아스파탐 다량 소비자 중에는 당뇨 환자들이 많은데, 이 집단에서도 감미료와 암 사이의 연관성이 확인되지 않았다는 사실이다. 세상에는 분명 아스파탐을 다량 섭취하면 부작용을 경험하는 사람이 있겠지만, 인구 대부분에게 아스파탐은 심각한 건강 문제를 전혀 일으키지 않는다.

전문가 심사 학술지인 《독성학 크리티컬리뷰》 2007년 9월호에는 기존 아스파탐 연구들을 종합적으로 검토한 조사가 실렸는데, 그 결과도 위의 견해를 지지했다. 독성학자 여덟 명으로 구성된 검토단은 아스파탐에 대한 연구 및 보고서 500여 편을 검사했다. 소프리티의 원래 연구도 포함되었고, 소프리티와 동료들이 후속으로 수행한 연구도 포함되었다. 후속 연구의 내용은 사람의 섭취량을 쥐에 맞게 환산해서 먹이면 암이 유발된다는 것이었다. 검토단은 소프리티의 실험에서 여러 방법론적 실수를 발견했고, "현존하는 증거들을 볼 때 아스파탐은 현재의 섭취 수준에서 안전하다"고 결론내렸다. 그 수준이란 체중 1킬로그램당 하루 5밀리그램쯤 먹는 것으로, 정부가 정한 최고 허용 기준인 50밀리그램보다 한참 낮다.

이 광범위한 아스파탐 연구 재검토로 논란에 종지부가 찍힐까? 어림도 없다. 반아스파탐 세력은 당장 제조사인 아지노모토가 검토단의 작업을 지원했다는 점을 걸고 넘어졌다. 그렇기 때문에 검토단의 결론을 믿을 수 없다고 그들은 말한다. 하지만 그것은 옳은 말이 아니다. 검토단 위원들은 최종 보고서를 낼 때까지 자금 출처가 어디인지 몰랐고, 아지노모토는 검토단의 구성원을 몰랐다. 그리고 아스파탐 연구 검토에 돈을 댈 의향이 있는 단체가 달리 어디 있겠는가? 자동차 회사? 아니다. 그런 검토로부터 뭔가 얻을 수 있는 단체일 것이다. 좌우간 누가 자금을 댔느냐에 따라서 연구 과정이나 발견 내용이 무효화될 수는 없다.

수크랄로스('스플렌다')는 가장 최근에 감미료 시장에 뛰어든 주자로, 판매 면에서나 논란 면에서나 아스파탐의 유력 경쟁자임을 유감없이 보여 주고 있다. 1976년에 런던 대학교 퀸엘리자베스 칼리지에서 수크랄로스가 발견된 사건 역시 우연이었다. 레슬리 휴 교수는 영국 설탕회사인 테이트 앤 라일 사와 손잡고 설탕을 새롭게 사용할 방법이 없을까 연구하던 중이었다. 휴는 대학원생 샤시칸트 파드니스에게 설탕 염화물을 만든 뒤에 시험을 해보라고 시켰다. 외국인 학생은 '시험test' 하라는 말을 '맛보라taste' 는 말로 알아들었고, 덕분에 새로 합성한 분자의 엄청난 단맛을 발견했다. 수크랄로스라는 이름을 얻은 그 분자는 어떤 물질에 더해지느냐에 따라 차이는 있지만 대략 설탕보다 600배에서 1000배 더 달았다.

수크랄로스는 물에 아주 잘 녹고, 열과 산에도 강하기 때문에, 다이어트 음료나 가열 식품에 쓰기 알맞다. 게다가 정말 달기 때문에 설탕보다 훨씬 적게 넣고도 비슷한 수준으로 단맛을 낸다. 하지만 설탕은 제빵, 제과 제품에 단맛만 주는 게 아니라 부피도 준다. 과학자들은 부피가 있는 전분질인 말토덱스트린과 수크랄로스를 섞음으로써 이 문제를 해결했다. 이 혼합물을 설탕 무게와 동일하게 대체해 넣으면 된다. 하지만 설탕이 들어가면 구웠을 때 근사한 갈색이 도는 반면, 수크랄로스로 단맛을 낸 제품은 빈혈기가 도는 듯 약간 창백하다.

당연한 말이지만, 수크랄로스도 광범위한 안전성 시험을 거쳤다. 15년 동안 장단기 동물 시험이 무수하게 이뤄졌다. 결과는 모호하지 않았다. 수크랄로스 복용량의 85퍼센트가량이 고스란히 몸 밖으로 빠져나왔고, 일부 대사가 된 소량도 그 대사산물들이 대부분 배출되었다. 수크랄로스에 든 염소 원자들은 동물의 배설물에서 고스란히 채취되었다. 이 감미료가 몸에 저장되거나 대사 경로를 방해할지도 모른다는 걱정은 근거가 없다. 수크랄로스가 설탕보다 나은 점이 하나 더 있다. 치아에 나쁘지 않다는 점이다. 인체는 수크랄로스를 분해하지 못하지만 물과 토양 속 미생물들은 이를 쉽게 분해한다. 달리 말하면 수크랄로스는 생분해 물질이라 환경에도 해를 끼치지 않는다. 물론 세상 모든 물질과 마찬가지로 수크랄로스도 누구에게나 절대적으로 안전하다고 보장할 수는 없다. 땅콩이든 사과든, 아스파탐이든 수크랄로스든, 세상 모든 음식이나 첨가물이 몇몇 사람들에게는 문제를 일으킬 수 있다. 하지만 수크랄로스에 대한 부작용은 정말로 드문 듯하다.

수크랄로스의 또 다른 특징은 뒷맛이 쓰지 않다는 것이다. 하지만 안타깝게도 몇몇 수크랄로스 광고 문구들은 쓴맛을 남긴다. “설탕으로 만들어 설탕 맛이 나요"라는 광고 문구가 있다. 수크랄로스가 다른 인공 감미료들보다 좀더 '자연적'이라는 메시지를 주려는 표현이다. 사실 자연적인 것이 곧 안전한 것은 아니지만, 지금은 그걸 지적하려는 것은 아니다. 어떤 물질이 무엇으로부터 만들어졌느냐 하는 점은 전혀 중요하지 않다. 최종 산물이 무엇이냐가 중요할 뿐이다. 물질의 성질은 원재료에 의해 결정되는 게 아니라 그 자신의 분자구조에 의해 결정된다. 예를 들어 물에서 수소 기체를 만들 수 있지만, 그렇다고 물과 수소의 안전성이 같다고 말하는 것은 어리석다. 둘은 다른 성분이다. 그처럼 수크랄로스와 설탕도 다르다. 설탕 분자에 염소 원자 세 개가 더 붙음으로써 전혀 다른 성분이 만들어진 것이다. 수크랄로스가 안전한 이유는 광범위한 시험을 통해 확인되었기 때문이지, 설탕에서 만들어졌기 때문이 아니다.

인공 감미료 전반에 대해 덧붙일 말이 하나 더 있다. 지난 수십 년 동안 인공 감미료 판매량은 극적으로 늘었는데, 비만율도 마찬가지로 늘었다. 인공 감미료가 당뇨 환자들에게 큰 도움이 될지는 몰라도 현대인의 체중 조절 문제에 대한 확실한 해답은 아닌 것이다.

인공 향미료는 과연 안전할까?

ARTIFICIAL FLAVORING

어느 딸기 아이스크림은 '천연 향미료 100%'로 만들어졌다고 몹시 자랑스럽게 포장되어 있다. 더 싼 다른 아이스크림의 성분표를 보면 '인공 향미료'들의 이름이 나열되어 있다. 아이스크림 애호가는 어느 쪽이 더 진짜 딸기맛 같다고 기대할까? 당연히 천연 향미료가 우월하겠지! 어떻게 '인공'이 진짜와 겨루겠어? 놀라지 마시라! 어쩌면 인공 딸기맛 향미료가 '천연' 향미료보다 진짜 딸기맛에 더 가까울지도 모른다. 여기에는 흥미로운 화학이 숨어 있다.

물론 진짜 딸기맛을 내는 것은 진짜 딸기뿐이다. 소비자들이 포장에서 '천연 향미료'를 찾는 이유도 그 때문이다. 하지만 그 제품들이 정말 천연 딸기의 향미를 주는 걸까? 아마 그렇지 않을 것이다. 왜 그렇게 단정할 수 있느냐 하면, 전 세계에서 팔리는 천연 딸기 향미료가 전 세계에서 재배되는 딸기에서 생산할 수 있는 양보다 세 배 정도 많기 때문이다. 그렇다면 대체 어떤 마법이 벌어지고 있는 걸까? 놀라운 대목은 지금부터다. 딸기 아이스크림에 적힌 '천연 향미료'라는 말은 모든 성분이 딸기에서 왔다는 뜻이 아니다. 그저 모든 성분이 천연 재료에서 왔다는 뜻이다. 물론 진짜 딸기즙을 사용하는 게 이상적이겠으나, 그러면 너무 비싸고, 딸기맛에 대한 전 세계 사람들의 갈망을 채우기에는 딸기 양이 충분치 못하다.

이 대목에서 향미 화학자 또는 향미 전문가가 나선다. 그들의 임무는 구하기 쉬운 천연 성분들을 섞어서 딸기의 맛과 향(향은 맛을 내는

"세계에서 팔리는 천연 딸기 향미료가 세계에서 재배되는 딸기 생산량보다 세 배 많다. 딸기 아이스크림의 '천연 향미료'는 모든 성분이 딸기에서 왔다는 게 아니라 그저 모든 성분이 천연 재료에서 왔다는 뜻이다."

데 큰 기여를 한다)을 베끼는 것이다. 진짜 딸기즙을 기본 성분으로 쓰긴 하지만, 정향 농축액이나 붓꽃뿌리 추출액 같은 다른 성분들을 더해서 딸기의 맛과 향을 전반적으로 흉내 낸다. 그 결과가 원하는 향미와 아주 가까울 수는 있지만, 절대 똑같지 않다. 똑같아질 수도 없다. 천연 딸기 향미 성분에는 300여 가지 화합물들이 들어 있고, 딸기에서 나오지 않은 천연 성분들을 아무리 섞어 봤자 그 특정 조합을 정확하게 재현할 수는 없다. 오히려 인공 또는 '합성' 성분들을 섞으면 그보다 더 가깝게 다가갈 수 있다.

인공 딸기맛을 만들려면 분석화학자, 유기합성화학자, 향미 전문가의 지식이 필요하다. 우선 분석화학자가 딸기의 향미를 구성하는 화합물들을 밝혀낸다. 엄청난 종류의 화합물들이 들어 있다는 걸 생각할 때 이것은 결코 쉬운 일이 아니다. 요즘은 현대적인 분석기기들, 특히 기체 크로마토그래피, 질량분석기, 핵자기공명(NMR) 분석기가 등장하여 일을 상당히 덜어 주고 있다. 기체 크로마토그래피는 혼합물의 구성요소를 낱낱이 분리해 내고, 질량분석기는 각 요소의 분자량을 측정하는 동시에 혼합물의 조성에 관하여 중요한 단서를 제공하고, NMR 분석기는 정확한 분자구조를 밝혀 준다. 일단 어느 화합물의 존재가 확인되면, 이제 유기합성화학자가 나설 차례다. 그들은 석유나 동식물에서 유도한 단순한 원재료들로 목표 화합물을 합성하려고 노력한다. 합성에 성공할 경우, 그렇게 만들어진 화합물은 진짜 딸기에서 얻은 것과 어느 면에서도 차이가 없다.

예를 들어, 메틸 뷰타노에이트는 천연 딸기맛을 지배하는 화합물이다. 실험실에서 메탄올과 뷰티르산을 써서 쉽게 만들 수 있지만, 규제에 따라 그렇게 만든 물질은 '합성' 혹은 '인공' 메틸 뷰타노에이트라고 표기되어야 한다. 실제 딸기에서 추출한 것과 어느 모로 보나 같은데도 말이다. 이론적으로는 딸기 향미를 구성하는 300여 가지 화합물 각각을 합성해서 적절한 양으로 섞음으로써 진짜 딸기맛을 완벽하게 재현할 수 있다. 그렇게 만든 것은 맛과 안전성이 진짜 딸기 추출물과 똑같겠지만, 그래도 여전히 '인공' 물질로 불릴 것이다. 그리고 딸기맛에 관여하는 모든 화합물을 합성한다는 것은 가공할 만한 일이고, 나아가 불필요한 일이다. 왜냐하면 전체적인 향미에 크게 기여하는 화합물은 개중에서도 몇 가지에 불과하기 때문이다.

그렇다면 그중에서 제일 중요한 것들만 골라서 인공 향미를 만들면 되지 않을까? 그래서 향미 전문가가 등장한다. 그들은 유기화학자가 합성한 수백 가지 순수 화학물질을 선반에 줄줄이 진열해 두고, 분석화학자가 딸기의 향미에 크게 기여한다고 확인했던 열에서 스무 가지 성분을 그 속에서 골라낸다. 이제 예술과 과학이 섞이기 시작한다. 향미 전문가는 여러 화합물을 냄새 맡고, 맛 보고, 섞고, 더하고, 빼고, 바꿔서, 그럴싸한 딸기맛을 탄생시킨다. 이 '인공' 딸기맛은 진짜 딸기에 존재하는 화합물들로 구성된 것이지만, 그래도 신선한 딸기와 꼭 같은 향미를 내진 못한다. 맛이란 무수한 화합물들이 어우러진 교향곡이고, 대개의 화합물들은 소량으로 미묘한 기여를 하기 때문이다.

향미 전문가가 자기 발명품에 완전히 만족하지 못한다면, 실제 딸기에는 들어 있지 않은 화합물을 더해서 맛을 개선할 수 있다. 여러 음식의 맛을 낸다고 알려진 6000여 가지 화합물 중에서 고를 수도 있고,

자연에 존재하지 않는 향미를 내는 합성물 중에서 고를 수도 있다. 가령 3-메틸 2-뷰틸에타노이트는 자연에 존재하지 않는 물질이지만 틀림없이 과일맛이다. 이 성분은 과일맛 껌을 만들거나 다른 향미를 증진하는 데에 쓰인다.

인공 향미 성분들에 (또는 천연 성분들에) 아무런 부작용이 없다고 보장하기는 불가능하다. 하지만 향미 전문가들이 활용하는 화합물은 보건당국의 다양한 심사를 거쳐서 '일반적 안전 판단'(GRAS) 기준을 통과한 것이므로 안심해도 좋다. 마지막으로 우리가 기억할 점이 있다. 인공 향미료는 가공식품에 주로 사용되는데, 가공식품을 주식으로 삼아서 영양 섭취를 해서는 안 된다. 우리 혀의 맛봉오리는 신선한 복숭아 주스에 든 감마운데카락톤과 복숭아맛 음료에 든 합성 감마운데카락톤에 똑같이 반응하겠지만, 영양 면에서 분명히 주스가 더 나은 선택이기 때문이다.

독을 막는 독, 가공식품 속 아질산염

매년 미국 독립기념일이면 뉴욕 코니아일랜드의 네이선 핫도그 매장 앞에 3만 명이 넘는 관중이 몰려들어, 세계 제일의 '많이먹기' 대회에 출전한 참가자들을 열띠게 응원한다. 2006년에 관중은 당시 챔피언이었던 고바야시 다케루가 12분 만에 소시지와 빵을 53개 하고도 4분의 3개를 집어삼켜 자신의 세계기록을 깨는 광경을 넋놓고 바라보았다. 미국의 조이 체스트넛이 제한된 시간 내에 핫도그 52개를 먹는 눈부신 기록을 세우며 바짝 추격했으나, 고바야시는 도전을 물리쳤다. 10여 명의 다른 참가자들은 핫도그 스무 개 남짓을 가까스로 채워 넣었다. 그런 기록적인 업적을 달성하려면 1년 내내 핫도그 삼키는 훈련을 해야 할 게 분명하다. 과학계도 미식계의 이 극단적 묘기에 주목했다. 먹기대회 선수들은 특별한 실험군이기 때문이다. 그들은 보통 사람에 비해 아질산염을 수십 수백 배 더 많이 섭취한다. 이 식품첨가물을 둘러싸고 논란이 있음을 감안할 때, 먹기대회 챔피언의 건강 상태를 면밀히 점검해 볼 가치가 있을 것이다.

인류가 아는 가장 치명적인 물질로 보툴리누스 독소가 있다. 클로스트리디움 보툴리눔이라는 박테리아가 분비하는 그 성분은 코브라 독보다 700만 배 강력하다. 독소는 신경전달물질인 아세틸콜린의 작용을 막음으로써 희생자를 무너뜨리는데, 증상은 복시(이중시야)나 음식을 삼키지 못하는 현상부터 마비와 죽음에까지 이른다. 이 박테리아

"인류가 아는 가장 치명적인 독소 보툴리누스는 코브라의 독보다 700만 배 강하다. 소시지는 이 물질을 내는 박테리아가 살기 쉬운 조건을 갖춘 식품이다."

의 포자는 식품에 잠복해 있다가, 적절한 조건이 갖춰지면(산소가 없고 산성이 낮은 환경) 살아나서 독소를 낸다. 소시지는 이 균의 영향을 받기 쉬운 조건을 갖춘 식품이다. '보툴리누스' 라는 말 자체가 라틴어로 '소시지' 라는 뜻의 '보툴루스' 에서 왔다.

다행히도, 보툴리누스 중독은 아질산나트륨을 써서 예방할 수 있다. 이 발견은 우연히 이뤄졌다. 소금을 사용하는 식품 보존법은 고대부터 이어져 온 관행인데, 그 원리는 염화나트륨이 박테리아의 수분을 빼앗아서 균을 죽이는 것이다. 약 500년 전, 어느 똑똑한 요리사가 소금의 공급원에 따라 육류 보존력이 달라진다는 사실을 눈치챘다. 보존력이 뛰어난 소금은 고기의 맛과 색도 더 좋게 했다. 알고 보니 비밀은 소금에 불순물로 섞인 질산칼륨에 있었다. 흔히 초석이라고 불리는 물질이다(화약 제조의 주원료이다). 더 정확하게 말하면, 진짜 비밀은 질산염이 아니라 아질산염이다.

고기 속의 어떤 박테리아들은 소금에 잘 견디고, 질산염을 아질산염으로 바꾸는 능력이 있다. 곧 식품 가공업자들은 아질산나트륨을 직접 보존제로 쓰는 게 더 효과적이라는 사실을 깨달았다. 이야기가 좀 복잡해지지만, 보존력을 발휘하는 성분은 사실 아질산염이 아니라 그 분해산물인 산화질소이다. 보존 처리한 육류 특유의 불그스레한 분홍빛을 내는 것도, 고기 맛을 좋게 하는 것도 산화질소이다. 산화질소는 고기 색을 내는 화합물 중 하나인 미오글로빈과 반응해서 분홍색의 나

"최근에 스웨덴에서 수행한 조사를 보면, 가공 육류를 일 주일에 세 번 이상 먹은 사람들은 1.5회 미만으로 먹은 사람들에 비해 위암 발병률이 현저하게 높았다."

이트로소미오글로빈이 된다. 그러면 미오글로빈 속 철 원자가 지방의 산화를 촉매하지 못하게 되는데, 고기가 상하는 게 바로 지방 산화 때문이다. 그 산화질소가 보툴리누스를 만드는 박테리아도 죽인다. 문제는 아질산염이 박테리아만 괴롭히는 게 아닐지도 모른다는 점이다.

식품첨가물로 사용되는 비교적 소량의 아질산염이 몸에 나쁠지도 모른다는 걱정은 1960년대에 등장했다. 아질산염으로 보존한 생선을 쓴 사료를 소에게 먹였더니 소들이 간 질환으로 죽는 것을 과학자들이 알아챘다. 문제를 추적해 보니, 범인은 생선에 자연적으로 존재하는 아민이 아질산나트륨과 화학반응을 일으켜 만든 나이트로스아민 화합물이었다. 나이트로스아민은 발암 가능성이 있을지도 모르는 물질이라, 사람이 먹는 식품에도 그것이 들어 있을까 우려가 들었다. 연구자들이 아질산염 처리된 다양한 식품들을 검사한 결과, 실제로 특정 조건에서는 나이트로스아민이 형성되었다. 구운 베이컨, 특히 '바삭바삭할 정도로' 튀긴 베이컨에는 틀림없이 이 화합물이 들어 있었다. 핫도그도 마찬가지였다. 그리고 모두를 깜짝 놀라게 만든 것은, 맥주 역시 오염되어 있다는 사실이었다. 대체 어떻게?

육류의 경우에는 미스터리랄 것도 없다. 단백질이 조리 중에 분해되면 아민이 생기고, 그것이 아질산염과 반응하여 나이트로스아민이 된다. 하지만 맥주의 경우에는 조사가 좀 필요했고, 결국 맥아를 불꽃

건조시키는 과정이 문제라는 게 밝혀졌다. 뜨거운 공기에서 질소와 산소가 반응하여 여러 종류의 산화질소 화합물이 만들어졌고, 그것들이 맥아 속 아민과 반응하여 나이트로스아민을 냈던 것이다. 다행스럽게도 맥주 제조업자들은 맥아가 불꽃과 직접 닿지 않도록 건조 과정을 바꿀 수 있었다.

한편 보존 육류 속에서 나이트로스아민 형성을 억제하는 일은 좀 더 어려운 과제였다. 결국 가공업자들은 아스코르브산(비타민 C)이나 그와 유사한 물질인 에리토르브산을 더하기 시작했다. 이 화합물들이 산화질소와 아민의 반응을 방해하기 때문이다. 이들은 또 아질산염이 산화질소로 바뀌는 것을 촉진함으로써 아질산염의 보존력을 향상시키고, 따라서 아질산염을 덜 쓰도록 해준다. 최근에는 식품 속 아질산염 함량이 지속적으로 낮아져서 현재 대부분의 가공식품에는 100ppm 미만이 들어 있다.

우리 몸속에서 나이트로스아민이 형성되는가 하는 점도 문제였다. 우리는 음식에서 아질산염과 아민을 둘 다 섭취하므로, 이들이 산성인 위산과 결합하여 발암물질을 낼 가능성이 없지 않다. 역학조사를 볼 때 이것이 이론적 가능성만도 아닌 듯하다. 최근에 스웨덴에서 수행한 조사를 보면, 가공 육류를 일주일에 세 번 이상 먹은 사람들은 1.5회 미만으로 먹은 사람들에 비해 위암 발병률이 현저하게 높았다. 가공 처리하지 않은 육류로 만든 햄버거, 가금류, 생선은 상관관계를 보이지 않았다.

아질산염에 관해 살펴볼 점이 하나 더 있다. 사실 우리가 섭취하는 아질산염은 대부분이 가공식품에서 오는 게 아니다. 양상추, 시금치, 비트, 셀러리 같은 채소들에 널리 질산염이 들어 있고, 이것이 체내 효소들에 의해 아질산염으로 바뀐다. 식품첨가물 형태의 아질산염은 섭취 총량의 10퍼센트쯤에 불과하다. 하지만 샐러드에 든 질산염을 걱정하기 전에, 채소를 먹으면 발암 위험이 낮아진다는 역학 연구가 수없이 많다는 점을 명심하자. 채소에 자연적으로 존재하는 질산염의 위험이 얼마나 되든, 역시 채소에 든 다양한 항암물질들로 인한 편익이 그것을 한참 뛰어넘는다.

가공식품에 첨가물로 사용된 아질산염이 체내에서 생성된 아질산염보다 더 걱정거리인 까닭은 그것이 더 농축된 형태로 위에 들어오기 때문이다. 하지만 아질산염 첨가물이 건강에 어떤 영향을 미치는지 확실하게 알고 싶다면, 아질산염 대량 소비자를 조사해 볼 필요가 있다. 그러니까 핫도그 많이먹기 대회 참가자들을 몇 년 동안 면밀하게 추적해 보면 좋을 것이다. 그들이 소시지를 뜯어서 입에 우겨 넣고, 물에 적신 빵을 연신 쑤셔 넣어 음식물을 목으로 넘기는 것을 관찰하면, 우리에게 또 한 가지 좋은 점이 있을지도 모른다. 그 기괴한 광경에 핫도그에 대한 입맛이 싹 달아나 나이트로스아민 섭취를 줄이게 될 테니까 말이다.

과일을 보존하는 좋은 방법

PRESERVING FRESH FRUIT

아황산염은 와인이 상하는 것을 막는다. 덕분에 우리는 한겨울에도 포도를 씹을 수 있다. 아황산염은 피자 빵이 바삭바삭하도록 만들어 주고, 건조 과일을 보존해 준다. 하지만 아황산염은 천식 환자들에게 고난을 안기고, 드물긴 하지만 그들을 죽일 수도 있다. 아황산염은 식품 및 음료 가공에 널리 쓰이는 화학물질로서, 그것이 내놓는 이산화황은 여러 기능이 있는 반응물질이다.

이산화황은 기원전 8세기에 호메로스가 쓴 글에서 처음 등장했다. 그 저명한 그리스 시인은 황을 태워서 집안의 해충을 몰아낼 수 있다는 말을 했다. 호메로스가 이야기한 해충이 무엇이었는지는 모르겠지만, 황을 태울 때 생기는 이산화황 기체가 무척 역겨운 것은 사실이다. 성냥이 탈 때 나는 갑갑한 냄새를 맡아 본 적이 있다면 내 말뜻을 알 것이다. 이 기체가 고농도라면 자극적인 것을 넘어서 사람과 동식물과 미생물에게 치명적일 수도 있다. 고대 로마인들이 이산화황을 식품 가공 도우미로 처음 쓰기 시작한 이유도 와인에 증식하는 못된 미생물을 없애기 위해서였다. 물론 당시 사람들은 미생물에 관해 아무것도 몰랐다. 하지만 우리는 이산화황 처리법이 어떻게 도입되었는지 짐작할 수 있을 것 같다.

와인이 '맛이 가는' 것을 알리는 전형적인 증상은 시거나 톡 쏘는 맛이 나는 것이다. 범인은 박테리아이다. 녀석들이 와인에 든 당, 말산, 에탄올로부터 젖산이나 아세트산을 만들어 내기 때문이다. 이 박

“많은 채소들이 ‘효소 갈변’ 현상을 겪는다. 사과나 감자나 양상추 자른 것이 고전적인 사례들이다. 그래서 한때 식당들은 샐러드바에 아황산염 희석액을 분무기로 뿌리곤 했다.”

테리아들은 단맛에 이끌리는 과일파리들을 몰고 다닌다. 아마 고대의 어느 현명한 양조가가 발효통 위에 파리가 많이 윙윙거릴수록 와인이 상하기 쉽다는 사실을 알아차렸을 것이다. 황을 태우면 해충을 몰아낼 수 있다는 것을 알았기에 그는 와인통에 황 연기를 쐬어 보았을 테고, 그래서 고품질의 와인을 얻었을 것이다. 이후 사람들은 즐거운 마음으로 와인에 이산화황 처리를 해왔다. 모든 와인이 이런 식으로 처리되는 것은 아니지만, 이산화황에 부작용이 있는 사람들에게는 어차피 그 사실도 위안이 되지 못할 것이다. 자연적인 발효 과정에서도 이산화황이 생성되기 때문이다.

와인 저장고를 이산화황으로 훈증하는 기법은 고대 로마인들이 생각했던 것보다 훨씬 많은 면에서 유용했다. 현대 화학의 도움을 받는 우리는 이산화황이 와인에서 몹쓸 박테리아를 억제하는 것 이상의 일을 한다는 것을 안다. 이산화황은 와인에 녹은 산소와 반응하여 황산염을 만든다. 이것은 아주 바람직한 일이다. 왜냐하면 와인을 식초로 만드는 박테리아들 중 일부는 이산화황에 내성이 있는데, 그런 녀석들이라도 에탄올을 아세트산으로 바꾸려면 산소가 있어야 하기 때문이다. 산소가 없으면 아세트산이 안 만들어진다. 설령 박테리아가 없더라도 산소는 그 자체로 문제다.

산소는 에탄올을 산화시켜서 아세트알데하이드로 만들 수 있고,

아세트알데하이드가 또 산소와 반응하면 아세트산이 생긴다. 이산화황은 산소를 박멸할 뿐 아니라, 아세트알데하이드와 반응하여 화합물을 형성함으로써 아세트산으로 바뀌지 못하게 막는다. 아세트알데하이드가 내는 '상한 듯한' 맛도 줄여 준다.

당을 발효시켜 알코올로 만들려면 효모가 꼭 필요하지만, 효모 중에는 와인을 오염시켜 상한 맛을 내는 나쁜 녀석들도 있다. 이산화황은 이런 효모들도 통제한다. 그런데 효모가 어떻게 와인에 들어갔을까? 언젠가 포도 1톤을 조사해 본 결과, 그 속에는 먼지 3킬로그램, 생쥐 둥지 하나, 꿀벌 147마리, 말벌 98마리, 집게벌레 1014마리, 개미 1833마리, 매미충 1만 899마리, 그리고 온갖 종류의 새똥이 들어 있었다. 어째서 이산화황의 살균 성질이 여러모로 유용한지 이해가 가고도 남는다.

이야기는 아직 끝나지 않았다. 포도액에는 페놀이 담겨 있는데, 포도가 으깨질 때 배출되는 효소들이 페놀과 반응하면 갈색 색소가 생겨서 와인 색을 망친다. 이산화황은 이 효소들도 비활성화한다. 포도 외에도 많은 채소들이 이런 '효소 갈변' 현상을 겪는다. 사과나 감자나 양상추 자른 것이 고전적인 사례들이다. 그래서 한때 식당들은 샐러드 바에 아황산염 희석액을 분무기로 뿌리곤 했다. 지금은 그런 관행이 사라졌다. 왜냐하면 몇몇 사람들이, 거의 대부분 천식 환자들인데, 아황산염에 노출되었을 때 알레르기 반응을 겪는다는 사실이 알려졌기 때문이다.

어느 불운한 여성은 아황산염 용액에 담갔던 **감자튀김**p.296을 먹고 죽다 살아났다. 그녀는 자기가 아황산염에 민감하다는 것을 알고 있었기 때문에 아황산염이 들었다고 표기된 와인이나 식품을 피해 왔지만, 식당의 감자튀김에서 그 물질을 섭취하게 될 줄은 꿈에도 몰랐다. 다행히도 병원에서 즉시 아드레날린 처치를 받았기에 그녀는 목숨을 건

"아황산염은 명백히 유용한 화학물질이다. 하지만 식품첨가물로 승인 받은 물질들 가운데 유일하게 직접 죽음을 일으킬 수도 있는 물질이다."

졌다. 한편 여러 번 아황산염을 끼얹어 '신선하게' 만든 샐러드바에서 과카몰리를 먹었던 한 소녀는 운이 좋지 못했다. 응급대원들은 쓰러진 소녀를 소생시키지 못했다. 천식환자의 약 5퍼센트, 혹은 북아메리카 인구 중 100만 명 정도가 아황산염에 민감하다는 추산이 있고, 아황산염으로 인한 사망 사례는 20건쯤 보고되었다.

샐러드바에 아황산염을 뿌리는 행위는 이제 법적으로 금지되었지만, 여전히 많은 식품에 아황산염이 들어간다. 아황산염은 식품가공상의 다양한 요구들을 다 만족시키는 멋진 도구라서 다른 것으로 대체하기가 쉽지 않다. 아황산염은 건조과일 보존에 쓰이고, 저장고의 포도를 썩지 않게 하고, 새우에 '검은 반점'이 생기지 않게 하고, 채소의 갈변을 막아 주는 것은 물론 밀에 들어 있는 단백질인 글루텐의 구조를 바꿈으로써 밀가루의 제빵 성질을 향상시킨다.

아황산염은 명백히 유용한 화학물질이다. 하지만 식품첨가물로 승인 받은 물질들 가운데 유일하게 직접 죽음을 일으킬 수도 있는 물질이다. 물론 자연에 존재하는 천연 화합물 중에는 그런 범죄 능력이 있는 녀석들이 꽤 있다. 세상에는 땅콩, 갑각류, 참깨, 기타 숱한 물질에 대해 목숨이 위태로울 정도로 민감한 사람들이 있고, 그들이 그런 식품을 피하는 법을 익히며 살아가야 하듯이, 아황산염에 민감한 사람들은 어디에 이 물질이 잠복하고 있는지 배워야 한다. 앵두, 사우어크라우트, 크래커, 감자튀김, 그리고 세상에, 와인조차 그런 식품이니까 말이다.

프로피온산염도 각종 빵, 과자 제품에 들어간다. 그 역할은 곰팡이를 막아 주는 것이다. 곰팡이는 보기 흉한 초록 반점을 만들 뿐 아니라, 어떤 종류는 몹시 위험한 화합물도 낸다. 그래서 우리는 프로피온산 칼슘 같은 보존제를 빵에 넣는다. 보존제는 곰팡이 증식은 막고, 효모 증식은 허락한다. 프로피온산 칼슘의 역할은 그뿐만이 아니라, 빵에 '로프'가 형성되는 것도 막아 준다. 밀가루에는 바실루스 메센테리쿠스 같은 박테리아의 포자가 들어 있을 때가 있다. 빵이 부풀 때처럼 습하고 따스한 환경에서 그것들이 발아하기 시작하는데, 사람에게 해롭지는 않지만, 빵 반죽의 질감을 변화시켜서 노란 끈(로프) 같은 덩어리진 부분을 만들기 때문에 빵이 맛이 없어진다. 프로피온산염은 그런 현상을 방지한다.

프로피온산염을 먹어도 안전할까? 물론이다. 식품 제조업자들은 아무 화학물질이나 마구 제품에 집어넣는 게 아니다. 첨가물에 대한 규제는 엄격하다. 어떤 성분을 일반적으로 사용해도 좋다는 승인을 받으려면 편익은 크고 위험은 사소하다는 사실이 뚜렷하게 입증되어야 한다. 프로피온산염의 경우에는 안전성을 증명하기가 어렵지 않다. 이 화합물은 늘 우리 몸속에 돌아다니고 있고, 그것들이 다 빵에서 온 것도 아니다.

장 속의 박테리아들이 과일이나 채소나 곡물의 소화불능 부분인 섬유소를 먹고 여러 화합물을 내놓는데, 그때 프로피온산도 나와서 혈류로 흡수된다. 해롭기는커녕, 프로피온산 같은 단쇄 지방산이 **대장암** p.296 위험을 낮춘다는 연구가 있다. 어쩌면 그밖의 소화관 질병들도 덜어 줄지 모른다고 한다.

프로피온산염은 자연 식품 속에서도 생긴다. 스위스 치즈가 좋은 예이다. 스위스 치즈의 독특한 질감과 맛은 초기 배양체에 프로피오니 박테르 스헤르만니이 같은 박테리아 종이 들어 있기 때문이다. 이 박테리아는 지방의 일부를 분해하여 이산화탄소 기체를 생성하는데, 스위스 치즈에 구멍이 송송 뚫리는 것은 그 때문이다. 그 박테리아가 프로피온산도 만들고, 프로피온산이 스위스 치즈 특유의 견과류 풍미를 낸다. 스위스 치즈는 무게의 1퍼센트쯤이 프로피온산이라, 빵에 보존제로 사용되는 양보다 월등하게 많이 든 셈이다. 이렇게 여기저기 프로피온산이 넘치니까 우리 피와 땀 속에도 들어 있는 게 당연하다. 그러니 프로피온산 걱정에 진땀을 흘리진 말자. 아무런 해가 없으니까 말이다. 물론 곰팡이에게는 다르겠지만.

바이러스로 음식을 보존한다고?

PRESERVING with VIRUSES

바이러스는, 쉽게 말해서, 성가신 작은 생물체들이다. 바이러스는 생물학적으로 비교적 단순하다. 약간의 유전물질이 단백질 껍질에 둘러싸인 형태일 뿐이다. 바이러스는 번식할 수 있다. 번식 능력은 살아 있는 생물이 반드시 갖춰야 할 특징이지만, 그렇다고 바이러스를 생물로 분류할 수 있는가 하는 점에 대해서는 논란이 있다. 왜냐하면 바이러스는 제 스스로 번식하지 못하기 때문이다. 대신에 바이러스는 살아 있는 세포에 솜씨 좋게 침투한 뒤, 세포의 번식 장치에 제 유전물질을 삽입함으로써 세포로 하여금 바이러스들을 찍어 내게 만든다.

바이러스가 정도를 넘어 쌓여 가면 숙주 세포는 손상되거나 죽는다. 그래서 병에 걸린다. 어떤 종류의 병일까? 그것은 바이러스에 따라 다르다. 어떤 바이러스들은 조금 귀찮은 정도로만 우리를 괴롭힌다. 사마귀, 감기, 수두처럼 비교적 무해한 상황을 일으키기도 한다. 하지만 어떤 바이러스들은 천연두, 광견병, SARS(급성호흡기증후군), 자궁경부암, AIDS 같은 병을 일으켜 건강한 몸을 초토화시킨다.

그렇다면 미국 식품의약국(FDA)이 **핫도그**p.223나 냉육 같은 육류 가공품에 바이러스 혼합물을 뿌려도 좋다고 승인했을 때, 응당 눈살을 찌푸리는 사람들이 있지 않았을까? 사실 눈살을 찌푸린다는 표현으로는 부족할 정도였다. 이미 FDA를 공공의 적으로 규정해 놓은 몇몇 활동가들은 식품에 바이러스를 더하게 될지도 모른다는 전망에 광적으로 흥분했다. 그들은 성토했다. 유전자 조작만으로도 충분히 끔찍했는데, 이제 FDA는 식품 안전에 있어서 조심성일랑 헌신짝처럼 내팽개치려 하는가! 과연 그들의 주장은 옳을까?

세상에는 이런 바이러스가 있는가 하면 저런 바이러스도 있다. 어떤 바이러스는 인체 세포를 감염시키고, 어떤 바이러스는 박테리아만 공격한다. 이것이 사태의 핵심이다. FDA가 승인한 '바이러스 혼합물'은 오직 박테리아에만 침투한다. 구체적으로 말하자면 리스테리아 모노시토게네스라는 참으로 못된 박테리아만 공격한다. 수술실에 세균이 없어야 한다는 사실을 처음 깨달은 영국 의사 조지프 리스터의 이름을 딴 이 박테리아는 가끔 우리가 먹는 식품에 들어 있고, 그럴 경우 우리에게 커다란 곤란을 안긴다. 이 박테리아는 토양과 초목에 잠복하고 있다. 그러니 그들이 동물이나 사람의 몸속으로 어떻게 들어오는지는 짐작할 만하다. 살균하지 않은 우유, 연성 숙성 치즈, 날생선이나 훈제 생선, 익히지 않은 핫도그, 냉육, 날채소 등에 리스테리아균이 숨어 있을 수 있다.

이 미생물은 인체를 감염시킨 뒤에 상당히 고약하게 굴곤 한다. 운 좋은 사람은 독감과 비슷한 증상들, 즉 열, 두통, 구토, 복통, 설사 정도만 겪고 낫기도 하지만, 운 나쁜 사람은 박테리아가 혈류로 들어가서 패혈증을 일으키거나, 뇌나 척수로 들어가서 뇌수막염을 일으킬 수도 있다. 항생제를 적절히 처방하지 않으면 치명적일 수도 있는 증상들이다. 어린아이, 노인, 면역력이 약화된 사람, 임산부가 가장 취약하다. 임신 초기에 리스테리아증에 걸리면 유산이나 사산할 수 있다. 그래서 임산부에게 저민 포장 육류 같은 음식을 멀리 하라고 권한다. 설상가상으로 감염 피해자들은 자기 병을 음식과 쉽게 연관짓지 못한다. 리스테리아증의 증상들은 오염된 제품을 먹은 날에서 하루 이틀 뒤부터 석 달 뒤까지 언제든 대중없이 나타나기 때문이다. 더군다나 리스테리아균은 보기 드물게 냉장 온도에서도 잘 증식하는 종류이다.

그러니 식재료 속 리스테리아균을 통제하는 것은 몹시 중요한 일이다. 채소를 잘 씻어 먹고, 육류 제품을 철저하게 익히고, 멸균처리하지 않은 우유를 피하면(생우유가 몸에 좋다는 근거 없는 주장은 잊어라) 문제를 상당히 예방할 수 있지만, 그것만으로 위험을 다 피할 수는 없다. 포장된 채 팔리는 칠면조나 닭고기를 씻어서 쓸 수는 없는 것 아닌가. 바이러스는 바로 이럴 때 도움이 된다. 구체적으로 말하면 박테리오파지라는 바이러스가 도움이 된다.

박테리오파지라는 이름은 이 바이러스의 발견자인 펠릭스 데렐이 지은 것으로, 그리스어로 '먹다'를 뜻하는 단어인 '파게인'에서 왔다. 몬트리올 태생인 데렐은 오늘날 박테리오파지의 발견자로 인정 받고 있지만, 박테리아를 먹는 이 미생물을 처음 목격한 사람은 사실 그가 아니었다. 일찍이 1896년에 영국 의사 E. 핸베리 행킨이 갠지스 강물을 고운 사기 여과기에 거른 뒤, 그 여과액에 항박테리아 성질이 있다는 사실을 알아냈다. 그로부터 약 20년 뒤에 미생물학자 프레더릭 트워트는 박테리아 배양액을 파괴하는 미생물을 분리하는 데 성공했다. 그러나 그래 놓고도 연구를 계속하지 않았다.

펠릭스 데렐은 놀랍게도 제도권 교육을 전혀 받지 못했다. 어찌어찌 자기 집에 실험실을 차렸고, 독학으로 공부해서 미생물학자가 되었다. 데렐의 관심사는 다채로웠다. 썩어 가는 과일로 값싸게 위스키를 만들 수 있는 효모 균주를 개발하는 일도 했다. 그가 최고의 발견을 해낸 것은 파리의 파스퇴르 연구소에서 자원 연구자로 일하던 때였다. 그가 맡은 임무는 당시 프랑스 기병대대에 마구잡이로 번지던 이질을 조사하는 것이었다.

데렐은 이 병이 정확하게 어떻게 번지는지 몰랐지만, 아마도 배설물을 통해서일 것이라고 추측했다. 그는 병사들에게서 배설물 샘플을 얻은 뒤, 그것을 미세한 구멍들이 난 여과기에 놓고, 그 위로 물을 흘렸다. 여과액에 모종의 감염인자가 있는지 보려는 것이었다. 데렐은 결과에 놀랐다. 여과액에 감염성 물질은 없었지만, 그것을 박테리아 배양액과 섞으면 군데군데 투명한 반점들이 생겼다. 그것은 박테리아가 파괴된다는 의미였다. 데렐은 후에 이렇게 회상했다. "나는 왜 그런 투명한 점들이 생기는지 당장에 깨달았다. 그것은 보이지 않는 미생물이었다…… 박테리아에 기생하는 바이러스였다."

데렐은 이 기생 바이러스를 분리해 냈고, 이들을 써서 사람과 동물의 박테리아 감염을 치료할 수 있으리라고 제안했다. 한편 파스퇴르 연구소에서 데렐과 함께 일했던 기오르기 엘리아바는 이 연구가 초반에 어느 정도 성공을 거두는 것을 보고 고국 그루지야로 돌아가서 '박테리오파지' 연구소를 세웠다. 데렐도 힘을 보탰다. 엘리아바 연구소는 파지 요법에서 선구적인 기관으로 자랐고 많은 연구를 해냈지만, 서구에서는 그 업적이 거의 무시되었다. 어쨌든 이제 우리는 박테리오파지 용액을 써서 리스테리아증의 확산을 막을 수 있다. 사람 세포에는 박테리오파지에 대한 수용체가 없기 때문에 사람은 감염되지 않는다. 사실 우리는 항시 박테리오파지에 노출되어 살고 있다. 박테리오파지는 박테리아가 있는 곳이면 어디든, 흙이든, 물이든, 식품이든 곳곳에 들어 있다. 이 바이러스의 단백질이 우리에게 알레르기를 일으킬지도 모른다거나 이 바이러스가 장내 유용한 박테리아들에게까지 영향을 미칠지도 모른다는 우려가 있지만, 다 이론적인 걱정에 불과하다. 반면에 현실에서는 북아메리카에서만 매년 500여 명이 리스테리아증으로 죽는다. 박테리오파지 처리법은 그 희생을 줄일 수 있다. 자, 바이러스라고 다 몹쓸 존재는 아닌 것이다.

방사선 식품은 위험하지 않다

NO DANGER
RADIATION

그것은 물론 홍보용 구경거리였다. 그래도 시사점이 있는 광경이긴 했다. 텍사스 소재 세이덱스 사의 회장인 데이비드 코빈이 시금치 요리를 먹으려고 앉은 자리 옆에는 기자들과 사진가들이 있었다. 잠깐, 그것은 평범한 시금치는 아니었다. 그 이파리들에는 당시 2006년에 발생한 악명 높은 시금치 오염 사건으로 전 세계의 시금치 소비자들을 두렵게 했던, 대장균 O157:H7라는 무시무시한 박테리아가 수백만 덩어리 뿌려져 있었다. 그렇지만 코빈은 걱정하지 않았다. 그의 시금치는 전자 살균 과정을 거쳤기 때문이다. 전자빔을 쏘아서 세균을 죽이는 방사선 조사 기법을 거쳤다는 말이다. 코빈은 아무런 부작용도 겪지 않았고, 그로써 자기가 말하고자 하는 바를 잘 전달했다. 시금치처럼 생으로 먹는 식재료를 먼저 방사선 처리한 다음에 가게로 배달한다면 박테리아로 인한 식중독 위험이 현저하게 줄 것이다. 말할 필요도 없겠지만, 세이덱스는 식품 방사선 조사 사업을 하는 회사이다.

방사선이 관여하는 과정이라면 사람들은 무엇이든지 일단 이마에 주름부터 잡고 본다. 히로시마, 체르노빌, '경고: 방사선 위험' 이라고 적힌 노란 표지판 같은 영상들이 머릿속을 스쳐 가기 때문이다. 방사선 조사된 식품을 먹으면 내 몸이 방사능을 띠게 되어 캄캄한 데서 빛나지 않을까 두려워하는 사람도 있을지 모른다. 그런 공포는 비합리적이다. 방사선이 무엇인지 잘 이해하지 못해서 생긴 생각일 뿐이다.

방사선을 단순하게 정의하라고 하면, 공간을 통해 전파되는 에너지라고 할 수 있다. 전구에서 나오는 빛도 방사선이다. 복사난방기에서 나오는 열도 마찬가지다. 햇볕을 쬘 때, X선 촬영을 할 때, 코발트60 동위원소로 암 치료를 받을 때, 우리는 방사선에 노출된다. 암 치료에서는 코발트60 원자들이 자발적으로 붕괴할 때 나오는 감마선을 쓰는데, 그 현상이 이른바 '방사능'이다. 분명한 것은, 방사선 조사의 위험과 편익은 맥락에 비추어 볼 때가 아니면 적절하게 평가할 수 없다는 사실이다. 방사선의 종류와 노출 정도가 위험을 결정한다.

가시광선은 X선이나 감마선과 달라서 화학결합을 끊을 만큼 에너지가 충분하지 못하다. 그러니 침대 옆에 둔 스탠드 불빛에 내 몸의 분자들이 손상되지 않을까 걱정할 필요는 없다. 반면에 X선은 분자들에 상당한 변화를 일으킬 수 있다. 그러나 그 경우에도 쬔 양이 중요하다. 가슴 X선 촬영을 한 번 했을 때의 위험은 대단치 않지만, 컴퓨터단층촬영을 자주 하면 정상적인 세포 활동이 교란될 수 있다. 그때는 그런 교란이 바람직하지 못하지만, 식품 방사선 조사에서는 우리가 일부러 그런 교란을 노린다. 세균들의 세포 활동에 훼방을 놓아서 세균을 죽이는 게 목표이기 때문이다.

1905년부터 X선으로 식품 속 박테리아를 죽이는 기기들에 대한 특허가 등장했다. 이후 감마선 방출기와 전자빔 생성장치가 개발되었고, 1958년 무렵에는 많은 나라들에서 다양한 식품을 보존하는 데 방사선 조사 기법을 썼다. 그 어떤 새로운 시도에 대해서도 반드시 그렇듯이, 이 기술에 대해서도 반대 의견이 등장했다. 어떤 활동가들은 방사선 조사 기법을 가리켜 핵발전 산업이 핵폐기물을 처분할 목적으로 고안한 기술이라고 단정했다. 또 어떤 사람들은 방사선이 식품의 영양소를 파괴하고, 새로운 독소들을 만들어 내며, 생산자들로 하여금 위생 문제를 간단히 덮어 두게 만든다고 주장했다.

"방사선에 노출되어 발암물질인 벤젠도 생겨날 수 있지만, 그 양은 대단치 않다. 방사선 처리한 소고기에 든 벤젠의 양은 3ppb쯤인데, 계란에 자연적으로 들어 있는 양이 60ppb이다."

한 가지 확실하게 짚어 두자. 방사선 조사한 음식을 먹는다고 해서 먹은 사람이 방사선에 노출되는 것은 아니다. 식재료를 오염시킨 곤충이나 미생물은 방사선 노출의 치명적인 결과를 증거하는 증인이 되겠지만, 식품 자체가 방사능을 가지게 되는 것은 아니다. 또한 코발트60은 핵산업의 부산물 쓰레기가 아니고, X선 기계나 전자빔 기기는 아예 방사능 물질을 쓰지 않는다. 방사성 코발트를 운반하고 처분하는 게 다소 까다로운 일임은 사실이지만, 알맞은 기술들이 존재한다. 식품의 영양소 파괴 문제는 문제라고도 할 수 없다. 조리하든, 통조림으로 만들든, 말리든, 얼리든, 어떤 방식으로든 식품을 처리하면 어느 정도는 영양소가 손실되기 마련이다. 설령 방사선 조사로 영양소가 손실된다고 하더라도 다른 과정들에 비해 그 양이 적다.

식품 방사선 조사 때문에 새로운 '독소' 혹은 '독특한 방사선 분해 산물'이 나온다는 주장은 어떨까? 식품을 방사선에 노출시키면 모종의 화학적 변화가 일어난다는 것은 분명한 사실이다. 하다못해 조리할 때도 그러니까 말이다. 방사선 노출로 형성되는 화합물들은 대부분 조리할 때도 나오는 것들인데, 그렇지 않은 것도 있긴 하다. 현재까지 찾아낸 것으로는 2-알킬사이클로뷰타논(2-ACB)이 방사선 조사 식품에만 존재하는 물질로 알려져 있다. 2002년에 유럽 과학자들이 이 화합물을 합성해서 실험실에서 세포계를 대상으로 시험했는데, 결과는 좀 걱정스러웠다. 2-ACB는 세포에 돌연변이를 일으켰고, 쥐들에게 발암물질 처치를 한 뒤에 이 화합물을 먹였더니 종양 형성이 촉진되었다. 하지만 이때 사용된 농도는 방사선 조사 식품에 존재하는 양의 1000배쯤 되었다. 연구자들 스스로도 자기들의 데이터로는 방사선 처리 식품에 어떠한 죄도 물을 수 없다고 확실히 밝혔다. 방사선 노출에서 발암물질인 **벤젠**p.319도 생겨날 수 있지만, 그 양은 대단치 않다. 방사선 처리한 소고기에 든 벤젠의 양은 3ppb쯤인데, 계란에 자연적으로 들어 있는 양이 60ppb이다. 지난 50여 년 동안 방사선 처리 식품을 동물에게 먹인 연구가 수없이 이뤄졌고 극단적으로 많은 양을 먹인 경우도 있었다. 식단의 최대 35퍼센트를 방사선 처리한 닭고기로 채운 뒤에 개, 쥐, 생쥐에게 먹인 연구도 있었으나, 아무 영향이 없었다.

방사선 처리의 위험은 이론으로만 존재하는 한편, 식중독의 위험은 현실이다. 북아메리카에서는 식중독 환자가 매년 8000만 명 발생하고, 그중 35만 명 정도는 입원을 하며, 약 6000명이 죽는다. 식품 방사선 조사를 적절하게 활용하면 이 수를 현저하게 줄일 수 있다. 데이비드 코빈의 제안처럼 모든 시금치를 방사선으로 보호할 필요는 없겠지만, 코빈이 보여 주었던 허세 섞인 쇼가 이 기술에 부당하게 지워진 부정적 이미지를 바꾸는 데 도움이 되기는 할 것이다. 우리에게 필요한 것은 합리적인 토론이지, 케빈 트루도 같은 작자들의 시끄러운 헛소리가 아니다. 그는 인포머셜(몇 분에서 몇십 분까지, 방연 시간이 긴 텔레비전 광고—옮긴이)에 나와서 '방사선 조사가 식품의 에너지 진동수를 바꾸기 때문에 식품의 생명을 지지하는 진동수가 아니라 몸에 유해한 진동수를 가지게 된다'는 따위의 말을 하는데, 이것은 그저 바보스럽고 무의미한 말이다.

식용색소로 물들이면 안전할까?

COLOURING
with
FOOD DYES

젊은 엄마는 정말로 초조해졌다. 어린 딸이 24시간 안에 네 번이나 기저귀 가득 밝은 초록색 똥을 쌌기 때문이다. 의사에게 갔더니, 아기에게 어떤 음식을 먹였는지 물었다. 아무것도요, 엄마는 대답했다. 참, 보라색 쿨에이드는 먹였어요. 아기가 요즘 갑자기 그 음료에 맛을 들여서 말이죠. 의사는 "영양학적으로 훌륭한 선택은 아니지만 보라색 쿨에이드가 초록색 변을 만들진 않을 것 같군요"라고 말했다. 엄마는 의사의 말에 납득이 되지 않아서, 인터넷에서 '초록색 응가'의 원인을 검색해 보았다. 운 좋게도 버몬트의 어느 대학생이 그 현상을 탐구해 놓은 글이 있었다. 그 학생도 퍼플사우루스 렉스 쿨에이드를 상당량 마신 뒤에 초록색 대변이라는 신기한 광경을 목격했던 것이다.

생화학을 전공했던 그는 이 현상에 꽤 흥미를 느껴서 직접 기초적인 연구를 수행해 보기로 했다. 실험 참가자를 찾는 일은 어렵지 않았다. 초록색 배설물 연구에 관한 이야기가 퍼지자 실험 결과를 시시콜콜 설명하는 이메일들이 답지하기 시작했다. 보라색 쿨에이드 효과는 분명 사실이었고, 복용량과 반응 정도 사이에 상관관계도 존재했다. 한 컵을 마시면 아무 결과가 없었고, 12컵을 마시면 확연히 초록을 띤 변이 나왔으며, 24컵을 삼킨 한 자원자는, 대체 왜 그렇게 많이 마셨는지는 자기네들끼리만 알겠지만, 정말로 휘황찬란한 초록색 변을 보았다.

퍼플사우루스 렉스는 푸른색과 붉은색 식용색소를 섞어서 보라색을 낸 것이다. 분명 그 푸른색 염료가 쓸개즙 속 노란 색소와 반응하여 눈에 확 띄는 초록색을 만들어 냄으로써 변의 원래 색깔을 가렸을 것이다. 걱정하던 엄마에게 위안이 되는 정보이다. 그녀가 목격한 색다른 효과가 무해한 식용색소 때문이라는 것을 알게 되었으니까 말이다.

아, 독자 여러분이 눈썹을 치켜 올리는 광경이 내 눈에 선하다. "'무해한' 식용색소라니 무슨 뜻이죠?" 그 화합물들이 온갖 범죄를 저지른다고 하지 않았는가? 어린이들에게 과잉활동성을 일으키고, 천식 환자에게 기관지 경련을 일으키고, 쥐에게 암을 일으킨다는 말이 있지 않던가? 그렇다. 그런 말이 있다. 하지만 우리는 공포에 휩싸이기 전에 이런 고발 내용을 꼼꼼히 따져야 한다. 솔직히 식용색소의 파란만장한 역사에는 감추고 싶은 부끄러운 비밀이 적잖게 있는 것이 사실이다.

18세기와 19세기에 비양심적인 상인들은 다양한 착색 물질을 사용해서 상했거나 품질이 떨어지는 식품을 치장했다. 황산구리로 색을 입힌 피클 때문에 많은 이들이 고통을 겪었고, 그 때문에 죽은 사람도 틀림없이 있었다. 상인들은 사탕을 유독한 수은염과 납염으로 물들였고, 가시나무 이파리를 아세트산 구리로 물들여서 중국차로 속여 팔았다. 요즘은 상황이 전혀 다르다. 식품첨가물 사용 승인을 받으려면 일련의 안전성 시험을 통과해야 한다. 물론 부정직한 사람들에게는 규제가 큰 의미가 없다. 최근에 영국에서 파라레드나 수단1호로 염색된 제품들이 리콜되었던 것을 떠올려 보라.

두 염료는 동물에게 발암물질로 작용하는 것이 입증되었기 때문에, 법적으로 식품에 쓰일 수 없는 물질이다. 이 염료들이 칠리나 카옌 고추 같은 수입 향신료에 들어 있었고, 이 향신료들이 바비큐맛 감자칩이나 칠리소스나 연어 파테 같은 갖가지 흔한 가공제품의 성분으로 사용되었다. 사람에게 미치는 위험은 몹시 작지만 아무리 그래도 식재료에 발암물질이 들어 있는 것을 좋아할 사람은 없다.

"총천연색 사탕을 허여멀건 사탕으로 바꾸는 조치로는 영양 문제를 해결할 수 없다. 아이들에게 색소로 물들인 가공식품 대신에 사과와 오렌지와 견과류를 먹여야 문제가 해결될 것이다."

필수 안전 시험을 모두 통과한 첨가물이라도 부작용이 있을 가능성을 완벽하게 배제할 수는 없다. 사람은 생화학적으로 각기 개별적인 존재이므로 때때로 예기치 못한 반응이 일어날 수 있다. 어느 젊은 의사는 복통 때문에 2년 동안 네 차례나 입원을 했는데, 마약을 써야 겨우 진정할 수 있을 정도로 통증이 심했다. 알고 보니 그는 선셋옐로(우리나라 식품의약품안전청 규정에는 식용색소황색5호이다—옮긴이)라는 식용색소에 알레르기성 급성위창자염을 일으키는 드문 체질이었고, 그가 자주 먹었던 콘브랜 시리얼이나 젤리에 그 색소가 들어 있었다. 역시 드물긴 하지만 선셋옐로에 대한 반응보다는 좀더 흔한 경우로서, 타트라진(우리나라에서는 식용색소황색4호—옮긴이)이라는 노란색 색소에 반응을 보이는 사람도 있다. 천식 환자 중 20퍼센트 가까이는 **아스피린**p.101에 민감해서 기관지경련, 붓기, 두드러기를 겪는다. 그들 중 대략 10퍼센트쯤은 타트라진에도 민감하기 때문에, 식품성분표를 잘 점검해서 이 색소가 들어 있는지 확인해야 한다.

1970년대에 캘리포니아의 소아과 의사 벤저민 파인골드는 색소를 포함한 특정 식품첨가물들이 아이들에게 과다활동성을 일으킬 가능성이 있다고 주장했다. 수많은 부모들이 파인골드의 주장을 보강했다. 부모들은 아이들의 식단에서 첨가물이 든 식품을 치웠더니 꼬마들이 악마에서 천사로 변했다고 증언했다. 그것이 부모들의 희망 섞인 바람 때문이거나, 아니면 가공식품을 줄임으로써 식단이 전반적으로 개선되어 생긴 결과라고 해석한 사람도 있었지만, 영국 과학자들의 실험을 통해서 식품첨가물과 과다활동성의 연관관계에 과학적 증거가 있다는 사실이 드러났다. 연구자들은 세 살짜리 아기 153명과 여덟 살이나 아홉 살 아이 144명을 모집한 뒤, 절반에게는 식용색소 네 가지와 벤조산 나트륨 보존제가 녹아 있는 과일음료를 주었고, 나머지에게는 모양과 맛이 똑같은 가짜 음료를 주었다. 아이들, 실험자들, 아이의 행동을 평가할 부모들과 선생님들은 어느 아이가 어떤 음료를 받는지 몰랐다. 최종 분석 결과, 첨가물 섭취 집단의 과다활동성이 10퍼센트 정도 증가했다.

이게 무슨 뜻일까? 첨가물 중 한 가지가 문제였을까? 알 수 없다. 첨가물들끼리 모종의 시너지 반응을 일으킨 결과였고, 따로따로 섭취할 때는 그런 가능성이 없는 걸까? 알 수 없다. 이 화학물질들을 음료가 아니라 식품에 첨가하면 다른 영향이 드러날까? 역시 알 수 없다. 하지만 어쩌겠는가? 아이들에게 청량음료, 사탕, 케이크, 설탕이 잔뜩 든 젤라틴 디저트를 덜 먹여야 할 근거가 아직도 더 필요하단 말인가?

나는 그렇게 생각하지 않는다. 식품산업 대변인들은 보나마나 이 연구에 방법론적 결함이 있다고 주장할 것이다. '천연 식품' 옹호자들은 "내 그럴 줄 알았지" 하고 비아냥거리면서 모든 첨가물을 독으로 몰아붙일 것이다. 정부는 좀더 면밀하게 첨가물을 검사하겠노라 다짐할 것이고, 우려가 큰 몇몇 첨가물들로부터 아이들을 보호하는 법안을 도입하겠노라 약속할 것이다. 하지만 총천연색 사탕을 허여멀건 사탕으로 바꾸는 조치로는 영양 문제를 해결할 수 없다. 아이들에게 색소로 물들인 가공식품 대신에 사과와 오렌지와 **견과류**p.147를 먹여야 문제가 해결될 것이다.

보다 심각한 경고는 따로 있다. 에리트로신(우리나라에서는 적색3호이다—옮긴이) 같은 몇몇 식용색소들이 발암성이 있다는 문제이다. 에리트로신을 수컷 쥐들에게 다량 주입한 결과, 갑상샘 종양이 생겼다. 하지만 이것이 사람에게도 의미 있는 결과인지는 말하기 어렵다. 이 염료는 앵두 같은 식품을 물들일 때 쓰이는데, 식품업계는 이 색소만큼은 다른 것으로 대체하기가 곤란하다고 말한다. 왜냐하면 다른 적색 색소들과는 달리 이 물질은 주변으로 배어 나오지 않기 때문이다.

어쩌면 무에서 분리해 낸 안토사이아닌이라는 천연 적색색소가 그 일을 해낼지도 모르겠다. 천연색소가 더 안전하다는 대중적 인식 때문에 많은 식품 가공업자들이 합성색소를 천연색소로 바꾸려고 노력하는 중인데, 이 점에서는 그 인식이 대체로 옳다. 비트즙, 안나토(아치오테 나무의 씨에서 얻는 색소), 포도 껍질, **양배추** p.88, 강황, 파프리카에서 얻는 자연적인 색깔은 아무런 건강상의 문제를 일으키지 않는다. 그리고, 대부분의 사람들이 놀랄 만한 사실을 하나 더 말하자면, 식용색소로 가장 널리 쓰이는 물질은 '천연' 물질인데, 과연 무엇일까? 태운 설탕이다! 캐러멜은 식품과 음료에 들어가는 모든 색소들 중 무게로 따져 90퍼센트 이상을 차지한다. 전 세계적으로 연간 20만 톤 이상의 캐러멜이 소비된다. 콜라, 국물용 분말, 초콜릿 쿠키, 심지어 맥주에도 색내기 용으로 캐러멜이 들어간다. 괜찮다. 캐러멜은 안전하고, 비정상적인 색깔의 변을 보게 될 걱정도 전혀 없다.

박테리아로 건강을 살리자

BACTERIA and HEALTH

1800년대 말, 배틀크리크 요양소는 존재하지도 않는 병을 치료하려는 사람들이 입원하던 곳이었다. 존 하비 켈로그 박사와 그의 직원들은 그곳에서 부유한 심기증(건강염려증) 환자들의 수발을 들었는데, 켈로그에 따르면 환자들의 병명은 '자가중독'이었다. 켈로그 박사는 거의 모든 질환이 장에서 발원한다고 믿었다. '소화되지 못하고 남은 육류가 장 속에서 부패해' 병을 만든다고 생각했다. 자가중독의 '치료법'은 간단했다. 장을 청소하면 되는 것이다. 켈로그는 어떻게 청소해야 하는지도 잘 알았다.

우선, 물을 아낌없이 사용해서 인체의 뒷문을 관장함으로써 장을 비운다. 이 즐거운 과정 후에는 몸의 양끝 구멍들에 '요구르트 처치'를 했다. 켈로그 박사는 요구르트에 든 박테리아가 병을 예방한다고 믿었고, 그 박테리아를 '가장 필요로 하는 곳, 또한 가장 효과적으로 효력을 볼 수 있는 곳에 심어 주어야 한다'고 믿었다. 그는 또 이렇게 말했다. "장내 세균총細菌叢의 균형을 잘 유지하면 우리는 불가리아 산악지대의 다부진 주민들만큼이나 오래 살 수 있을 것이다." 켈로그의 요구르트 집착에 근거를 제공한 사람인 러시아의 미생물학자 일리야 메치니코프에 따르면, 불가리아 사람들의 수명은 정말로 길었다.

메치니코프는 불가리아 사람들의 장수 비결이 요구르트를 많이 먹는 것이라고 주장하여 큰 반향을 일으켰다. 그는 어째서 그런지 설명하는 이론도 제안했다. 불가리아 사람들을 기리는 의미에서 메치니코프가 바실루스 불가리쿠스라고 이름 지은 유익한 세균들이 장에서 질병을 일으키는 나쁜 세균들을 압도한다는 것이다. 메치니코프는 이 이론에 대한 증거는 전혀 내놓지 못했다. 사실상 불가리아 사람들의 수명이 눈에 띄게 길다는 주장도 증거가 없는 이야기였다. 하지만 그가 1908년에 노벨 생리의학상을 받자(요구르트와는 무관한 업적으로 받았다), 이른바 요구르트의 기적적인 효능에 대한 소문이 퍼지기 시작했다.

소문은 지금까지 계속 퍼지고 있다. 몸에 좋은 박테리아를 장에 넣어 준다는 발상도 점점 더 과학적 지지를 얻고 있다. 우리 소화관에 존재하는 어마어마하게 많은 수의 박테리아들이 건강과 질병에 중요한 역할을 한다는 사실이 갈수록 분명하게 밝혀지고 있다. 장내 박테리아의 수는 수조 개에 달하므로, 우리의 체세포 수보다 열 배 단위로 더 많은 셈이다. '생균제'에 대한 연구가 우후죽순 등장하는 것도 당연한 일이다.

생균제probiotics(기능성 유산균, 활성 미생물 등으로도 불린다—옮긴이)란 무엇일까? 이것은 건강에 유익하게 작용하는 미생물들이 숙주의 장내 미생물총을 바꾸기에 충분할 만큼 풍부하게 담겨 있는 식품, 음료, 영양 보충제를 가리키는 용어이다. '좋은' 박테리아를 증식시켜서, 질병을 일으키는 고약한 녀석들과 영양소 경쟁을 하게 만든다는 발상이다. 이론에 따르면 결국 고약한 녀석들이 굶게 되어 그 수가 급감할 것이다. 박테리아에게 '좋다'는 표현을 붙이는 게 생경할지 몰라도 실로 그만한 가치가 있는 녀석들이다. 어떤 박테리아들은 음식물 소화를 돕는 효소를 생산하고, 어떤 박테리아들은 장에서 **비타민 K**p.91를 합성하며, 면역계를 촉진하는 녀석들도 있다. 그 맞은편에는 위궤양을 일으키는 주범인 **헬리코박터 파일로리**p.95 같은 나쁜 미생물들이 있다. 생균제 처방을 간단하게 설명하면 '좋은 것들은 집어 넣고, 나쁜 것들은 몰아낸다'는 전략이다.

요구르트는 전통적으로 락토바실루스 불가리쿠스와 스트렙토코쿠스 더모필루스라는 두 종류의 박테리아로 만들어진다. 그런데 이 박테리아들은 산에 민감하기 때문에 위를 잘 통과하지 못하고, 따라서 장내 세균총을 바꿔 놓을 만큼 많은 수가 장에 가지 못한다. 한편 악시도필루스와 비피도박테리아는 산에 더 안정하므로 여행에서 살아남는 수가 더 많다. 이들은 일단 장에서 자리를 잡으면 질병 유발 박테리아들을 쫓아내기 시작한다. 가령 설사를 일으키는 균들을 몰아낸다. 우리가 어쩌다 세균에 감염되어 항생제를 복용하면 종종 설사가 동반될 때가 있는데, 이것은 질병 유발 미생물들과 함께 좋은 미생물들도 무차별적으로 쓸려나가기 때문이다.

생균제는 유익한 미생물들을 보충함으로써 설사를 단속해 준다. 하지만 이것은 생균제의 여러 효능 중 시작에 불과하다. 생균제가 암을 예방하고, 면역력을 높이고, 궤양대장염이나 과민성대장증후군(IBS) 증상을 덜어 줄지도 모른다는 증거들이 있어서 우리를 설레게 한다. 어떤 생균제는 장의 발암인자들을 파괴한다. 락토바실루스 GG를 아기들에게 먹이니 습진 위험이 낮아졌다는 연구도 적어도 하나 있었다. 이 균은 알레르기 증상에도 조금쯤 도움이 될 가능성이 있다. 특히 주목할 만한 점은, 그간 생균제 연구가 150건이 넘게 수행되었는데, 부작용을 확인한 사례가 단 한 건도 없었다는 사실이다.

우리에게 남은 까다로운 문제는 어느 생균제 박테리아가 가장 유익한지, 어떤 방법을 써야 충분한 수를 소화관 속 적절한 장소까지 보낼 수 있는지 알아내는 일이다. 락토바실루스 GG는(발견자인 셔우드 고르바 박사와 배리 골딘 박사의 성 앞자를 따서 이렇게 이름 지었다) 무척 유망한 박테리아이다. 이 박테리아는 설사에 잘 버티고, 동물에게서 항암 효과가 있었으며, 경우에 따라 궤양대장염 증상을 완화시켰다.

VSL#3은 여덟 가지 박테리아 종을 섞은 것인데, 아직 연구 단계이긴 하지만 역시 효력이 좋다. 바이오 K+는 시판 제품으로 나와 있는데, 임상 연구 결과를 볼 때, 생존력 있는 미생물들을 대장까지 충분히 많이 전달한다는 약속을 잘 지키는 듯하다.

반면에 유익한 박테리아를 잔뜩 함유했다고 주장하지만 실은 그렇지 않은 제품도 더러 시장에 나와 있다. 문제는 성분표에 기재된 수만큼 실제로 박테리아가 제품에 들어 있는지 확인하는 규제 장치가 없다는 것이다. 생균제가 효력이 있으려면 일반적으로 일회 분량당 생존력 있는 미생물이 적어도 10억 마리쯤 들어 있어야 하는데, 한 독자적 연구진의 분석에 따르면 많은 제품들이 그 기준에 못 미쳤다.

생균제 유행에 잽싸게 올라탄 제조업자들은 갖가지 유익한 미생물을 담은 요구르트를 생산하고 있다. 락토바실루스 카세이를 더해서 '면역력 증진' 을 돕는다는 제품이 있는가 하면, 비피도박테리움 아니말리스를 더해서 '소화 건강' 을 돕는다는 제품도 있다. 어쨌든 요구르트가 몸에 좋은 식품인 것은 틀림없는 사실이고, '살아 있는 활성 균주' 를 함유한 요구르트는 장 건강 개선에 분명히 한몫 한다.

그런데 장내 박테리아가 체중 조절에 모종의 역할을 하리라는 것을 상상해 본 사람이 있는가? 정말 그럴지도 모른다. 세인트루이스 소재 워싱턴 의대의 제프리 고든 박사와 그 연구진이 해낸 발견을 보면, 그간 많은 과학자들이 품어 온 수수께끼가 풀릴지도 모르겠다. 수수께끼인즉, 칼로리가 거의 같은 식단을 섭취하고, 같은 정도로 육체적 활동을 하는 두 사람이, 어째서 체중 증가 성향은 서로 다를까? 어째서 한 사람은 쉽게 몸무게를 유지하는데 다른 사람은 끝없이 고전해야만 할까? 각자의 장에 서식하는 박테리아 종류가 달라서라는 게 답인지도 모른다.

우리가 말하는 것은 '우호적인' 박테리아 중에서도 특정 종류이다. 곡물, 과일, 채소에 든 복합 탄수화물을 단당류로 분해하는 소화 과정을 도움으로써 에너지를 내는 박테리아들을 말한다. 이런 탄수화물 분해 박테리아는 크게 두 종류로 나뉘는데, 피르미쿠트와 박테로이데트이다. 그런데 두 녀석의 분해 능력이 같지 않아서, 박테로이데트가 능력이 좀 떨어진다. 따라서 장에 박테로이데트가 더 많을 때는 복합 탄수화물이 몸 밖으로 많이 배출되므로, 체중이 늘 가능성이 적다. 반대로 피르미쿠트가 압도적으로 많으면 다당류가 단당류로 쉽게 분해되고, 혈류로 흡수된 단당류는 에너지원으로 다 쓰이지 못하면 지방으로 바뀌어 몸에 쌓인다.

체중 조절에 박테리아가 관여한다는 증거는 사람뿐 아니라 생쥐 연구에서도 나왔다. 비만 생쥐는 박테로이데트 박테리아 비중이 낮았다. 또 비만인 사람들이 저칼로리 식단을 시행하면 몸무게가 주는 것과 동시에 장내 박테로이데트 농도가 증가하더라는 연구가 있었는데, 이것이야말로 흥미로운 결과이다. 장 박테리아의 불균형 때문에 쉽게 비만이 되는 사람이 정말 존재하는 듯하니, 그렇다면 박테리아 농도를 바꿈으로써 치료할 수 있을지도 모르기 때문이다. 앞으로 과체중인 사람들이 생균제의 도움을 얻어서 살을 뺄 날이 올지도 모른다.

장내 유익 박테리아의 수를 늘리는 방법으로 활성 균주를 먹는 방법만 있는 것은 아니다. 생균활성촉진제prebiotics(종종 probiotics와 헷갈리게시리 '생균제'라고도 불리며, 장내 환경 개선물질, 아니면 그냥 식이섬유라고도 불린다—옮긴이)를 섭취하는 것도 한 가지 대안이다. **생균활성촉진제**p.195란 프룩토올리고당(FOS), 락툴로스, 이눌린처럼 대장에서 특정 박테리아의 성장을 촉진시키는 물질을 함유한 음식을 말한다. 이런 복합 탄수화물은 '섬유소' 즉 소화되지 않는 식품이다. 그들은 위와 작은창자를 통과할 때 아무 변화를 겪지 않으며, 큰창자에 가서야 비로소 유익 박테리아들의 맛있는 먹이가 된다. 덕분에 유익한 박테리아들이 잘 증식해서 골치 아픈 유해 미생물들을 몰아낸다.

일본에서는 프룩토올리고당과 이눌린으로 강화한 식품들이 이미 여럿 시장에 나와 있고, 북아메리카에도 곧 유행이 닥칠 듯하다. 이 화학물질들은 어디에서 왔을까? 원래 양파, 마늘, 바나나 같은 식품에 자연적으로 들어 있는데, 그 양이 대장 박테리아 수에 두드러진 영향을 미칠 정도로 많지는 않다. 조금이라도 효능을 보려면 생균활성촉진제를 하루에 적어도 4그램은 먹어야 하고, 그 두 배쯤 먹는 것이 바람직하다. 그만큼을 먹으려면 프룩토올리고당이나 이눌린을 가공식품에 더하는 것이 거의 유일한 방법이다. 이 화학물질들을 얻는 원료로는 치커리 뿌리가 가장 많이 쓰인다. 쉽게 추출해 낼 수 있기 때문이다.

생균활성촉진 성분을 상당량 포함한 식물이 하나 더 있는데, 바로 뚱딴지(돼지감자)이다. 탐험가 사뮈엘 드 샹플랭은 아메리카 원주민들이 이 덩이줄기 식물을 먹는 것을 보고 유럽으로 가져와 도입했다. 서양에서는 흔히 예루살렘 아티초크라고도 불리지만, 이것은 아티초크가 아니고, 예루살렘과도 아무 관계가 없다. 이 식물은 해바라기 속에 속한다. 그래서 가끔 '선초크'라고도 불린다. 아티초크라는 이름이 붙은 것은 샹플랭이 아티초크 맛이 난다고 했기 때문이다. 그러면 예루살렘은 왜? 뚱딴지가 처음 아메리카에서 이탈리아로 들어왔을 때, 이탈리아 사람들은 '태양을 따라 도는' 식물이라는 뜻에서 그것을 지라솔레라고 불렀다. 그 발음이 변질되어 예루살렘이 된 것이다.

유럽과 일본에서는 몸에 좋은 식품을 만들기 위해 뚱딴지 가루를 더하는 기법이 벌써 쓰이고 있다. 이 덩이줄기 식물에도 단점은 있다. 1860년대에 영국의 농부 존 굿이어가 다음과 같이 증언했다. "내가 볼 때, 어떤 식으로 조리해 먹든 이 뚱딴지란 녀석은 늘 속을 뒤집어 놓아서, 불결하고 고약한 방귀를 일으킨다. 그리하여 배가 몹시 아프고 고통스럽다. 이것은 사람보다 돼지에게 더 맞을 음식이다." 방귀 이야기는 그가 옳았지만, 뚱딴지가 사람에게 맞지 않다는 말은 분명히 틀린 말이다.

면역력을 높이는 방법

IMMUNITY
with
GLUTATHIONE

인체의 작동방식을 알면 알수록, 사람이 한때나마 건강할 수 있다는 사실이 놀랍게 여겨진다. 우리가 그저 평상을 유지하려고만 해도 얼마나 많은 과정들이 제대로 진행되어야 하는지 한번 생각해 보자. 우선 아미노산들이 연결되어 단백질이 만들어져야 하고, 신경전달물질이 합성되어야 하고, 적혈구들이 헤모글로빈을 만들어야 하고, 백혈구들이 항체를 생산해야 하고, 여러 분비샘이 호르몬을 배출해야 한다. 심장이 뛰고, 폐가 호흡하고, 세포들이 분열하고, 뇌가 생각할 수 있도록 충분한 에너지가 발생해야 한다.

이 모든 과정을 수행하려면 무수한 화학반응들이 협동하여 작용해야 하고, 그 와중에 한편으로는 박테리아, 바이러스, 곰팡이, 천연 독소나 합성 독소의 끊임없는 공격을 견뎌야 한다. 그마저도 성에 차지 않는지, 다양한 '활성산소종'들도 우리를 공격한다. 활성산소종은 생명을 지탱하는 데 꼭 필요한 반응들의 부산물로 생성되지만, 얄궂게도 그 생명을 단축시키려 한다. 이러니 우리에게 면역계를 주신 신에게 감사할 따름이다. 면역계란 건강을 위협하는 요소들을 인식하고 제거하는 임무에 전문화한 여러 신체 구조들과 세포 집단들을 통틀어 가리키는 말이다.

면역계도 실수를 한다는 것을 우리는 잘 안다. 사람들이 박테리아, 바이러스, 암 세포 따위의 공격에 굴복한다는 사실만 봐도 알 수 있다. 우리는 나이가 들수록 더 쉽게 굴복한다. 또한 AIDS 같은 참혹한 질병은 면역계를 자기파멸로 이끈다. 그렇다면 면역활동을 증강하는 개입 방법은 뭐든 환영해야 마땅할 것이다. 그런 방법의 한 가지로 세포 내 글루타티온 농도를 높이자는 발상이 있다. 글루타티온은 일상 대화에 흔히 등장하는 단어는 아닐 것이다. 과학자들끼리 면역계에 관해 토론하는 대화라면 또 모를까. 그럴 때 과학자들은 대단히 열띤 기색으로 글루타티온을 거론하는데, 왜냐하면 비교적 단순한 이 분자가 건강 유지에 필수적인 중요 반응들에 숱하게 관여하기 때문이다.

글루타티온p.144이 백혈구를 도와 항체라는 보호 분자들을 형성함으로써 바이러스나 박테리아 같은 외부 침입자를 물리치는 데 한몫 한다는 점부터 이야기하자. 항체를 충분히 많이 쏟아내려면, 일단 백혈구들이 빠르게 증식해야 한다. 이 과정에는 막대한 에너지가 필요하므로, 몸에 저장되었던 영양소들이 산소와 반응함으로써 에너지를 내놓는다. 안타까운 것은 그 반응 때문에 활성산소종이라 불리는 부산물들이 형성된다는 점이다.

활성산소종은 자유 라디칼의 일종으로, 세포의 분자 장치를 망가뜨리고 면역반응을 늦추는 나쁜 짓을 한다. 활성산소종 중에서도 초과산화물이라는 녀석이 반응성이 높다. 과학자들은 1968년부터 이 물질을 집중적으로 조사하기 시작했다. 당시 초과산화물 불균등화효소가 분리되었기 때문인데, 이 효소는 초과산화물을 산소와 과산화수소로 바꾸는 능력을 갖고 있다.

하지만 이 효소를 쓰는 것은 단기적 보호법일 뿐이었다. 알고 보니 과산화수소도 극히 반응성이 높은 수산기 자유 라디칼을 생성했고, 이들도 세포에 광범위하게 피해를 입혔다. 그런데 또한 조속히 밝혀진바, 우리의 환상적인 면역계는 그 문제를 다루는 방법도 알고 있었다. 카탈라아제, 그리고 그보다 더 중요한 글루타티온 과산화효소가 과산화수소를 효과적으로 제거함으로써 이른바 '산화 스트레스'로 인한

참상을 막아 주었다. 글루타티온 과산화효소는 이름이 암시하듯 글루타티온을 써서 과산화수소를 없앤다. 그렇다면 세포 내 글루타티온 농도를 높이면 어떨까? 효소가 더 효과적으로 작업할 수 있어서 면역기능이 향상되지 않을까?

과학자들이 이 질문을 궁리하는 동안, 글루타티온의 또 다른 흥미로운 속성이 밝혀졌다. 이 분자 자체가 항산화 성질이 있어서, 글루타티온 과산화효소와는 별도로 자유 라디칼을 파괴했다. 글루타티온은 또 비타민 C의 활성을 높이며, 그러고도 감춰 둔 기술이 하나 더 있었다. 글루타티온은 독소에 가 붙어서(글루타티온 S 전이효소라는 다른 효소를 사용한다) 독소를 수용성으로 바꿈으로써 몸 밖으로 배출되기 쉽게 만든다. 모든 점을 고려할 때, 혈중 글루타티온 농도가 높을수록 건강한 상관관계가 있을 것 같다. 영국 버밍엄 대학교 연구진이 내놓은 도발적인 연구 결과를 보면 정말 그런 듯하다.

연구진은 건강한 피험자들을 나이 든 집단과 젊은 집단으로 나누어 모두 글루타티온 농도를 측정했고, 만성질환을 앓고 있거나 최근에 급성질환으로 입원한 나이 든 환자들의 농도도 측정했다. 글루타티온이 정말 건강과 관련이 있다면 이 분석에서 증거가 드러나야 한다고 연구진은 생각했다. 결과는 과학자들을 실망시키지 않았다. 혈장 글루타티온 농도가 가장 높은 집단은 젊고 건강한 사람들이었고, 다음은 나이 들고 건강한 사람들, 다음은 나이 든 외래 환자들, 마지막은 나이 든 입원 환자들이었다.

미시건 대학교 공중보건대학원의 마라 줄리우스 박사와 그 동료들도 글루타티온 농도가 높을수록 관절염, **당뇨**p.317, 심장질환 같은 질병들에 덜 걸리는 경향이 있음을 확인했다. 동물 실험에서는 글루타티온이 암 예방 효과가 있다는 흥미로운 데이터가 나왔다. 발암물질인 아플라톡신에 노출된 쥐들 중에서 글루타티온을 주입 받은 녀석들은 훨씬 잘 버텼다. 글루타티온 처치를 받지 않은 쥐들은 발암물질 노출 후 2년 안에 모두 죽었지만, 처치를 받은 쥐들은 80퍼센트가 살아남았다.

그러면 이런 의문이 든다. 우리는 진작부터 글루타티온 보충제를 삼키고 있어야 하는 게 아닐까? 특수 효소를 사용한 발효 기법으로써 글루타티온 대량 생산이 가능하기 때문에 보충제야 쉽게 만들 수 있다. 안전에 대한 우려도 없는 게 확실하다. 글루타티온 구강 복용으로 인한 피해는 아직 한 건도 보고되지 않았다.

문제는 건강상의 현저한 이득을 확인한 사례도 역시 없다는 점이다. 어째서일까? 쥐와 달리 사람의 몸에서는 작은창자에 글루타티온이 들어와도 혈류로 충분한 양이 흡수되지 못한다. 그렇다고 해서 글루타티온 구강제가 아무 소용도 없는 것은 아니다. 창자 내벽 세포들에게는 도움이 된다. AIDS나 암 같은 병에 걸리면 이 내벽 세포들이 손상되곤 하는데, 그 때문에 영양 흡수가 저해되어 체중과 근육량이 줄곤 한다. 글루타티온 구강제가 장 내벽 세포들을 수선함으로써 AIDS 환자들에게 유익하다는 것은 이미 확인된 사실이다. 그러나 그 밖의 이득을 얻자면, 구강제로는 안 될 것 같다.

우리는 우리 몸의 세포들이 글루타티온을 만들어낸다는 사실을 잘 안다. 그렇다면 세포들에게 원재료를 풍부하게 공급함으로써 그 합성 능력을 활용하면 안 될까? 글루탐산, 글리신, 시스테인을 더 많이 먹으면 되지 않을까? 음식에는 글루탐산과 글리신이 이미 풍부하게 들어 있으므로 그것들은 걱정할 필요가 없다. 반면에 시스테인은 그보다 덜 풍부한 재료이므로, 글루타티온 합성량을 결정짓는 인자는 바로 시스테인이다.

자전거 조립에 비유하면 이해가 쉽다. 자전거 한 대를 만들려면 바퀴 두 개와 프레임 하나가 있어야 한다. 바퀴가 아무리 차고 넘쳐 봤자 프레임의 개수 이상으로 자전거를 만들 수는 없다. 이때 프레임이 제한 요소이듯이 글루타티온 합성에서는 시스테인이 제한 요소이다. 그러면 시스테인 캡슐을 먹으면 되는 것 아닐까? 이 물질은 사람의 머리카락 속 단백질을 분해함으로써 쉽게 얻을 수 있다. 이런 과정을 수행하는 회사들이 중국에 여럿 있다. 그렇게 만들어진 시스테인은 대부분 식품이나 미용잡화 산업에 공급된다. 인공적인 육류의 향미를 낼 때 시스테인이 사용되고, 그런 물질이 반죽 숙성제나 헤어 제품들에 쓰이기 때문이다.

안타깝게도 시스테인을 영양보조제로 먹는 것도 훌륭한 선택이 아닌 듯하다. 시스테인이 트라이글리세라이드와 콜레스테롤 수치를 높이고, 심지어 신경독소로 작용한다는 결과가 몇몇 동물 실험에서 나왔다. 사람도 구역질을 경험한다는 보고가 있었다. 게다가 시스테인은 용해도가 그리 높지 않고, 혈류에서 다양한 반응을 겪을 수 있기 때문에, 세포에 흡수되지 못할 확률이 높다. 이 문제를 우회할 방법은 있다. 시스테인을 N-아세틸시스테인(NAC)으로 실험실에서 쉽게 바꿀 수 있는데, NAC는 용해도가 더 높고 혈류에서 파괴될 확률이 더 낮다. 이것은 일단 세포에 흡수된 뒤에 다시 시스테인으로 바뀌므로 이후 글루타티온 합성에 쓰일 수 있다.

NAC의 효능이라면, 아세트아미노펜을 과다복용하여 죽음의 문턱까지 갔다가 돌아온 많은 사람들이 증언해 줄 것이다. 아세트아미노펜(타이레놀이 잘 알려진 상표명이다)은 일반 진통제로 널리 쓰이는 성분이다. 권장량을 잘 지키면 무척 효과가 좋은 약이지만, 어느 의약품이나 그렇듯 남용하면 문제가 된다. 아세트아미노펜을 과다복용하면, 특히 다량의 알코올과 함께 섭취하면, 심각한 간 손상이 올 수 있고 죽을 수도 있다. 하지만 아세트아미노펜으로 자살을 시도하면 시도에 그치기 쉽다. NAC로 응급처치가 가능하기 때문이다.

우리 몸은 아세트아미노펜을 침입자로 간주하고 그것을 보다 잘 녹는 화합물 형태로 바꿈으로써 내보내려고 한다. 안타깝게도 그 화합물인 N-아세틸-p-벤조퀴논 이민(NAPQI)이 간에 유독한데, 글루타티온에서 유도되는 효소가 신장을 도와서 이 물질을 몸 밖으로 내보낸다. 아세트아미노펜 농도가 너무 높으면 체내 글루타티온 저장량이 바닥나서 꼼짝없이 간이 손상되는 것인데, 이때 NAC을 재빨리 처방하면 세포 내 글루타티온 농도가 보충된다. NAC으로 글루타티온을 채워 주는 기법은 현존하는 의학 처치 기술들 가운데 최고로 효율적이다.

NAC이 글루타티온 보충에 그렇게 좋다면, 질병 예방 차 NAC 정제를 먹으라는 재촉이 왜 들리지 않을까? 그런 소리가 없는 것은 아니다. NAC 제조업체들이 이미 그렇게 말하고 있다. 정제에 대단한 독성은 없지만 부작용으로 구역질이 날 수 있다. 그리고 장기적 복용에 관해서는 조사된 예가 없고, 다른 처방약들과의 상호 작용에 관해서도 점검된 바가 없다.

무해한 방법으로 체내 글루타티온 농도를 높일 수 있다면 참 좋을 텐데, 어쩌면 정말 그런 방법이 있는지도 모르겠다. 치즈를 만들 때 유청에서 응유를 걸러내는 단계가 있는데, 액체 찌끼인 유청에는 시스테인이 풍부한 단백질들이 들어 있다. 이것을 특수한 방식으로 가공하면 단백질 속 시스테인이 세포로 잘 전달되고, 그곳에서 글루타티온 형성을 촉진한다. 이 유청 제품으로 운동선수들의 지구력을 향상시켰다는 연구 결과가 몇 있었다. 아마도 자유 라디칼로 인한 근육 손상을 줄여주기 때문인 듯하다.

그뿐이 아니다. 사람의 전립샘 세포에 유청 단백질을 가했더니 글루타티온 농도가 높아졌다는 실험실 결과가 있었다. 전립샘암 예방 효과가 있을지도 모름을 암시하는 것이다. 단백질 농축물을 먹은 동물들은 실제로 발암물질에 대한 저항력이 커졌다. 아울러 좀 이상한 결과이긴 하지만, 유청이 정상 세포에서는 글루타티온 농도를 높이되 암 세포에서는 오히려 낮춤으로써 화학요법이나 방사선 치료를 받을 때 암 세포가 더 쉽게 제거되게 만든다는 결과도 있었다. 시스테인을 공급하는 유청 단백질을 매일 복용하면 혈중 환경 독소 제거에 도움이 되는지 알아보는 연구가 현재 진행 중이다. 우리는 옳다구나 하며 당장 글루타티온 보충제 열풍을 일으키기 전에 그런 증거들을 확인할 필요가 있다. 하지만 일단 방향은 제대로 잡은 것 같다.

불소 수돗물을 위한 변명

FLUORIDIZED
TAP WATER

세상에서 가장 흔한 병이 무엇일까? 세균 감염이 퍼뜩 떠오를 것이다. 아니면 심장질환, 아니면 암, 아니면 AIDS라도. 정답은 감기이다. 그렇다면 두 번째는 무엇일까? 바로 **충치**p.30이다. 충치는 보기에 흉하고 통증도 일으키는데, 그보다 더 중요한 문제는, 구강 건강이 나빠지면 박테리아가 혈류로 들어가서 호흡기나 심장에 문제를 야기할 수도 있다는 점이다. 다행스럽게도 충치는 예방할 수 있다. 구강 위생에 신경을 쓰고 단것을 줄이는 게 필수 예방책이다. 또 화학적 개입법으로 충치 저항력을 높일 수도 있다. 불소(플루오린)를 쓰는 방법이다.

치아 사기질의 대부분을 구성하는 수산화인회석은 산에 약해 쉽게 손상된다. 입안에 자연적으로 서식하는 박테리아들, 특히 스트렙토코쿠스 무탄스 같은 녀석들이 당을 먹고 대사물질로 산을 내놓으면, 짜잔 하고 구멍이 생긴다. 만일 우리가 음식에 불소를 넣거나 치아에 직접 국소적으로 불소를 바르면, 불소가 치아 구조에 융합되어 보다 안정적인 불소화인회석을 형성한다. 불소를 치아에 융합시키는 최선의 방법은 이가 만들어지는 동안 음식을 통해 불소를 공급 받는 것이라고 알려져 있지만, 최근의 연구에 따르면 치아에 국소적으로 불소를 가하는 것도 충치 예방에 효과적이다. 불소에는 부차적인 효과도 있다. 불소는 효소 활동에 개입하곤 하기 때문에, 가령 박테리아들이 당을 산으로 전환하는 과정을 돕는 효소들을 방해할 수 있다. 치아 부식은 매우 보편적인 문제라서, 소량의 불소를 식수에 더하는 간단한 예방책이 반갑게 여겨질 만하다.

많은 보건 전문가들은 수돗물 불소화가 그간 시행된 여러 공중보건 조치들 중에서 가장 효과적이고 안전한 방법이라고 주장한다. 하지만 그 견해에 모두가 동의하는 것은 아니다. 불소화가 잘못된 방향이고, 효과가 없으며, 위험하다고 주장하는 사람들도 있다. 그들에 따르면 정부, 산업계, 미군이 공중보건 관료들과 결탁하여 비료 산업의 부산물로 나오는 유독물질을 안전한 충치 예방물질처럼 탈바꿈시킨 것뿐이다. 왜? 그래야 불소를 수돗물에 넣어 폐기해 버릴 수 있을 테니까. 불소화 반대자들은 또 주장하기를, 그 범인들은 불소의 위험을 보여 주는 데이터를 대중의 시야에서 감추고, 반대 의견을 내놓는 과학자들의 경력을 망쳐 버린다. 과학에서는 논쟁이 드물지 않지만 수돗물 불소화처럼 양 진영에서 통렬한 독설이 쏟아지고, 과학 문헌을 잘못 끌어대어 경쟁하는 문제는 또 없다.

먼저 역사를 좀 살펴보자. 1901년에 프레더릭 매케이는 콜로라도주 콜로라도스프링스에서 치과를 개업했다. 그는 환자들 가운데 치아에 얼룩덜룩한 반점이 있는 사람이 많다는 것을 눈치 챘는데, 이것이 오늘날 불소침착증이라 불리는 현상이다. 그런데 치아가 흉한 사람들일수록 충치가 적다는 사실을 발견하고 매케이는 깜짝 놀랐다. 알고 보니 콜로라도스프링스의 식수가 불소 함량이 무척 높은 것이 원인이었다. 매케이의 관찰 이후 과학자들은 식수 속 불소 함량이 서로 다른 마을들을 골라 주민들의 치아 상태를 비교해 보았다. 곧 자연적인 불소 농도가 1ppm이 넘으면 충치 발생률이 50에서 65퍼센트 사이까지 낮아진다는 게 밝혀졌다. 이 농도라면 어린이들이 불소침착증을 조금이라도 드러낼 확률이 약 10퍼센트밖에 되지 않았으므로, 세계보건기구는 불소 함량이 낮은 지역에서는 식수에 불소를 보충할 것을 권고하

"독성은 언제나 용량의 문제이다. 쥐가 순수한 불소화 나트륨을 한 입 삼키면 죽겠지만, 수돗물처럼 불소 농도가 1ppm인 물로 같은 운명을 맞으려면 물을 대략 100리터는 마셔야 한다."

기 시작했다.

1945년, 미시건 주 그랜드래피즈 시가 세계 최초로 식수에 불소를 더해 농도를 1ppm으로 맞추었다. 이듬해에는 캐나다 온타리오 주의 브랜트퍼드가 뒤를 따랐다. 브랜트퍼드는 불소에 관한 역학조사를 처음 수행한 곳이기도 했다. 1948년과 1959년, 과학자들은 식수 속 불소 농도가 낮은 사니아의 충치 발생률을 불소 농도 1.6ppm인 스트래트퍼드와 비교해 보았다. 두 차례의 조사에서 모두 사니아의 충치 발생률은 아주 높아서, 9살에서 11살 사이 아이들 중 90퍼센트가 충치가 있었다. 반면에 스트래트퍼드에서는 충치 발생률이 50퍼센트에 불과했다. 그러면 브랜트퍼드는 어땠을까? 브랜트퍼드의 충치 발생률은 1948년에 90퍼센트였으나 1959년에는 50퍼센트로 떨어졌다. 이 결과를 본 사니아 시도 수돗물 불소화를 도입했다. 요즘 북아메리카에서는 불소화가 널리 시행되고 있다. 미국 치과의사협회는 수돗물 불소화를 강력하게 지지하며, 불소화에 1달러를 쓰면 향후 치아 관리에 들 비용 50달러를 아낄 수 있다고 추산한다.

수돗물 불소화는 시작부터 여러 사람의 반감을 샀다. 반대자들은 자기가 마실 물에 '쥐약'을 타는 것을 싫어했고, 사람들이 마실 물의 종류를 정부가 결정할 권리는 없다고 주장했다. 감정이 고조되었고, 불신이 만연했다. 1944년 3월에 뉴욕 주 뉴버그 시가 수돗물 불소화

계획을 발표했다. 불소화가 시작되기로 예정되었던 날, 시 보건 공무원들은 시민들로부터 냄비가 변색되었다, 소화 장애가 생겼다, 틀니가 갈라졌다는 등등의 불평 신고를 받고 깜짝 놀랐다. 하지만 사실 불소화 기기가 제때 준비되지 못해서 아직 물에 아무 변화가 없었다!

수돗물 불소화는 실제로 충치 발생률을 낮춘다. 다만 어느 정도 낮추느냐 하는 점은 논쟁의 대상이다. 요즘 사람들은 불소 치약, 구강 세정제, 영양보조제 등을 쉽게 접하기 때문에, 부유한 지역에서는 불소화 수돗물이 미치는 영향력이 줄었다. 불소화 수돗물의 이득을 가장 많이 누릴 대상은 가난한 동네에 사는 사람들이다. 그런데 그 이득을 누리려면 어떤 위험을 감수해야 할까?

불소에는 독성이 있다. 그 점에는 의심의 여지가 없다. 수돗물 불소화 반대자들이 자주 상기시키듯, 불소는 실제로 쥐약으로 쓰였다. 하지만 그 사실은 식수에 불소를 넣어서 치아 건강을 개선할 것인가 말 것인가를 결정하는 문제와는 아무 상관이 없다. 독성은 언제나 용량의 문제이다. 쥐가 순수한 불소화 나트륨을 한입 삼키면 죽겠지만, 통상적인 수돗물처럼 불소 농도가 1ppm인 물로 같은 운명을 맞으려면 물을 대략 100리터는 마셔야 한다. 그것도 절대 소변을 보지 않고 말이다. 적절한 맥락도 없이 대뜸 어떤 물질을 독이라고 규정하는 것은 무의미하고 무책임한 일이다.

말이 나왔으니 말이지만, 우리는 항시 독을 사용하고 있다. 수질 정화에 사용되는 염소는 화학무기로 쓰인다. 모르핀은 탁월한 진통제이지만 통증 경감에 필요한 양보다 조금이라도 많이 적용하면 사람을 잠에 빠뜨릴 수 있고, 그보다 더 많이 적용하면 아예 영원히 잠들게 할 수 있다. 아스피린도 다량을 복용하면 치명적이고, 소금이나 철분 보충제나 불소 치약도 마찬가지이다. 토하지 않고 다 삼키기가 어려워 그렇지, 이론적으로는 불소 치약을 먹어서 치사 상태에 빠질 수도 있다. 그래도 이런 사실은 불소를 물에 넣을 것인가, 혹은 치약에 넣을 것인가 하는 문제와는 상관이 없다. 불소가 핵무기 제조시 우라늄 농축에 쓰인다는 사실, 사린 신경가스 제조에 쓰인다는 사실, 알루미늄을 광석에서 분리하는 데 쓰인다는 사실도 역시나 무관한 내용이다.

불소화 반대자들은 수돗물 불소화에 흔히 사용되는 화학물질인 규불화수소산이 비료산업의 부산물이라는 사실도 즐겨 지적한다. 그 말은 사실이다. 하지만 그래서 뭐 어떻다는 것인가? 산업 쓰레기를 그냥 폐기하는 대신에 유용한 물질로 바꿔 내는 것은 오히려 대단히 바람직한 일이다. 이런 논변들은 1950년대에 조 매카시 상원의원이 불소화를 가리켜 공산주의자들이 미국을 중독시키려고 만들어 낸 계략이라고 주장했던 것만큼이나 어리석은 이야기이다. 혹은 설탕 산업이 단것 판매를 늘리되 아이들의 치아에 영향을 미치지 않기 위해서 만들어 낸 성공 전략이라는 주장만큼이나 어리석다. 불소화 반대자들은 부적절한 논변과 지나친 공포감 조성으로 말미암아 자신들의 대의마저 해치고 있다. 이 문제를 보다 주의 깊게 살펴봐야 할 합리적인 이유들은 따로 있을지도 모르는데 말이다.

수돗물 불소화를 겨냥한 주요 비난들은 다음과 같다. 불소화가 골절과 뼈암 위험을 높인다는 주장, 갑상샘을 비롯하여 여러 생체계통의 기능을 방해한다는 주장, 규불화수소산 생산 공정에서 끼어든 오염물질에 대중이 노출될 수 있다는 주장, 치아의 불소침착증을 일으킨다는 주장. 이중에서 마지막 주장만이 확실한 걱정거리이다. 치과 의사들에 따르면 수돗물에 불소가 더해진 지역에서는 불소침착증의 증거인 흰 반점을 보이는 환자들이 확실히 많다. 그저 미용상의 문제이긴 하지만 그래도 문제는 문제다. 불소 치약, 불소가 든 구강 세정제, 불소화 물로 만든 가공식품이나 음료가 널리 유통됨에 따라 일부 인구가 적정량보다 많은 수준으로 불소에 노출되어 이런 현상이 생기고 있다. 이처

"수돗물에 든 1ppm쯤의 불소마저 위험하다는 내용은 미국 국립연구위원회 보고서의 어디에서도 찾아볼 수 없다. 1ppm의 농도조차 위험하다고 해석하는 것은 명백히 틀린 말이다."

럼 요즘은 불소 공급원이 주변에 흔하고, 어릴 적부터 치아 관리를 잘하는 경향이 있기 때문에, 수돗물 불소화를 시행하는 지역과 시행하지 않는 지역의 충치 발생률 차가 상당히 좁혀졌다. 다소 확인이 어려운 통계이긴 하지만, 어쨌든 한번도 불소화를 시행하지 않은 밴쿠버의 현재 충치 발생률은 30년 전부터 불소화를 시행해 온 토론토와 비슷한 수준이다.

불소화에 대한 다른 비난들은 훨씬 모호하다. 불소에 발암성이 있을지도 모른다고 암시하는 실험실 실험과 동물 실험이 있긴 하지만, 불소화 지역과 비불소화 지역 사람들을 상대로 한 광범위한 역학조사 결과를 보면 불소화 지역 소년들에게서 한 가지 희귀한 종류의 뼈암이 높게 나타날 가능성을 제외하고는 다른 암 발생률에는 아무런 차이가 없었다. 쉽게 예상할 수 있다시피, 불소는 치아에서처럼 뼈에도 융화된다. 놀랍게도 이 경우에는 뼈가 오히려 약해질지도 모른다고 하는데, 이번에도 역학조사를 해본 결과, 실제로 골절 위험이 증가하더라도 아주 작은 정도에 불과했다.

불소는 또 효소계의 활동에 간섭한다. 입안의 박테리아들도 그런 식으로 통제한다. 그렇다면 이론적으로 볼 때 불소가 갑상샘 기능을 비롯하여 다양한 인체 기능들에 부정적인 영향을 미칠지도 모르는 일이다. 하지만 이론은 증거가 아니다. 마지막으로 불소화 반대자들이 지적하듯이 규불화수소산에 미량의 납, 비소, 라듐 같은 오염물질이 들어 있을 수 있고, 모두 바람직하지 못한 물질인 것도 사실이다. 하지만 이런 경로로 식수에 들어가는 오염물질의 양은 여러 수계에 자연적으로 들어 있는 양보다 적다. 알고 보면 불소화 물보다 차가 불소를 더 많이 공급하지만, 차 때문에 부작용을 느낀다는 사례는 전혀 없었다.

불소 논쟁은 2006년 3월에 다시 불붙었다. 미국 국립연구위원회(NRC)가 〈식수 속 불소: 환경보호국 기준에 대한 과학적 점검〉이라는 보고서를 내놓았기 때문이다. 매체들은 이 문제를 폭넓게 다루었다. 대부분의 기자들은 식수의 불소 최대허용농도를 현행 4ppm보다 낮춰야 한다고 판단한 보고서의 종합적인 권고사항을 정확하게 보도했지만, 여기서 한 걸음 더 나아가서 이 권고를 수돗물 불소화의 안전성에 대해 뭔가 조치를 취해야 한다는 뜻으로 해석해 버렸다. 그것은 상당한 비약이다. 이 보고서가 진실로 주장하는 바가 무엇인지, 그로부터 적절하게 끌어낼 수 있는 결론은 무엇인지 잠깐 분석해 보자.

1986년, 미국 환경보호국은 당시에 존재하던 증거들을 토대로 하여 식수 속 불소의 최대허용농도를 4ppm으로 정했다. 그보다 농도가 높으면 치아 사기질이 약해진다는 사실에 근거한 것이었다. 4ppm 수준에서 다른 피해가 있다는 증거는 없었다. 적어도 환경보호국이 내놓을 수 있는 증거는 없었다. 그러나 불소화 반대 집단들의 의견은 달랐다. 그들은 식수 속 불소가 근골격계, 신경행동계, 내분비계에 위험이 된다고 주장했고, 심지어 암을 일으킨다고도 했다. 4ppm 기준이 세워진 1986년 이래 불소에 관하여 온갖 측면의 연구들이 무수히 수행되었다. 환경보호국은 이제 그간의 증거들을 검토하여 최대 기준이 지금도 적절한지 판단할 때가 되었다고 본 것이다.

전문가 검토단은 최신의 독성학적, 역학적, 임상학적 연구들을 점검했다. 그들의 결론은 4ppm 농도에서도 아이들이라면 심각한 사기질 불소침착증을 겪을 수 있고, 그 물을 지속적으로 마시면 뼈가 약해져 골절 위험이 높아질 수 있다는 것이었다. 검토단은 이에 기반해서 현행 4ppm인 기준을 낮추는 게 좋겠다고 권고했다. 중요한 대목은 여기부터다. 충치 예방 목적으로 식수에 불소를 탈 때는 최종 농도가 0.7에서 1.2ppm 사이가 되도록 하고 있다. 어차피 4ppm 근처에도 못 미치는 것이다. 그러면 4ppm 이상의 물 때문에 위험에 노출된 사람이 있긴 있을까? 북아메리카 인구 중 0.5퍼센트가량은 자연적 불소 함량이 4ppm 이상인 물을 마시고 있다. 그러니까 천연 불소 함량이 높은 식수 때문에 문제가 불거질 가능성은 존재하는 것이지만, 지자체 공급 수돗물에 든 1ppm쯤의 불소마저 위험하다는 내용은 국립연구위원회 보고서의 어디에서도 찾아볼 수 없다.

위원회 과학자들은 호르몬 문제나 암까지 포함해서 생각할 수 있는 온갖 건강 문제들을 다 살펴보았다. 그래도 악영향은 없었다. 사기질이 약해지고 뼈가 조금 약해진다는 것, 그것도 4ppm에서 그렇다는 것뿐이었다. 게다가 불소 함량을 통상의 1ppm 미만으로 낮춰야 한다는 권고도 없었다. 미래에 다른 연구가 등장해서 불소 문제를 다시 제기할 가능성이 아예 없다고 못 박을 순 없겠지만, 보고서를 놓고서 1ppm의 농도조차 위험하다고 해석하는 것은 명백히 틀린 말이다.

사기질에 희미한 흰 선이나 얼룩이 생기는 불소침착증은 사실상 미용상의 문제이다. 침착증의 위험은 치아가 돋는 시기에 가장 높다. 따라서 미국치과의사협회는 분유 제조에 불소화 물을 사용하지 말 것과 2세 미만의 아이들에게 불소치약을 쓰지 말 것을 권한다. 더 큰 아이들도 불소치약을 콩알만 한 크기 이상으로는 쓰지 말아야 하고, 삼키지 말라고 가르쳐야 한다.

현재의 과학을 믿자면 수돗물 불소화가 심각한 건강 문제를 일으킬 가능성은 없다. 하지만 이제는 모든 지자체가 수돗물 불소화를 시행해야 할 이유도 없다. 불소치약, 치과에서 받는 불소 처방, 식음료에 든 불소만으로도 치아 질환을 예방하기에 충분하기 때문이다.

어떻게 비타민을 보충해야 할까?

HOW TO EAT VITAMINS

비타민은 식단에 반드시 포함해야 하는 필수요소로서, 구루병이나 괴혈병 같은 전형적인 비타민 결핍 질병을 막아 준다. 어떤 비타민들은 항산화 성질도 있다. 그렇다 보니 그밖에도 건강에 유익한 점들이 더 있지 않을까 궁금해진다. 우리는 비타민 보충제를 먹어야 할까? 비교적 대답하기 쉬운 질문이 아닌가 생각하는 사람이 있을지도 모르겠다. 비타민 및 미네랄 섭취가 건강과 어떤 관계가 있는지 밝힌 연구들이 말 그대로 수천 건은 있지 않은가. 북아메리카 인구 중 1억 이상이 그 답이 이미 내려졌다고 믿고, 스스로 질병을 예방하고자 매일 갖가지 보충제를 먹는다. 그 과정에서 총 250억 달러를 쓴다. 그런데 그 사람들이 다 잘못된 길을 따르는 것일 수도 있다고?

보충제의 역할을 조사하는 데에는 몇 가지 방법이 있다. 우선 보충제를 먹는 사람들을 골라서 그들의 건강 상태를 살펴볼 수 있다. 아니면 특정 항산화물질의 혈중 농도를 측정한 뒤에 그 데이터를 질병 패턴과 연관지을 수도 있다. 그도 아니면 시험하고자 하는 물질 또는 위약을 피험자들에게 장기간 먹인 뒤에 결과를 평가하는 개입 연구를 할 수도 있다. 마지막으로 메타 분석이 있다. 고품질의 여러 연구들을 한데 모아서, 각각 보았을 때에는 뚜렷하게 드러나지 않았던 정보를 캐내는 기법이다.

전형적인 형태의 조사 연구, 달리 말해 '관찰' 연구로 다음과 같은

"임신 중에 비타민 E 섭취를 적게 했던 집단은 아이가 천식 에 걸릴 위험이 높았고, 임신 중에 비타민 보충제를 섭취한 집단의 아이들은 뇌 종양 발생률이 낮았다."

사례가 있었다. 건강한 미국인 의사 8만 3000여 명을 모집하여 보충제 섭취와 식습관에 관한 설문지를 작성시켰다. 정기적으로 **비타민 보충제**[p.147]를 먹는다고 한 사람은 약 30퍼센트였다. 6년이 흐른 뒤, 의사들 중 1000명쯤이 각종 심혈관질환으로 사망했다. 죽은 사람들은 항산화물질 보충제를 더 많이 먹는 축이었을까, 적게 먹는 축이었을까? 알아보니 보충제와 심혈관 원인 사망 사이에는 아무 관계가 없었다. 물론 의사들이 일반인들보다 건강을 더 조심하고 식사에도 더 신경을 쓰는 편이라 이미 항산화물실을 충분히 섭취하고 있었는지도 모른다.

심지어 보충제가 부정적인 영향을 미친 것으로 드러난 연구도 있었다. 폐경이 지난 간호사 7만 명가량에게서 얻은 데이터를 분석한 결과, 18년 동안 음식이나 보충제로부터 비타민 A를 많이 섭취한 집단은 골절 위험이 높았다. 한편 임신 중에 비타민 E 섭취를 적게 했던 집단은 아이가 천식에 걸릴 위험이 높았고, 임신 중에 비타민 보충제를 섭취한 집단의 아이들은 뇌 종양 발생률이 낮았다.

혈중 비타민 수치에 관한 연구는 어떨까? 영국의 어느 연구진은 피험자 2만 명 중 혈중 비타민 C 농도가 가장 높은 사람들이 가장 오래 살았음을 확인했다. 하지만 그것이 비타민 C 때문이었을까, 아니면 비타민 C가 채소 섭취를 많이 한다는 사실을 드러내는 표시에 불과했을까? 한편 **엽산**[p.142] 농도가 낮으면 유방암과 심장질환 위험, 그리고 신경관 결함이 있는 아이를 낳을 위험이 높아진다고 알려져 있다. 어쨌든 이런 연구들은 인과관계를 보여 주는 것은 아니다. 우연히 엽산의 양과 비례하게 된 다른 요인 때문에 이런 관찰 결과가 나왔다고도 말할 수 있기 때문이다. 그렇기 때문에 개입 연구가 가장 의미 있는 형태이다. 임신부의 엽산 섭취에 관해서라면, 개입 연구가 관찰 결과를 지지한다. 매일 400마이크로그램씩 엽산 보충제를 먹은 여성들의 태아는 신경관 결함 위험이 현저하게 낮았다.

비타민 Ap.139의 전구물질인 베타카로텐, 또는 **비타민 E**p.147와 C 등의 항산화물질이 심장질환 예방에도 한몫 하리라고 기대하는 건 어쩌면 합리적인 일이다. 왜냐하면 콜레스테롤은 산소와 반응하여 분자구조가 살짝 달라진 산화 형태일 때 심장동맥에 가장 크게 피해를 주기 때문이다. 이론적으로는 항산화물질이 그 산화 반응을 저지해 주어야 한다. 하지만 실제로는 이야기가 좀 다른 듯하다. 영국 옥스퍼드의 과학자들은 당뇨, 고혈압, 고콜레스테롤 수치 같은 심장질환 위험인자를 가진 성인 2만여 명을 모집한 뒤, 절반에게는 비타민 E 600IU, 비타민 C 250밀리그램, 베타카로텐 20밀리그램이 든 보충제를 매일 먹였고, 나머지 절반에게는 위약을 주었다. 보충제가 혈중 비타민 농도를 높인다는 사실은 검사를 통해 분명하게 알 수 있었다. 하지만 5년이 지난 뒤에 보니, 어떤 종류의 질병이든 질병 발생률과 사망률에 있어서 두 집단 사이에 전혀 차이가 없었다. 어쩌면 이 피험자들은 이미 심혈관질환이 개시된 상태라서 보충제로는 그 진행을 되돌릴 수 없었을지도 모른다. 어쩌면 건강한 사람에게는 보충제가 예방 효과를 발휘할지도 모른다.

이렇듯 과학 문헌에서 선택적으로 정보를 뽑아냄으로써 '보충제를 먹을 것인가 말 것인가' 토론에서 양쪽을 다 지지하는 것이 가능하다. 하지만 모든 데이터를 집결해서 메타 분석을 해보면 어떨까? 때로는 그 결과가 혼란을 가중하기만 한다. 세르비아몬테네그로 시절에 니시 대학교(현재는 세르비아에 있다)에서 고란 벨라코비치와 그 동료들이

"비타민 보충제가 우리를 죽이지는 않는다. 그러나 약이 아니라 음식으로 비타민을 얻는 게 더 좋다는 것은 확실하다. 과일, 채소 등에는 보충제로는 결코 흉내 낼 수 없을 정도의 항산화물질, 미네랄 등이 있다."

수행했던 메타 분석이 그랬다. 그들은 식품으로 섭취하는 항산화물질의 양과 위창자암의 관계를 점검했다. 장에서 자유 라디칼이 발생하면 암으로 이어질 수 있고, 채소는 항산화물질을 많이 함유하고 있기 때문에 그에 대한 예방 효과가 있다고 한다. 그러니 항산화물질 보충제를 먹으면 암 예방에 좋으리라고 기대하는 게 합당한 것 같았다.

벨라코비치는 과학 문헌을 샅샅이 뒤져서 엄밀한 위약 통제 실험을 수행한 연구 14개를 골라냈다. 피험자 수는 17만 명이 넘었다. 모든 연구가 구강 보충제를 사용했는데 양은 편차가 있었고, 조합도 다양했다. 비타민 C는 하루 120에서 2000밀리그램 사이였고, 비타민 A는 1.5에서 15밀리그램, 베타카로텐은 15에서 50밀리그램, 셀레늄은 50에서 228마이크로그램, 비타민 E는 30에서 600IU 사이였다. 모두 몇 년에 걸쳐 복용시킨 실험이었고, 매일 먹거나 이틀에 한 번씩 먹게 했다. 이 정도는 보통 사람들이 평균적으로 섭취하는 양과 비슷하다.

메타 분석 결과는 예상 밖이었다. 식도암, 위암, 대장암, 췌장암, 간암에 대해서 아무런 보호 효과도 발견되지 않았다. 다만 드물긴 해도 셀레늄 보충제에서만은 조금 낙관적인 결과가 나왔다. 진짜 충격적인 사실은 이것이었다. 모두 고품질이었고 총 대상자 수가 13만 명이 넘은 일곱 개 연구에서, 보충제 섭취자들의 조기 사망 위험률이 더 높았던 것이다! 정확한 계산에 따르면 보충제 섭취자 100명 가운데 1명

"멀티비타민 정제를 과다 복용하면 진행성 전립샘암 위험이 높아진다. 하루에 한 알만 먹는 것은 문제가 없었고 오히려 보호 효과가 있는 것으로도 보였다."

꼴로 조기 사망한다고 했다.

당장에 "비타민은 죽음을 앞당긴다" 같은 자극적인 제목의 기사들이 등장한 것도 무리가 아니었다. 이 충격적인 발견을 어떻게 해석해야 할까? 연구는 훌륭했고, 가중치를 채택한 통계 분석이었다. 혹시 아픈 사람들일수록 보충제를 열심히 먹는 법이라 사망률이 높게 나타났을까? 보충제를 훨씬 오래 복용해야 효력이 있는 걸까? 암은 예방하지 못해도 다른 편익들이 있을지도 모르는 것 아닐까?

벨라코비치 박사는 두 번째 메타 분석을 감행해서 이런 가능성들을 살펴보기로 했다. 그의 연구진은 베타카로텐, 비타민 A, 비타민 C, 비타민 E, 셀레늄 보충제의 이점을 다룬 논문들을 수백 건 찾아낸 뒤, 맹검 기법, 무작위성, 위약 통제 면에서 적절한 기준을 만족시키는 연구 68건으로 압축했다. 어떤 연구는 보충제를 소량 사용했고, 어떤 연구는 다량 사용했다. 어떤 연구는 기간이 몇 달이었고, 어떤 연구는 몇 년이었다. 어떤 연구는 하나의 항산화물질만 사용했고, 어떤 연구는 다양한 조합을 사용했다. 메타 분석의 강점은 그 다양한 연구들의 결과를 하나로 담아서 변수들을 고르게 하고 전체적인 결론을 끌어내는 데 있다. 벨라코비치는 이번에도 전과 마찬가지로 보충제의 효용을 전혀 발견하지 못했다. 역시 전과 마찬가지로 오히려 보충제 섭취자들의 사망률이 더 높았다. 그의 데이터는 확실한 것 같다. 68개 실험에 23만여 명의 대상자가 참여했고, 그중 21가지 연구는 예방 차원에서 항산화물질을 섭취한 건강한 사람들에 집중한 연구였다.

당연히 비판의 포화가 격렬하게 쏟아졌다. 비판자들은 적당한 연구들이 더 많이 있는데 모두 제외되었다고 주장했다. 또 사망 원인이 구체적으로 확정되지 않았고, 알고 보면 그 원인들이 보충제와 무관할지도 모른다고 주장했다. 다른 보충제나 처방약을 함께 복용하는 사람들 때문에 이런 면이 가려졌을지도 모른다고도 했다. 항산화물질이 어떤 생물학적 메커니즘을 통해 해를 입히는지 설명된 바가 없다고도 지적했다. 글쎄, 마지막 주장은 꼭 옳은 말은 아니다. 반증을 하나만 들자면, 어떤 백혈구들은 자유 라디칼을 생성함으로써 독소를 공격하는데, 항산화물질이 그 활동을 방해할 가능성이 있다.

물론 벨라코비치의 분석을 겨냥한 비판들 중 일부는 유효한 지적이다. 하지만 그토록 많은 대상자와 그토록 많은 연구를 아우른 분석이었기 때문에, 항산화물질이 조금이라도 유익한 점이 있다면 분명히 드러났을 것이다. 말이 나왔으니 말인데, 벨라코비치 박사와 그 연구진은 기업에서 지원금을 받지 않았다. 그들에게는 영양보조제를 때려눕힐 이유도, 지지할 이유도 전혀 없었다.

나는 비타민 보충제가 우리를 죽인다고 생각하지 않는다. 그러나 알약이 아니라 음식에서 비타민을 얻는 게 더 좋다는 증거가 속속 쌓여 가는 것도 사실이다. 과일, 채소, 통곡물에는 항산화물질, 미네랄, 또한 아마도 우리가 모르고 있을 다른 성분들이 마술처럼 잘 섞여 있어서 보충제로는 도저히 모방할 수 없는 수준인 듯하다. 미국 국립보건연구소에서 전문가 13인을 모아 비타민 보충제에 관한 검토단을 꾸린 일이 있다. 검토단은 세 가지 경우를 제외하고는 보충제를 권할 증거도, 권하지 않을 증거도 부족하다고 결론을 내렸다. 세 가지 경우란 임신 중인 여성이 **비타민 B**[p.144]를 복용하면 좋다는 것, 폐경 후 여성이 칼슘과 비타민 D 보충제를 먹으면 골절 예방에 좋다는 것, 베타카로

"비타민 C는 하루 250에서 500밀리그램 범위 안에서 섭취하면 안전하다. 비타민 E는 400IU까지 안전하다. 비타민 A는 4000IU를 넘지 말아야 한다."

텐, 아연, 비타민 C, 비타민 E 혼합제를 먹으면 황반변성 진행을 더디게 할 수 있다는 것이다. 보충제로 심장질환을 막을 수 있다는 내용은 권고사항에 끼지 못했다는 점을 눈여겨보자. 많은 사람들이 이 사실에 놀랄 것이다. 왜냐하면 비타민이나 미네랄 보충제로 동맥경화(죽상동맥경화증)를 막음으로써 결과적으로 심장질환도 막을 수 있다는 주장이 거의 정설처럼 굳어 있기 때문이다.

비타민 E나 C, 비타민 A의 전구물질인 베타카로텐, 미네랄인 셀레늄 같은 항산화물질들이 시험관에서 자유 라디칼로 인한 손상을 완화함으로써 죽상동맥경화증의 발달을 막는 데 한몫한다는 것은 틀림없는 사실이다. 비타민 B도 보호 효과가 있는 것으로 짐작된다. 왜냐하면 심혈관질환의 또 다른 독립적 위험인자인 **호모시스테인**p.142의 혈중 농도를 비타민 B가 낮추기 때문이다. 앞서 설명했듯, 사람을 대상으로 한 조사 결과, 호모시스테인 수치가 높으면 심장질환 위험도 높았다. 항산화성 비타민을 적게 섭취하는 인구집단은 죽상동맥경화증 진전 속도가 빠르다는 것을 보여 준 연구도 많이 있다. 하지만 그런 관찰로는 인과관계를 입증하지 못한다. 항산화물질 섭취량이 적은 사람들은 그밖에도 여러 가지 생활방식의 차이가 있을 것이다. 인과관계를 입증하려면 한 집단에는 보충제를 주고 다른 집단에는 위약을 주는 무작위 통제 시험을 해야 한다. 그런 임상시험에서 비타민의 심장질환 예방 효과가 이렇다 하게 확인된 사례가 아직까지 없다는 이야기는 이미 했다. 물론 시험 기간이 충분히 길지 않았을 가능성은 배제할 수 없다.

그런 사정들 때문에, 볼티모어 소재 존스홉킨스 대학교의 연구진은 아예 인체를 직접 들여다봄으로써 보충제가 죽상동맥경화증 발달을 늦추는지 조사해 보기로 했다. 요즘은 혈관조영술, 초음파, 자기공명영상, 컴퓨터단층촬영 등 동맥이 굳은 정도를 직접 점검할 수 있는 각종 영상 기술이 많다. 엘리세오 과야르 박사와 동료들은 환자들에게 항산화물질 보충제나 비타민 B를 준 뒤에 그들의 심장동맥 상태를 촬영한 무작위 통제 연구를 11건 찾아냈다. 그중 두 연구에서는 비타민 E만 쓰였고, 세 연구에서는 **비타민 E**[p.147]와 C를 섞은 것이 쓰였고, 나머지 연구들에서는 비타민 E와 C, 베타카로텐, 셀레늄을 다양한 비율로 섞은 것이 쓰였다.

비타민 B만 쓴 연구도 몇 있었다. 한마디로 심장병 위험을 낮춰준다고 알려진 온갖 보충제 기법들이 다 탐구된 셈이었다. 결과는 대단히 실망스러웠다. 비타민 조합을 어떻게 했어도 죽상동맥경화증 발달이 늦춰지지 않았다. 비타민은 풍선혈관성형술로 열어 놓은 심장혈관이 다시 닫히는 것을 막는 데에도 아무 영향을 미치지 못했다. 고품질의 통제 연구들을 철저하게 메타 분석한 존스홉킨스 연구진은, 죽상동맥경화증을 예방하고자 비타민과 미네랄 보충제를 섭취하는 최근의 유행은 과학적 근거가 없다고 결론 내렸다.

과학적 지지가 없더라도 사람들은 보충제를 먹는다. 혹여 식단에서 부족한 것이 있을지도 모르므로 '영양학적 보험' 차원에서 먹는 것이다. 이것은 크게 위험할 게 없고, 어쩌면 조금은 유익할지도 모르는 일이다. 다만 엄청난 양을 먹는 것은 피해야 한다. 2007년에 국립암연구소가 발표한 연구를 보면 멀티비타민 정제를 과량(하루에 한 알 넘게) 복용한 경우에 진행성 전립샘암 위험이 높아졌다. 하루에 한 알만 먹은 남성들은 문제가 없었고 오히려 살짝 보호 효과가 있는 것처럼 보였다. 자, 우리는 이 모든 사실을 어떻게 받아들여야 좋을까? 과학적으로 합의되는 수준은 이렇다. 비타민 C는 하루 250에서 500밀리그램 범위에서 섭취하면 안전하다. 비타민 E는 400IU까지 안전하다. 비타민 A는 4000IU를 넘지 말아야 하고, 일부는 전구물질인 베타카로텐 형태로 섭취하는 것이 바람직하다.

보충제 중 효과가 가장 확실한 것은 비타민 D와 비타민 B, 특히 엽산이다. 비타민 D가 여러 암에 대해 보호 효과가 있음을 암시하는 감질 나는 데이터들이 있고, 비타민 B를 적절하게 섭취하면 치매 위험이 낮아짐을 암시하는 연구가 있다. 비타민 B_6 약 2밀리그램, B_{12} 6마이크로그램, 엽산 400마이크로그램을 함유한 보충제는 식단의 부족분을 충분히 메운다. 비타민 D에 관해서는, 하루에 1000IU쯤 섭취하는 것이 좋다고 믿는 과학자들이 많다. 그만한 양은 보충제를 먹지 않고는 얻기 힘들다.

비타민 선전가들은 자기 제품이 다른 제품들보다 품질이 좋다고 목청껏 외치곤 하지만, 주요 상표들 사이에 실제적인 차이는 사실상 없다. 한 제조업체가 여러 유통업체들에게 비타민을 공급하는 경우가 흔하고, 유통업체들은 그것을 저마다 다른 가격에 판매한다. 비타민 보충제의 실제 가치에는 의문의 여지가 있지만, 많은 사람들이 보충제에서 위안과 희망을 얻는 것만은 사실이다. 그것이야말로 천금을 주고도 얻기 힘든 값진 소득일지도 모른다.

유전자 조작 식품, 위험을 넘어서는 편리함

GMO FOOD PROBLEM

고대 그리스인들은 유전을 제대로 몰랐다. 그들은 낙타와 표범이 교배해서 기린이 태어났고, 낙타와 참새가 교배해서 타조가 태어났다고 믿었다. 참새 입장에서는 정말 어려운 일이었겠다. 그리스인들은 왜 그렇게 믿었을까? 사실이 부재하는 자리에는 상상력이 끼어들기 때문이다. 그 점은 오늘날도 마찬가지다. 최근의 한 조사에 따르면 유럽 사람들 중 3분의 1은 유전공학으로 조작된 토마토만이 유전자를 지니고 있다고 생각한다.

그런 조사를 해보는 까닭은 유전자 조작 식품에 대한 대중의 반응을 떠보기 위해서다. 유전자 조작 식품은 식품 안전성 분야에서 현재 가장 뜨거운 감자로, 이에 비길 만한 소동은 1900년대 초에 멸균 우유가 도입되었을 때의 분란 말고는 달리 없을 것이다. 당시의 활동가들은 멸균기법이 우유의 영양을 파괴시키므로 받아들여서는 안 된다고 사람들을 선동했고, '죽은 박테리아'를 먹는다니 얼마나 공포스럽냐고까지 말했다. 물론 진실로 걱정해야 마땅한 쪽은 **대장균**p.29이나 살모넬라 같은 살아 있는 박테리아를 먹는 일이다. 요즘도 뻔한 상식에 반하여 생우유 제품을 권장하는 사람들이 있다. 그들은 멸균법에 대한 저항을 인권(자유롭게 고를 권리) 문제로 규정하여 주장하고 있다.

현대의 도깨비는 멸균기법이 아니라 유전자 조작이다. 너 나 할 것 없이 이 주제에 대해 나름대로 의견이 있지만, 그 의견이란 과학적 데이터가 아니라 풍문이나 감정에 의거한 것일 때가 너무 많다. 소비자

"철분 결핍은 지적 능력 손상, 면역력 저하, 임신 합병증을 일으킨다. 전 세계에서 수백만 명이 철분 결핍으로 인한 빈혈에 시달린다. 대부분은 쌀을 주식으로 삼는 사람들이다."

들은 '프랑켄푸드'를 논하고, 활동가들은 유전자 조작 작물을 심은 밭을 공격해 망가뜨리면서 한편으로는 이런 작물의 효과에 관해 더 연구를 해야 한다고 아우성들이다.

나는 유전자 조작에 관해 논쟁할 만한 점이 없다고 말하려는 게 아니다. 신기술이라면 무엇이든 논쟁이 존재한다. 나는 유전자 조작 식품에 아무런 함정이 없음을 과학자들이 절대적으로 보증할 수 있다고 말하려는 것도 아니다. 누구도 그런 보증은 할 수 없다. 유전자 조작 식품의 안전성에 대해 무조건적인 안심을 요구하는 것은 순진한 일이다. 우리는 삶의 다른 측면들에 대해서는 그런 요구를 하지 않는다. 비행기가 절대 추락할 리 없다고 안심하기 전까지 타지 않겠다고 하는 사람은 없다. 그런 요구는 어리석다는 것을 잘 알기 때문이다. 우리는 편익이 위험을 능가하는 것을 알기 때문에 비행기를 탄다. 유전자 조작 식품에 대해서도 이런 시각으로 바라보아야 한다.

우선 몬산토, 노바르티스, 아스트라제네카, 기타 생명공학에 관여하는 회사들에게 이득이 되는 일이라고 해서 반드시 대중에게 나쁜 것은 아니라는 점을 이해하자. 몇몇 선동가들의 말을 듣자면 이 회사들은 제 잇속을 채울 마음에서 우리에게 슬쩍 독을 먹이지 못해 안달이라는 인상이 든다. 하지만 제 존립이나 이득을 해칠 것이 뻔한데, 일부러 위험물질을 시장에 내놓으려는 회사는 세상에 없다. 그들은 유전자 조작과 그 안전성에 대해서 상당히 많은 연구를 해왔다. 반대자들이 요즘 우리 귀에 끈질기게 속삭이는 잠재적 문제들 대부분이 식품업계가 오래전부터 다뤘던 것들이다. 가령 유전자 조작 식품의 알레르겐 문제는 기술 태동기부터 연구되어 왔다. 한번은 동물사료의 단백질 품질을 개선하기 위해서 대두에 브라질넛 유전자를 삽입한 시도가 있었는데, 그 결과 알레르겐이 옮겨졌다. 다르게 설명하면 브라질넛에 알레르기가 있는 사람은 그 유전자 조작 대두를 먹고도 반응할 수 있었다. 하지만 정규 시험 과정에서 문제가 발견되었고, 그 대두는 오직 동물사료로만 먹일 예정이었는데도 어쨌든 시장에 나오지 못했다.

어떤 사람들이 땅콩이나 딸기나 생선에 알레르기가 있다는 이유 때문에 이 식품들을 전체적으로 금하지 않는다는 점을 생각해 보자. 사실 유전자 조작 식품에 대한 알레르기라는 이론적 가능성보다는 이런 식품들에 대한 알레르기 확률이 훨씬 높다. 오히려 유전자 조작 땅콩을 만들어서 알레르기 단백질을 제거할 수도 있는 일이다.

유전자 조작에 반대하는 사람들은 통상적인 이종교배 기법만 사용해서 더 나은 변종을 얻어야 하고, 우리가 거기에 만족해야 한다고 주장한다. 하지만 이종교배 과정에서 바람직하지 못한 화학물질이 생겨나지 않는다는 보장은 어디에 있는가? 예를 들어 이종교배 기법을 통해 해충 저항력이 높은 식물을 만들었다고 생각해 보자. 해충은 왜 그 식물을 공격하지 않을까? 그 식물에는 원래의 식물보다 천연 독소가 더 많이 들어 있기 때문이다. 그런 천연 살충제를 먹으면 우리 몸에 어떤 영향이 미치는지 아는 사람은 아무도 없다. 어째서 활동가들은 모든 잡종 식물을 반대하지 않는가? 어째서 모든 식물성 식품에 대해 천연 독소 검사를 시행해야 한다고 주장하지 않는가?

유전자 조작은 구체적인 효용이 있는 기법이다. 하나만 예를 들자면 영양부족을 퇴치하는 일을 들 수 있다. 사람들은 영양부족이라 하면 보통 굶주리는 아이들을 떠올리지만, 그것은 오늘날 전 세계에 만연한 여러 영양부족의 한 종류일 뿐이다. 가장 흔한 것은 오히려 철분 결핍이다. 철분 결핍은 지적 능력 손상, 면역력 저하, 임신 합병증을 일으킨다. 전 세계에서 수백만 명이 철분 결핍으로 인한 빈혈에 시달린다. 대부분은 쌀을 주식으로 삼는 사람들이다. 쌀에는 철분이 거의 없고, 그나마도 피트산염이라는 물질이 함께 들어 있는 바람에 잘 흡수되지 못하는 형태로 존재한다. 피트산염이 소화관에서 철분과 결합하기 때문에 철분이 장 내벽을 통과해 혈류로 이동하는 게 사실상 불가능한 것이다.

과학자들은 유전자 조작기법을 써서 철분 함량이 높은 다양한 변종 쌀을 개발했다. 강낭콩(프랑스콩, 플래절릿, 해리코트콩이라고도 한다)에서 유전자 하나를 분리해 쌀의 DNA에 삽입한 것이었다. 그 유전자는 철분 저장 단백질인 페리틴 합성을 암호화한다. 다르게 설명하자면, 그 쌀은 땅에서 철분을 더 많이 빨아들인다. 과학자들은 곰팡이에서 얻은 다른 유전자 하나도 더불어 삽입했는데, 그 유전자는 피트산염을 분해하는 효소를 암호화한 것이어서 철분의 활용도를 높여준다.

쌀을 주식으로 먹는 인구집단은 비타민 A 결핍도 겪기 쉽다. 쌀에는 **비타민 A**p.139의 인체 내 전구물질인 **베타카로텐**p.133이 극히 소량만 들어 있기 때문이다. 비타민 A 결핍은 개발도상국에서 시력상실의 주된 원인이다. 시력이 손상될 정도로 체내 비타민 A 수치가 낮은 어린이가 줄잡아 2억 5000만 명이라는 추산이 있다. 비타민 A가 부족하면 암이나 피부 질환에 걸릴 소인도 크다.

과학자들은 베타카로텐 합성을 증진시키는 단백질을 암호화한 유전자들을 쌀에 도입함으로써 비타민 A 결핍 문제를 해결했다. 유전자 중 두 개는 수선화에서 얻은 것이었고, 다른 두 개는 어느 박테리아에서 얻은 것이었다. 그 쌀은 노란색이 돌기 때문에 베타카로텐 강화 품종이라는 사실을 확연하게 보여 준다. 현재 철분 강화 쌀과 베타카로텐 강화 쌀을 교배하여 '슈퍼 쌀' 품종을 만듦으로써 수십 억 인구가 겪는 영양학적 문제를 해소하려는 실험이 진행 중이다.

그밖에도 환상적인 가능성들이 많다. 브로콜리에 들어 있는 **설포라판**p.93 같은 항암물질을 다량 함유한 유전자 조작 식품을 만들면 어떨까? 보존기간을 늘린 신선 과일이나 채소를 만들면 어떨까? 먹을 수 있는 백신은? 소금기 많은 땅에서도 번성하는 작물은? 모두 현실적인 가능성들이다.

비판자들의 속이 부글부글 끓는 소리가 내 귀에 들리는 듯하다. 유럽옥수수명나방에 잘 견디는 옥수수를 만들려고 바실루스 투링기엔시스(Bt) 박테리아에서 얻은 유전자를 삽입한 유전자 조작 옥수수 때문에 모나크 나비들이 죽은 이야기는 왜 안 하는가? 유전자 조작을 통해 제초제 저항력을 높인 작물이 잡초와 이화수분하는 바람에 잡초에 제초제 내성이 생길 가능성은 왜 이야기하지 않는가? 유전자 조작 감자를 쥐에게 먹였더니 위장 장애가 생겼다는 연구는 왜 이야기하지 않는가? 이유는 단순하다. 현재의 자료를 기반으로 하여 내가 판단하기에는 이런 우려들은 이미 충분히 조사되었고, 그 결과 근거가 없거나 해결이 가능하다고 밝혀졌기 때문이다. 가령 Bt 옥수수가 아닌 일반 옥수수로 밭 가장자리를 몇 줄 두르면 모나크 나비 문제를 최소화할 수 있다.

유전자 조작은 몹시 복잡한 과학적, 경제적, 정치적, 감정적 주제이다. 지금 유전자 조작을 지지하는 사람들이 언젠가는 자신이 실수했다는 사실을 굴욕적으로 인정해야 할지도 모른다. 유전자 조작이 정말 해로운 것으로 입증된다면 말이다. 하지만 실제로 그런 날이 오기까지는, 우리는 영양이 더 풍부하고 더 맛깔스러운 유전자 조작 변종들을 계속 사용할 것이다.

유기농이라는 환상

FARMING ORGANICALLY

과일인가 채소인가? **토마토**[p.20]에 얽힌 딜레마라면 이것이 가장 큰 문제였다. 그러나 그건 옛말이다. 요즘 사람들은 유기농으로 기른 토마토인지, 통상적으로 기른 토마토인지 알고 싶어 한다. 토마토의 리코펜 함량을 궁금해한다. 익힌 토마토와 생토마토 중에서 어느 쪽이 영양학적으로 우수한지 알고 싶어 한다. 자연에서 가장 맛있는 식품 중 하나인 토마토를 먹는 일이 어쩌다 이렇게 복잡해졌을까?

토마토의 색깔은 핑크자몽이나 수박과 마찬가지로 리코펜 덕분이다. 리코펜에는 또 다른 성질이 있다. 항산화물질이기 때문에 **자유 라디칼을 중화**[p.44]할 수 있는 것이다. 리코펜을 포함한 식단으로 심혈관질환과 황반변성은 물론, 전립샘암, 자궁경부암, 위창자암에도 보호 효과를 얻을 수 있음을 밝힌 연구도 많다. 증거가 결정적인 것은 아니지만 리코펜 섭취를 늘려서 해가 될 게 없는 것은 분명하다. 그렇다면 어떤 토마토가 리코펜 함량이 높은지 알면 뿌듯한 결실 아니겠는가? 내친 김에 어떤 토마토에 베타카로텐, 비타민 C, **폴리페놀**[p.16] 같은 여타 항산화물질들이 많이 들었는지 알면 좋지 않을까?

이것은 간단하게 대답할 수 있는 문제가 아니다. 농작물의 영양소 조성은 많은 요인들에 좌우된다. 햇빛에 대한 노출, 습도, 사용된 비료의 종류와 양, 해충의 공격 정도, 식물의 유전자 등이 그런 요인들이다. 가령 붉은 토마토는 덜 익은 토마토보다 **리코펜**[p.20] 함량이 세 배나

"리코펜 함량은 유기농과 일반 토마토 사이에 차이가 없다. 유기농 혹은 일반 토마토로 만든 퓌레를 3주 동안 매일 96그램씩 사람들에게 먹인 뒤에 혈중 농도를 검사해도 혈중 리코펜, 비타민 C, 폴리페놀 농도에 아무런 차이가 없었다."

높다(그린 토마토 튀김에서는 리코펜 함량일랑 잊자). 방울토마토는 큰 토마토보다 그램당 리코펜 함량이 높고, 폴리페놀도 더 많이 들었다. 토마토의 종류에 따라서도 차이가 난다. 노지에서 길렀는지 온실에서 길렀는지, 얼마나 익었을 때 땄는지에 따라 다 다르다. 그렇다면 합성 살충제나 비료를 쓰지 않고 유기농으로 재배한 토마토는 어떨까? 영양이 더 풍부할까?

프랑스 연구자들이 유기농 토마토와 일반 토마토의 리코펜, 비타민 C, 폴리페놀 함량을 비교해 보았더니, 유기농 토마토가 비타민 C와 폴리페놀 함량이 조금 높았다. 이것은 특별히 놀라운 사실은 아니다. 유기농 토마토가 해충을 물리치기 위해서 이런 물질들을 만들어냈을 것이기 때문이다. 식물이 인공 살충제의 도움을 받지 못하게 되면 스스로 천연 살충제를 생산하기 마련이다. 리코펜 함량은 유기농과 일반 토마토 사이에 차이가 없었다. 나아가 연구진이 유기농 혹은 일반 토마토로 만든 퓌레를 3주 동안 매일 96그램씩 사람들에게 먹인 뒤에 혈중 농도를 검사해 보았더니, 혈중 리코펜, 비타민 C, 폴리페놀 농도에 아무런 차이가 없었다.

대만에서도 재미있는 연구가 하나 있었다. 일반 토마토 농장 열 군데와 유기농 농장 열 군데를 비교한 것인데, 그 결과 양쪽 작물의 리코펜, 베타카로텐, 비타민 C, 페놀류 함량에 차이가 없었다. 일반 농장이든 유기농 농장이든 농법상의 몇 가지 관행이 토마토의 질에 영향을 미치기는 했다. 가령 물을 지나치게 많이 주면 리코펜 함량이 줄었고, 잡초가 많으면 카로테노이드 농도가 줄었으며, 토양의 인과 철 함량은 토마토의 비타민 C와 페놀류 농도에 영향을 미쳤다. 아무튼 영양 면에서는 일반 토마토를 먹든 유기농 토마토를 먹든 차이가 없는 셈이다. 그러나 맛은 또 다른 이야기이다.

슈퍼마켓에 깔린 커다란 토마토를 먹든, 진열되기 전에 상자에 든 갓 딴 녀석을 먹든, 맛 차이는 크지 않다. 왜냐하면 이제까지 우리가 토마토를 더 빨리 더 크게 키우는 각종 기술을 발전시켜 왔기 때문이다. 합성 비료에는 질소, 칼륨, 인이 농축되어 있어서 토마토를 빠르게 성장시키는데, 그러면 토마토가 땅에서 빨아들이는 수분도 늘어난다. 수분 함량이 높아지기 때문에 작물이 커지는 것이다. 반면에 퇴비에서 영양을 공급 받은 유기농 작물은 질소를 보다 천천히 흡수하고, 물을 덜 보유한다. 맛을 내는 화합물들을 더 농축시켜 갖고 있다고 표현할 수도 있다. 그리고 농약 잔류량도 적다. 사람들이 유기농 제품으로 쏠리는 또 한 가지 이유이다. 하지만 일반 작물과 유기농 작물의 농약 잔류량 차이가 실질적으로 의미 있는 수준일까?

이 문제에 모종의 결론을 내릴 수 있는 한 가지 방법은 농약 성분에 대한 세계보건기구 설정 1일허용섭취량(ADI)을 우리의 일상 식단 속 평균 섭취량과 비교해 보는 것이다. ADI를 설정할 때는 먼저 동물들에게 농약 성분을 먹여서 어떤 종이 가장 민감한지 확인한다. 다음에 그 동물에게 평생 매일같이 일정량을 먹여도 눈에 띄는 독성 효과가 확인되지 않는 최대 섭취량을 알아본다. 그 양을 안전계수 100으로 나누면 사람의 ADI가 된다. 달리 말해, 사람의 ADI의 1퍼센트에 노출

> "보통 식품을 먹던 아이들이 유기농 식품으로 바꾸면 닷새 만에 소변에서 농약 성분이 사라진다."

된다는 것은 동물에게 아무런 독성을 일으키지 않는 복용량의 1만 분의 1을 먹는다는 뜻이다.

사람들이 실제로 **농약**p.288에 얼마나 노출되는지 알아보기 위해서 미국 식품의약국은 매년 총식이섭취량조사를 시행했다. 보통 사람들이 자주 먹는 식품 285가지를 구입하여 그 속의 농약 잔류량을 분석하는 조사였다. 38가지 흔한 농약 성분들을 검사한 결과, 그중 34가지는 ADI의 1퍼센트 미만으로 들어 있었고, 나머지 네 가지는 ADI의 5퍼센트 미만으로 들어 있었다. 이처럼 농도가 너무 낮았기 때문에 식품의약국은 조사를 매년 수행할 필요가 없겠다고 결정했다. 이 정도의 잔류량은 거의 아무런 위험도 가하지 않는 듯하지만, 유기농 식품을 먹으면 그마저도 노출되지 않을 수 있다. 보통 식품을 먹던 아이들이 유기농 식품으로 바꾸면 닷새 만에 소변에서 농약 성분이 사라진다. 물론 애초에 소변에서 그 성분을 탐지할 수 있었던 것은 우리의 분석 기술이 경이적으로 발전해서 속담처럼 건초더미에서 바늘 하나를 찾아낼 수 있는 수준이 되었기 때문이다.

익힌 토마토 대 생토마토는? 리코펜은 익힌 상태일 때 더 잘 흡수되므로 토마토소스, 그리고 믿거나 말거나, 케첩이 좋은 공급원이다. 흥미롭게도 여기에서는 유기농이 차이가 있었다. 한 연구에 따르면 유기농 케첩이 일반 토마토로 만든 케첩보다 리코펜 함량이 두 배 높았다. 하지만 토마토를 하나가 아니라 두 개 먹음으로써 리코펜 섭취량을 쉽사리 두 배로 늘릴 수 있다는 점을 잊지 말자. 마지막으로, 아직도 헷갈리는 분을 위해 덧붙이면, 토마토는 과일이다. 채소가 아니다.

제3부

음식물에
스며든
오염물질

농약은 얼마나 위험한 것일까?

PESTICIDE CONCERNS

농약은 고약한 화학물질이다. 그래야만 한다. 달콤한 향과 좋은 맛으로는 우리 식품을 제 먹이로 호시탐탐 노리는 무수한 곤충, 잡초, 곰팡이를 물리칠 수 없을 것이다. 그것은 독이 할 일이다. 우리의 과제는 위험한 화학물질을 안전하게 사용하는 방법을 찾아내는 것이다. 충분히 가능한 일이다. 요즘의 농약은 예전보다 안전하고 효과적이다. 몇십 년 전에는 농약 살포량이 헥타르당 몇 킬로그램 수준이었지만 요즘은 몇 그램 수준이다. 현대의 농약들은 본질적인 속성도 예전 것들보다 덜 위험하다. 과거에는 독성에 대한 지식이 요즘에 비해 폭넓지 않았기 때문이다.

농약은 필요에서 탄생한 것이라는 사실을 기억하자. 작물 재배는 언제나 해충과의 쉼 없는 싸움이었고, 싸움에서 이기기 위해서 농부들은 화학무기를 채택했다. 수천 년 전 수메르 사람들은 황을 작물에 뿌리는 법을 알아냈고, 고대 로마인들은 콜타르를 태우면 과수원에서 해충을 몰아낼 수 있다는 것을 알아냈다. 후에 납과 비소 화합물의 독성이 알려지자, 농부들은 그것이 사람의 건강에 미칠 영향에 대해서는 별로 고려하지 않은 채 작물에 비산납 등을 뿌리기 시작했다. 식량을 충분하게 생산하여 불어나는 인구를 먹이는 게 최대 목표였던 것이다.

19세기에는 담배, 국화, 데리스에서 각기 얻은 니코틴, 피레트룸, 로테논이 화학무기고에 합류했다. 제2차 세계대전 중에는 독가스 연구에서 탄생한 전형적인 유기인산인 말라티온과 클로르피리포스가 등장했고, 전후에는 화학이 급속히 발전하면서 DDT, 벤젠 헥사클로라이드, 디엘드린 같은 합성 살충제들이 도입되었다. 곤충들은 몸을 사렸고, 곰팡이는 잦아들었고, 잡초들은 시들었고, 농작물 생산량은 팽창했다. 마침내, 적어도 선진국에서는, 식량부족에 대한 걱정이 농약에 대한 걱정으로 바뀌기 시작했다. 1960년대에 레이첼 카슨은 《침묵의 봄》을 써서 우리로 하여금 농약이 생물다양성에 미칠 악영향을 걱정하게 했고, 조용하게나마 서서히 직업적 농약 노출이 건강에 해로울 수 있다는 역학조사 결과들이 발표되기 시작했다.

기체 크로마토그래피와 질량분석기로 무장한 분석화학가들은 농부나 농화학업계 종사자만이 농약에 노출되는 것은 아니라는 사실을 밝혀냄으로써 사람들의 공포를 키웠다. 우리 모두가 노출되어 있었던 것이다! 우리가 먹는 거의 모든 식품에 화학물질들이 남아 있었다. 가령 **사과**p.14에는 식물생장조절제인 알라가 덮여 있다. 이것은 열매가 너무 일찍 익어 나무에서 떨어지는 것을 막기 위해서 뿌리는 물질이다. 이 물질은 대중의 레이더망에 걸리지 않고 조용히 잠행해 왔으나, 1989년에 인기 TV 프로그램 〈60분〉에서 알라를 다룬 방송을 내보내 경종을 울렸다. 프로그램은 사과에 해골을 박은 사진을 내보냈고, 기자는 "식품에 존재하는 가장 강력한 암 유발 요인은 사과에 뿌려지는 이 물질"이라는 '사실'을 시청자들에게 알려 계몽시키려 했다.

사람들은 당장 사과주스를 싱크대에 버리거나 아이들의 도시락에서 사과를 없애는 식으로 반응했다. 그러나 알라가 식품에 존재하는 가장 강력한 발암물질이라는 '사실'은 사실이 아니다. 알라의 분해산물 중 한 가지인 1,1-다이메틸하이드라진을 생쥐에게 다량 먹였을 경우에 종양이 유도되는 것은 사실이다. 그렇지만 규제 당국은 알라에게 상업적 사용 승인을 내릴 때 그 사실을 잘 알고 있었다. 규제 당국에 따르면 〈60분〉이 강조한 발암성 연구는 의심스러운 면이 있었고, 사람에 대한 노출 모형으로 삼기에 부적절했다.

알라가 정말로 위험하냐 아니냐에 대해서는 여전히 토론이 이어지고 있다. 어쨌든 그 사건이 식품의 농약 잔유물 문제를 전면에 부각시킨 것만은 틀림없었다. 독성학자, 농학자, 의사, 환경주의자가 제각기 자기 의견을 들고 나와 떠들었고, 이런 복잡한 토론을 따라잡기에는 힘이 부칠 것이 분명한 일반 소비자들도 감정에 휩싸여 논쟁에 참가했다. 세계적으로 저명한 생화학자인 캘리포니아 대학교의 브루스 에임스는 우리가 합성이든 천연이든 온갖 독소에 일상적으로 노출되어 살아간다는 사실을 지적하고 나섰다. 그는 또 우리가 평균적인 식단에서 섭취하는 총 농약 성분 중 무게로 따져 99.9퍼센트는 식물이 곤충이나 곰팡이로부터 스스로를 지키려고 자연적으로 만들어 낸 화합물들이라고 말했다.

예를 들어 감자는 솔라닌과 차코닌을 합성한다. 이 화합물들은 합성 농약과 비슷하게 기능하여, 우리 몸에 긴요한 효소인 콜린에스테라아제의 활동을 방해한다. 하지만 우리는 감자에 천연 농약이 들어 있다고 해서 감자를 꺼리지 않는다. 에임스를 비롯한 여러 전문가들에 따르면 인체는 합성 농약이라고 해서 천연 농약과 다른 방식으로 처리하지 않는다. 따라서 식품에 대개 ppt 단위로 들어 있기 마련인 합성 농약 잔류물을 놓고 난리법석을 피우는 것은 근거 없는 일이다. 1ppt가 얼마나 되는 양이냐 하면, 축구장에 6미터 높이로 모래를 가득 채운 뒤에 그 속에 붉은색 모래알을 딱 하나 섞어 두고 그것을 찾는 수준이다. 그게 1ppt이다.

천연 독소에 대해서는 우리가 달리 취할 조치가 없지 않은가, 천연 독소가 존재한다고 해서 합성 농약의 무신경한 사용이 정당화되는 것은 아니지 않은가 하고 말하는 사람도 있다. 옳은 말이다. 하지만 우리는 결코 무신경하게 합성 농약을 사용하지 않는다. 규제 당국은 농약

"식품에 대개 ppt 단위로 들어 있는 합성 농약 잔류물을 놓고 난리법석을 피우는 것은 근거 없다. 1ppt는 축구장에 6미터 높이로 쌓인 모래 속에서 붉은색 모래알을 하나 찾는 수준이다. 그게 1ppt이다."

에 승인을 내주기 전에 엄밀한 조사를 요구한다. 동물을 대상으로 한 급성, 단기, 장기 독성 조사와 발암성 조사, 신경계에 대한 영향 등을 포함해야 하는 길고 까다로운 과정이다. 선천적 결함을 낳지 않는다는 증거도 필요하다. 적어도 두 동물종에 대해서 호르몬 변화를 조사해야 하고, 대상종이 아닌 다른 종에 대한 효과도 확인해야 한다. 구강 섭취, 흡입, 피부 접촉 등 모든 경로의 노출을 평가해야 하고, 누적 효과도 조사해야 한다. 현장에서 환경적 영향도 평가해야 한다.

소비자들이 보기에 이 승인 과정에서 가장 중요한 점은 실험동물에게서 아무런 영향도 나타내지 않는 최대 복용량을 정하는 일일 것이다. 그 최대 허용량을 최소 안전계수인 100으로 나눈 것, 그것이 바로 사람이 노출되어도 안전한 허용 수준이라고 정해져 있다. 나아가 전체적인 위험을 평가할 요량으로, 모든 식품이 법정 허용 잔류량의 100퍼센트를 함유하고 있고, 사람들이 이 식품들을 70년 동안 먹는다고 계산해 본다.

이처럼 철저하게 주의를 기울인다니, 안도감을 느낄 만도 하지 않을까? 더구나 실제로는 채소의 70퍼센트 이상이 검출 불가능한 수준의 미량으로만 농약 잔류물을 갖고 있고, 법정 한계를 초과하는 수준인 것은 1퍼센트 정도에 불과하며, 그 한계란 것도 이미 100배의 안전계수를 적용한 것이니까 말이다.

어쨌든 농작물을 씻어서 먹어야 하는 것은 물론이다. 농약보다는 박테리아를 제거하기 위한 목적이 크지만 말이다. 30초만 헹궈 주면 수용성이든 불용성이든 농약 잔류물이 현저하게 줄어든다. 물론 완벽하게 제거할 수는 없지만, 그것은 우리가 1그램의 10억 분의 1까지 측정할 수 있는 시대를 살다 보니 겪는 일이다.

어떤 성분이 존재한다고 해서 무조건 위험한 것은 아니다. 미국의 환경실무그룹(EWG) 같은 단체들은 채소에 묻은 농약의 종류를 나열하고, 그 자료를 바탕으로 해서 어떤 식습관을 취하면 농약 섭취를 줄일 수 있는지 사람들에게 알려주기를 좋아한다. 환경실무그룹은 일관되게 오염도가 높은 채소들을 골라서 '더러운 열두 가지 채소' 라고 낙인 찍었다. 그 식품들을 가급적 피하는 대신에 '가장 적게 오염된 채소' 목록에 든 식품들, 즉 옥수수, 아보카도, **콜리플라워**[p.89], 아스파라거스, 양파, 완두콩, 브로콜리 등을 선택하면 농약 노출도를 90퍼센트 줄일 수 있다고 사람들에게 선전한다.

사과, 딸기, 라즈베리, 시금치 등은 '피해야 할' 목록에 올라 있다(저자는 2006년 발표 목록으로 이야기하는데, 2009년에 업데이트된 목록은 좀 달라졌다. 환경실무그룹은 총 47종을 조사했는데 시금치는 그중에서 더러운 순서로 14등이 되어 '더러운 열두 가지' 에서는 빠졌고, 20등을 한 라즈베리나 24등을 한 콜리플라워는 어느 쪽도 아닌 편이다—옮긴이). 그 속에 우리 몸에 유용하다고 알려진 피토케미칼이 다양하게 들어 있는 데도 말이다. 그리고 어떤 경우이든 기준값을 설정하지 않은 채 그저 한 과일이나 채소가 다른 것보다 더 오염되었다고 말하는 것은 무의미하다. 진정한 질문은, 엄밀하게 설정된 허용 한계보다 많은 양이 남아 있는가 하는 점이다. 만약 그렇지 않다면 겁 먹을 필요가 뭐가 있는가? 극미량의 농약 잔류물 때문에 사과 대신 아스파라거스를 택하고 싶은가?

이상의 논쟁, 그리고 사람에 대한 발암성을 측정하는 데에 동물 모

"농약 사용은 계속될 것이다. 2030년이면 전 세계 100억 명의 사람이 식탁에 앉게 된다. 농약을 분별 있게 사용하지 않는다면 굶주리는 사람들이 늘어날 것이다."

형을 써도 유효한가 하는 문제, 발암물질에 문턱 효과가 존재하는가 하는 문제, 개별적으로는 무해한 농약 잔류물들이 합쳐서는 유해할 수 있는가 하는 문제에 대해서는 분명 앞으로도 토론이 계속될 것이다. 마찬가지로 농약 사용도 계속될 것이다. 2030년이면 전 세계 100억 명이 식탁에 앉게 된다. 농약을 분별 있게 사용하여 대처하지 않는다면 굶주린 채 돌아서는 사람들이 생길 것이다.

농약 없는 세상이 더 나은 세상일까? 직업적으로 농약을 다뤄야 하는 사람들, 그리고 환경의 입장에서는 분명히 그렇다. 소비자의 입장에서는 그렇지 않다. 그러면 수확량이 현저하게 감소할 테고, 연중 구할 수 있는 신선 농작물의 종류가 제한될 것이기 때문이다. 그리고 채소의 항암 효과를 증거하는 자료들이 압도적으로 쏟아지는 것에 비추어 볼 때, 사람들의 건강도 적잖이 구속 받을 것이다.

튀기거나 구운 음식 속의 아크릴아마이드

FRIED FOOD
and
ACRYLAMIDE

사건은 1997년에 스웨덴의 소들이 비정상적인 행동을 보이면서 시작되었다. 비에레 반도의 농부들은 소들 중 일부가 비틀비틀거리고, 제대로 서 있지 못한다는 사실을 눈치챘다. 일대의 양식업자들은 죽어나가는 물고기가 너무 많다고 불평했다. 오래지 않아 근처의 터널 건설 현장에서 사용한 방수제가 범인으로 지목되었다. 그 물질은 그때까지 1400톤가량 사용되었다. 곧 그 물질의 활성성분인 폴리아크릴아마이드라는 합성 중합체에 의혹의 눈길이 쏟아졌다. 중합체 자체는 무해했지만 중합체를 이루는 화합물인 **아크릴아마이드**p.333는 무해하지 않았다. 폴리아크릴아마이드는 고리들을 이어 사슬을 만들듯이 아크릴아마이드 분자들을 줄줄이 이어서 합성한 분자이다. 그런데 중합 과정이 완벽할 수는 없기 때문에 단량체가 일부 잔류하게 된다. 이 경우에는 그 단량체가 아크릴아마이드였다.

아크릴아마이드는 식수에도 나타날 수 있기에, 과학자들은 그 독성을 광범위하게 조사했다. 수질정화 과정에서 물 속의 현탁 불순물을 응집시켜 잡아 낼 때 폴리아크릴아마이드를 쓰므로, 그로부터 아크릴아마이드가 공급될 수 있기 때문이었다. 아크릴아마이드를 실험 동물들에게 엄청나게 많이 먹이면 여러 종류의 종양이 생길 수 있고, 신경 문제들도 발생할 수 있는 게 사실이다. 세계보건기구는 식수의 아크릴아마이드 최대 허용 농도를 0.5ppb로 정했는데, 이것은 동물들에게서 영향을 드러내는 양보다 한참 적은 것이었다. 하지만 스웨덴 터널 주변 지하수의 아크릴아마이드 농도는 이보다 한참 높아서 물고기와 소에게 문제를 일으킬 만했다. 이것만 해도 우려스러운 일이었는데, 터널 노동자들까지 말단 마비 증상을 호소한다는 이야기를 듣고 관리당국은 정말로 걱정하게 되었다. 그것이 아크릴아마이드 중독 증상일 수 있기 때문이었다.

당국은 스톡홀름 대학교의 마르가레타 토른크비스트에게 이 문제를 조사해 달라고 요청했다. 박사는 노동자들의 아크릴아마이드 노출 정도를 살펴보기 위해서 혈액 샘플을 채취해 아크릴아마이드 함량을 분석했다. 그 샘플들과 비교해 볼 생각으로 일반 인구집단에서도 무작위로 혈액 샘플을 얻었는데, 그 결과가 충격적이었다. 터널 노동자들이 높은 농도를 보인 것은 그렇다 쳐도, 문제의 지역 근처에 간 적이 없는 사람들도 마찬가지였던 것이다. 그 사람들은 어떻게 노출되었을까? 박사는 식수를 점검해 보았지만 아크릴아마이드가 그다지 많이 검출되지 않았다.

다음에는 식품으로 의혹의 눈길을 돌렸다. 다양한 종류의 흔한 음식들을 분석한 결과, 감자칩과 감자튀김, 빵, 쿠키, 크래커에 아크릴아마이드가 들어 있는 것이 확인되었다. 나중에 밝혀진 바에 따르면 아크릴아마이드의 원천은 아스파라긴이라는 흔한 아미노산이었다. 이것이 글루코스와 함께 높은 온도에 노출되면 일련의 반응을 일으켜서 아크릴아마이드를 형성했다. 식품 속 천연 성분들로부터 발암물질이 형성되고 있었던 것이다. 더구나 하찮은 양도 아니었다.

스웨덴 과학자들은 0.5ppb 수준을 이야기하는 게 아니었다. 그들이 발견한 바로는 **감자튀김**p.185에는 400ppb가, 어떤 감자칩에는 1200ppb가 들어 있었다. 식수의 허용한계보다 훨씬 많은 양이다. 동물 실험 데이터를 참고하자면 그만한 농도의 아크릴아마이드는 이론적으로 사람에게도 암을 일으킬 수 있다. 하지만 아크릴아마이드가 사람에게도 발암물질이라는 확실한 증거는 없다. 이 물질을 생산하는 노동자 8000여 명을 대상으로 장기 조사를 해보았지만 암 발생률이 높게 나타나지 않았다. 그리고 애초에 우리 식단에는 천연 발암물질들이 가득 들어 있다. 땅콩의 아플라톡신, 와인의 에탄올, 셰리주의 우레탄, **계피**p.124의 스티렌, 쇠고기 부용의 헤테로고리 방향족 아민 등이 모두 아크릴아마이드처럼 설치류에게 발암물질로 작용한다. 하지만 우리는 그 분리된 화학물질을 먹는 게 아니라 식품을 먹는다. 식품에는 항암물질도 다양하게 들어 있다. 브로콜리의 글루코시놀레이트, 사과의 폴리페놀, 토마토의 리코펜을 생각해 보라. 그러니 설령 다량의 아크릴아마이드가 쥐에게 발암물질로 작용한다고 해도 그것이 식품의 구성요소로 들어 있을 때에도 같은 문제를 일으킨다는 증거는 없다. 오히려 그렇지 않다는 증거가 있는 형편이다.

하버드 보건대학원과 스웨덴 카롤린스카 연구소가 수행했던 대규모 통제 연구를 보자. 연구자들은 암 환자 987명이 음식에서 섭취하는 아크릴아마이드 양을 조사하고, 이것을 건강한 사람 538명의 식단과 비교했다. 그 결과, 아크릴아마이드가 풍부한 음식 섭취량과 **대장암**p.308, 신장암, 방광암의 발병률 사이에 아무 연관이 없었다. 오히려 놀랍게도 아크릴아마이드를 많이 섭취하는 경우에는 대장암 발병률이 높아지는 게 아니라 낮아지는 듯했다. 아마 아크릴아마이드가 풍부한 식품에는 섬유소도 많이 들어 있어서 보호 효과를 주었을 것이다.

이탈리아에서 암 환자 7000여 명을 대상으로 한 조사도 아크릴아마이드와의 관련성을 찾지 못했다. **유방암**p.67에 대해서도 비슷한 결과가 나왔다. 쥐에게 아크릴아마이드를 다량 섭취시키면 확실히 젖샘암 위험이 높아졌지만, 스웨덴에서 여성 4만 3000여 명을 조사한 결과를 보면 사람에게서는 연관이 드러나지 않았다. 연구진은 여성들이 작성한 상세한 식품 설문지를 분석하여 아크릴아마이드 섭취량을 계산했다. 연구 기간 11년 동안 여성들 가운데 약 700명이 유방암 진단을 받았는데, 아크릴아마이드 섭취량과는 아무런 연관관계가 없었다.

그래도 식품화학자들은 아크릴아마이드 문제를 심각하게 받아들였고, 가공식품에서 아크릴아마이드 농도를 낮출 수 있는 방법을 찾아냈다. 튀길 때 섭씨 175도 이하의 온도를 유지하면 아크릴아마이드 농도가 현저하게 낮아지고, 감자칩을 만들 때 감자를 묽은 아세트산에 적셨다가 튀기면 역시 농도가 낮아진다. 제과제빵 식품을 만들 때는 발효제로 탄산수소 암모늄 대신 탄산수소 나트륨을(베이킹 소다) 쓰면 아크릴아마이드 농도를 60퍼센트나 낮출 수 있다. 이런 조치들은 효과가 있었다. 현재 추산하기로는 우리가 음식에서 섭취하는 아크릴아마이드의 양은 식품 킬로그램당 약 0.43마이크로그램에 불과하다. 실험실 동물들에게 암을 일으킨 섭취량과는 비교가 안 되게 적다.

아크릴아마이드에 대한 걱정을 완전히 떨칠 수는 없을 것이고, 그래서도 안 될 것이다. 하지만 제조업자들은 시판제품 속 농도를 성공적으로 낮춰 왔고, 우리는 우리대로 집에서 요리를 할 때 노출 정도를 줄일 수 있다. 그저 '황금률'을 따르기만 하면 된다. 음식이 황금색을 띨 때까지만 볶거나 굽고, 까맣게 태우지 말자. 정말 걱정이 된다면 커피 섭취량도 신경 써야 한다. 우리가 섭취하는 아크릴아마이드 양의 30에서 40퍼센트는 강하게 볶은 커피에서 오니까 말이다. 하지만 커피와 암의 연관을 보여 준 연구는 하나도 없다.

항생제 내성 박테리아의 등장

NEW BACTERIA APPEARANCE

일반적으로 말해서, 약은 병을 치료하지 못한다. 약은 혈압을 낮추고, 콜레스테롤을 줄이고, 통증을 덜고, 호르몬을 보충하고, 당뇨 통제를 돕고, 발기부전을 치료할 수 있을지 모르나, 근본적인 문제를 해결하지는 못한다. 그러나 항생제는 예외이다. 세균 감염이라는 진단이 내려졌을 때 적절하게 항생제를 사용하면 치료를 할 수 있다. 적어도 지금은 그렇다. 하지만 이 놀라운 약의 미래는 흐릿하다. 항생제 내성이 커다란 걱정거리가 되어 가고 있기 때문이다.

사람과 마찬가지로 박테리아들은 생화학적으로 저마다 독특한 존재들이다. 한 무리의 사람이 똑같이 감기 바이러스에 노출되어도 모두가 감기에 걸리는 것은 아니다. 외부 침입자를 다루는 면역계의 능력은 사람마다 분명 차이가 있다. 마찬가지로 어떤 박테리아들은 항생제의 포화를 뚫고 살아남아서 보호력 있는 유전자를 후손에게 물려준다. 그 결과, 원래의 항생제에 내성이 있는 박테리아 군집이 생겨난다. 그런 내성은 항생제 사용에 따르는 피치 못할 결과이다. 우리가 취할 수 있는 유일한 예방책은 그 강력한 약들을 현명하게 사용하는 것뿐이다. 우리가 항상 현명하게 행동하지는 않는다는 사실이 안타깝지만 말이다.

제약회사들이 성공리에 다양한 종류의 항생제를 개발해 왔기 때문에, 우리는 한 항생제에 대한 내성균이 생겨도 대신 쓸 만한 다른 항생제가 있겠지 하는 식으로 대처해 왔다. 지금까지는 이런 생각이 대체로 맞았지만, 우리의 항생제 선반은 갈수록 빈곤해지는 추세이다. 우리가 최후에 기댈 항생제라 할 수 있는 반코마이신에 대해서도 내성을 획득한 균들이 등장했다는 으스스한 보고가 있다.

간단히 말해, 항생제를 많이 쓸수록 효력을 유지하기가 어려워진다. 미국 질병통제센터의 추산에 따르면 총 항생제 처방의 3분의 1이 불필요한 조치라니, 우리는 분명 커다란 문제에 부닥친 것이다. 의사들도 이 점을 인식하여 무신경한 항생체 처방을 줄이고 있다. 하지만 다른 문제가 있다. 정확한 수치에 대해서는 갑론을박이 있지만, 하여간 북아메리카에서 연간 생산되는 항생제 1300만 킬로그램 가운데 약 1100만 킬로그램은 사람용이 아니다. 그것은 돼지, 가금류, 소에게 주어지는데, 그것도 질병을 치료하기 위해서가 아니라 성장을 촉진하기 위해서 주어지는 경우가 대부분이다.

1940년대 말 이래로 이른바 치료 용량 미만의 항생제를 가축에게 정기적으로 놓아서 병을 예방하고 사료 효율을 높이는 관행이 이어졌다. 동물들이 소량의 항생제에 노출될 때 어째서 쉽게 체중이 느는지 그 이유는 명확하게 알려지지 않았지만, 아마 동물의 장내 박테리아 군집을 일부 떨궈 냄으로써 숙주와 박테리아의 영양소 경쟁을 줄여 주기 때문이 아닌가 싶다. 항생제를 쓰면 가축의 내장 벽이 얇아져서 영양소 흡수가 잘 된다고 주장하는 연구도 있다.

한 가지 명확한 사실은, 그처럼 치료 용량 미만의 항생제를 사용함으로써 가축의 몸 안에 내성균이 활개치게 되고, 그 균이 사람에게 옮을 수 있다는 것이다. 예를 들어 닭에게 테트라사이클린을 묻힌 사료를 주면 36시간 만에 변에서 내성 있는 **대장균**p.277이 검출된다. 얼마 지나지 않아 농부들의 변에서도 이 박테리아들이 나타난다. 더욱이 정말로 무시무시한 전망을 하게 만드는 점은, 박테리아들끼리 유전자를 교환할 수 있다는 사실이다. 물론 항생제에 대한 내성을 주는 유전자도 교환 가능하다. 그 말인즉, 항생제에 한 번도 노출되지 않은 박테리아도 내성균을 만남으로써 내성을 획득할 수 있다는 뜻이다. 이런 생각도 해보자. 가축이 박테리아가 든 똥을 배설하고, 그 분뇨가 퇴비로 활용되면, 퇴비가 지하수에 들어갈 것이다. 박테리아의 내성 문제가 하루아침에 널리 번질 수도 있음을 똑똑히 알 수 있다.

음식을 바싹 익히면 박테리아가 죽는다. 그러나 요즘도 식중독이 만연하는 것을 보면 식품을 부주의하게 취급하고 설 익히는 일이 흔한 모양이다. 박테리아로 인해 식중독에 걸리는 사람들 중 대부분은 불쾌한 복통이나 설사 정도를 경험하고, 항생제를 복용할 필요도 없이 낫는다. 그런 상황일 때는 내성이 별 문제가 안 된다. 하지만 노약자나 면역계가 약화된 사람처럼 식중독에 항생제 처방을 받아야 하는 경우도 많이 있다. 그럴 때 박테리아에 내성이 있다면, 이 환자들은 위험한 상황에 처하는 셈이다.

1998년에 덴마크의 한 여성은 **살모넬라균**p.346에 감염된 돼지고기를 먹은 뒤에 안타깝게도 죽고 말았다. 의사들이 이럴 때 흔히 사용하는 항생제인 시프로플록사신(시프로)을 처방했지만, 내성이 있는 박테리아였기 때문에 반응이 없었다. 덴마크 과학자들은 우아하게 설계된 연구를 통해서 그 내성 살모넬라 균주가 특정 양돈농장에서 온 것임을 밝혀냈다. 놀랍게도 그 돼지들은 시프로플록사신을 맞은 적이 없었다. 이웃 농장의 돼지들이 맞았고, 내성 박테리아들이 농장을 건너서 옮겨온 것이었다.

북아메리카에서는 퀴놀론이라 불리는 항생제 계열이 1995년부터 가금류의 감염 예방에 사용되었다. 알고 보니 이 항생제는 닭의 건강에는 대단히 좋았지만, 사람에게는 그리 좋지 않았다. 사람이 세균성 위창자염에 걸리는 흔한 원인은 캄필로박터 제주니라는 균 때문인데, 이 균은 가금류에서 올 때가 많다. 항생제를 써야 하는 상황이라면 의사들은 통상 시프로플록사신을 선택한다. 그런데 농장 가축들에게 퀴놀론을 쓴 뒤로 시프로플록사신에 내성이 있는 캄필로박터 균주가 등장하기 시작했다.

미국 식품의약국은 이 점을 심각한 문제로 간주하고 퀴놀론 계열의 제품인 베이트릴을 금지시켰다. 베이트릴은 수의약품 사상 처음으로 내성 박테리아 때문에 금지된 약품이다. 북아메리카에서는 이런 식의 조치가 이때 처음 이뤄진 것이었지만, 유럽에서는 이미 1980년대부터 가축 사료에 항생제를 쓰지 못하도록 조치해 왔다. 스웨덴은 항생제를 성장촉진제로 사용하는 관행을 1986년에 금지시켰다. 그러자 스웨덴 농부들은 농장 위생을 개선하고 사료 조합을 바꾸는 방법으로 이에 대응했고, 항생제를 쓸 때와 엇비슷한 생산 비용으로 육류를 공급할 수 있음을 증명했다. 유럽연합도 이 선례를 좇아서 항생제를 가축 사료에 성장촉진제로 쓰지 못하게 하는 금지안을 2006년 1월 1일에 발령했다.

항생제는 멋진 약품이다. 우리는 최선을 다해서 그 효능을 지켜야 한다. 아픈 동물을 치료하기 위해서 어느 정도 사용하는 것은 정당한 일이지만, 항생제 내성을 연구하는 어느 과학자가 재치 있게 말했듯, "시프로는 우리에게 불가결한 항생제이므로, 가금류에게 함부로 소비한 나머지 그 효능을 떨어뜨리는 일을 해서는 안 된다."

고기 속의 성장 촉진 호르몬

FOSTER GROWTH
HORMONS

유럽 사람들은 북아메리카 사람들이 모르는 무언가를 알고 있는 걸까? 그들은 1980년대 말에 소에게 성장촉진제 호르몬을 쓰지 못하도록 금했다. 반면에 북아메리카에서는 그 관행이 여전하다. 웬일일까? 세계 최고의 과학자들이 있는 두 대륙이 어째서 같은 과학적 증거를 놓고 서로 다른 결론을 내렸을까? 아마 증거가 결정적이지 않았거나, 과학 이외의 문제가 개입했을 것이다.

성장촉진제가 효과가 있다는 사실에는 왈가왈부할 여지가 없다. 적어도 가축 생산자들이 보기에는 그렇다. 스테로이드계 호르몬을 사료에 섞거나 정제 형태로 동물의 귀에 심으면 성장이 20퍼센트쯤 촉진되고, 농부들은 호르몬 처리를 하지 않았을 때보다 사료를 15퍼센트 덜 쓸 수 있다. 그러면 소비자 가격이 낮아진다. 대서양을 사이에 둔 두 대륙에서 고기를 구입해 본 사람이라면 누구나 그 사실을 안다. 하지만 건강에 대해서는 얼마나 비용을 치르게 되는 것일까?

호르몬 이야기는 1938년으로 거슬러 올라간다. 영국의 찰스 도드가 천연 에스트로겐을 닮은 화합물을 처음 합성한 때였다. 다이에틸스틸베스트롤(DES)은 생산이 쉽고 값싸서, 대번에 사람들의 관심을 모았다. 여성들이 그것을 구강으로 섭취하면 유산 방지 효과가 있는 것은 물론이고 월경불순, 폐경 증상, 입덧을 더는 데도 도움이 되었다. 농부들은 DES가 동물들에게 의외의 효과를 내는 것을 알고 신이 났다. 가금류를 비롯한 가축의 사료에 그 화합물을 섞으면 체중이 쉽게 불었던 것이다. DES가 사람에게 의약품으로 쓰여도 좋다는 승인을 받은 터이니, 1954년에 사료 첨가물로도 승인이 났을 때 걱정을 한 사람은 없었다. 하지만 오래지 않아 불안감이 싹텄다.

DES에 노출된 남성 농장 일꾼들이 가슴이 커진다는 소문이 있었고, 가금류의 DES 때문에 소녀들의 사춘기가 앞당겨진다고 쑥덕거리는 소리도 들렸다. 이런 소문들이 사실로 확인된 바는 없었지만, 어쨌든 당국은 1959년에 DES를 가금류와 양에게 쓰지 못하도록 금했다. 하지만 소에 대한 사용은 계속되었다. 임신 중에 이 화합물을 복용한 여성들의 딸이 희귀한 형태의 질암에 걸리기 쉽다는 발표가 난 뒤에도 말이다. 그러나 결국에는 이 암과의 연관성 때문에, 시판되는 고기에는 DES가 전혀 검출되지 않음에도 불구하고, DES를 가축 사료로 쓰지 못하도록 하는 금지안이 1979년에 공표되었다.

DES의 효과를 잘 알고 부작용에 대해 걱정도 하던 과학자들은 금지령이 내려지기 한참 전부터 성장촉진제로 쓸 다른 호르몬들을 찾아보고 있었다. 동물은 제 몸에서 자연적으로 에스트라디올, 프로게스테론, **테스토스테론**p.21을 생산하므로 이런 것들이 이상적인 후보자일 것 같았다. 단 하나 장애물이라면 이런 호르몬을 인공적으로 합성하는 비용이 만만치 않다는 점이었는데, 일단 이 문제를 극복하고 나자, 이 호르몬들은 곧 사료 첨가물과 이식약으로서 DES와 어깨를 나란히 하게 되었다. DES가 금지될 무렵에는 이미 이런 천연 호르몬들과 두 종류의 합성 화합물(제라놀과 아세트산 멜렌게스트롤)이 있었기 때문에 농부들은 입맛대로 성장촉진제를 선택할 수 있었다.

DES가 시장에서 내쫓긴 지 5년이 되던 해, 이탈리아의 한 연구진이 논문을 발표해서 이탈리아 초등학생들 사이에 마치 전염병처럼 가슴 발달이 번지고 있다고 보고했다. 연구진은 아이들이 1970년대 말에

"콩기름 한 숟가락에는 에스트로겐류 화합물들이 2만 8000나노그램 들어 있고 달걀 하나에 든 에스트로겐

먹었던 쇠고기 유아식이 원인이라고 지목했다. 그들이 내세운 증거는 무작위적으로 수집한 유아식 병의 3분의 1에서 DES의 활동과 일치하는 호르몬 기능이 확인되었다는 점이다. 이것은 결정적인 증거라고는 할 수 없었지만, 유럽의 소비자 단체들로 하여금 모든 호르몬을 싸잡아 공격하게 하고, 가축에 대한 사용을 비난하게 만들기에는 충분했다. 1982년에 그 이탈리아 연구진은 다시 보고서를 발표했는데, 이번에는 유아식에서 DES를 검출하지 못했다고 밝히는 내용이었다.

과학자들은 예전에 DES가 암시장에서 부적절하게 사용되곤 했기 때문에 첫 연구에서 잔류량이 검출된 것 아니었겠느냐고 추측했다. 소비자들의 걱정에 신경 써야 했던 유럽의 농무장관들은 과학자 위원회를 꾸려서 이 문제를 조사하게 했다. 위원회의 결론은 "천연이든 합성이든 성장촉진제를 금지할 과학적 근거는 없다"는 것이었다. 그런데도 금지령이 내려졌다. 왜냐하면, 현 유럽연합의 전신인 유럽공동체 농업담당위원이 말했듯, "장관들이 과학적 사실보다는 정치적 현실에 더 주의를 기울이기로 결정했기 때문이다." 그 '정치적 현실'에는 금지령을 통해 미국산 소고기 수입을 막을 수 있고, 그러면 유럽 지역 생산자들에게 도움이 될 거라는 전망도 담겨 있었을 것이다.

과학자문위원회를 이끌었던 노팅엄 대학교 교수 에릭 래밍은 그 같은 결정에 실망했음을 분명하게 표현했다. 래밍은 "과학적 증거를

무시하면서까지 소비자의 왜곡된 압력을 따를 수 있으리라고는 생각지도 못했다"고 불평했다. 하지만 그렇다면 호르몬 사용이 안전하다는 과학적 증거는 있는가? 없다. 과학은 결코 안전을 보장할 수 없다. 오직 피해를 입증할 수 있을 뿐이다. 고기에 남은 미량의 호르몬 때문에 누군가가 부작용을 겪는 일은 언제든 일어날 수 있다. 하지만 다음과 같은 사실을 생각해 보자.

성인 남성의 몸에서는 에스트로겐이 하루에 13만 6000나노그램 생산된다. 호르몬 처리한 소의 고기에는 호르몬이 170그램당 4나노그램 들어 있고, 호르몬 처리하지 않은 고기에는 3나노그램 들어 있다. 콩기름 한 숟가락에는 에스트로겐류 화합물들이 2만 8000나노그램 들어 있다. 달걀 하나에 든 에스트로겐의 양은 햄버거 110그램에 든 양의 45배나 된다. 고기보다는 맥주에 에스트로겐류 화합물이 더 많이 들어 있다. 피임약이나 호르몬 보충제는 말할 것도 없다.

이처럼 우리가 상당한 양의 호르몬에 늘 노출되어 있다는 사실을 생각할 때, 고기 속의 미량이 뭔가 영향을 미치기는 어려울 것 같다. 물론 무책임한 생산자들이 가축에게 함부로 호르몬을 사용하는 일은 항시 경계해야 한다. 가축의 분뇨에 든 호르몬이 천연 수계로 흘러 들어가는 문제를 걱정하는 것도 지당한 일이다. 그렇더라도 우리는 고기의 호르몬 함량보다는 그 속 포화지방의 양이나 고기를 볶고 굽고 튀길 때 발암물질이 형성되기 쉽다는 사실을 걱정하는 편이 합리적일 것이다.

생선 속의 PCB는 위험한 수준일까?

PCBS
in
FISH

요즘은 이런 일이 상당히 흔한 풍경이 되었다. 어느 소비재 속에 인공 오염물질이 들어 있다는 논문을 과학자들이 내놓고, 그 물질을 다량 섭취한 쥐가 암이나 번식 문제를 겪으니 사람들도 지나친 노출을 피하는 게 좋겠다고 경고한다. 이 발견이 신문 머릿기사를 장식한다. 문제 업계의 대변인들은 위험이 과장되었다고 씁쓸하게 불평하고, 환경단체들은 돌파구를 열어 준 연구라고 칭송한다. 한 점 나무랄 데 없이 믿을 만한 과학자들이 양 진영으로 나뉘어 토론에 뛰어들고, 가끔은 상대방이 이해관계에 얽혀 있다며 비난한다. 각국 정부 규제기관들은 어떤 권고를 내릴지에 대해 의견이 엇갈린다. 대중은 너무나 어리둥절하다. 내 연구실에는 수많은 이메일과 전화가 쏟아진다.

최근에 저명 학술지인 《사이언스》에 실렸던 한 논문도 이런 공포를 불러일으켰다. 연구자들은 양식 **연어**p.54가 자연산 연어보다 PCB(폴리염화바이페닐), 다이옥신, 톡사펜, 디엘드린 같은 유기염소 화합물로 인한 오염이 심하다고 보고했다. PCB는 한때 전자제품의 절연체로 흔히 쓰였던 물질이고, **다이옥신**p.336은 몇몇 산업 공정의 부산물로 나오는 물질이고, 톡사펜과 디엘드린은 살충제이다. 이런 유기염화물은 환경에 특히 오래 남는 편이고, 지용성인 탓에 작은 생선의 살이나 기름으로 만들어진 사료를 먹고 자란 양식 생선들에게 축적된다. 우리가 오염된 생선을 먹으면 우리 지방조직에도 마찬가지로 유기염화물이 쌓인다. 이런 화합물이 건강에 꽤 고약한 문제를 일으킬 수 있다는 사실은 누구나 인정하는 바이다.

이중 PCB를 예로 들어서 발암 위험을 점검해 보자. PCB가 동물에게 병을 일으킨다는 사실은 의심의 여지가 없다. 가장 심하게 타격을 받는 기관은 간이다. 허나 사람에 대한 전망은 그보다 모호하다. 역학조사 결과, 산업 현장에서 PCB에 광범위하게 노출된 사람들은 암 발생 위험이 아주 살짝 높아진 정도였다. 지방조직 속 PCB 농도와 비호지킨 림프종 사이에 연관관계가 있음을 확인한 연구도 있었다. 일본과 대만에서는 어쩌다 다량의 PCB로 오염된 쌀겨기름을 섭취한 사람들의 사례가 몇 건 보고되었는데, 그 경우를 보면 간암 위험이 높아진다는 암시가 있다. 따라서 PCB를 인간 발암물질로 규정하는 것은 정당해 보인다. 하지만 그렇다고 해서 양식이든 아니든 생선을 먹는 게 암 위험을 높인다는 뜻은 되지 못한다.

앞에서도 여러 차례 말했듯이, 식품에는 원래 천연이든 합성이든 무수한 발암물질이 담겨 있다. 버섯의 하이드라진, 조리한 육류의 헤테로고리 방향족 아민, 균류의 아플라톡신, 제과제빵 제품의 아크릴아마이드 등이 모두 발암성이다. 하지만 식품에는 또한 다양한 비타민과 폴리페놀 같은 항암물질도 들어 있다. 우리가 음식을 먹을 때는 수백가지 다양한 화학물질을 먹는 것이고, 그들이 몸속에서 벌이는 상호작용의 결과는 사실상 예측이 불가능하다. 그렇기 때문에 생선 속 유기염소 오염물질이 암을 일으킬까를 물을 게 아니라, 생선 비중이 높은 식단이 암을 일으킬까 하고 물어야 합당하다. 나는 높은 생선 섭취량과 암 사이에 관계가 있다는 연구는 들어본 적이 없다. 오히려 그 반대 결론을 가리키는 연구가 숱하게 많다.

최근에 스웨덴 과학자들은 기름진 생선, 특히 연어를 먹으면 전립샘암 위험을 3분의 1 낮출 수 있다는 사실을 확실하게 보여 주었다. 이

"일본 과학자들이 건강한 사람 4000여 명과 폐암 환자 1000명의 식단을 비교해 보았다. 남자든 여자든 신선한 생선을 많이 먹는 사람은 폐암 발병 가능성이 현저하게 낮았다."

탈리아와 스페인 과학자들도 생선 섭취량이 많을수록 소화관 암 예방 효과가 일관되게 높다는 것을 발견했다. 특히 **대장암**p.17에 대해 효과가 좋았는데, 대장암은 선진국의 암 사망 사례에서 높은 순위를 차지하는 원인이다. 일본 아이치 현 암센터병원 과학자들은 건강한 사람 4000여 명과 폐암 환자 1000명의 식단을 비교해 보았다. 남자든 여자든 신선한 생선을 많이 먹는 사람은 폐암 발병 가능성이 현저하게 낮았다. 일본 사람들이 서양 사람들보다 담배를 더 많이 피우는 데도 폐암 발생률이 낮은 까닭이 어쩌면 이것 때문인지도 모른다.

싱가포르의 화교 인구 6만여 명을 대상으로 10년 넘게 폭넓게 조사한 결과를 보면, 생선을 하루 40그램 이상 먹는 여성들은 유방암 발병률이 25퍼센트 낮았다. 이런 관찰들에 대한 합리적인 이론적 설명도 가능하다. 인체에서 호르몬과 비슷한 여러 효과를 내는 **프로스타글란딘**p.102이라는 화학물질 종류가 있다. 이들 중 몇 가지는 발암성인 것으로 짐작된다. 프로스타글란딘은 아라키돈산에서 유도되고, 아라키돈산은 리놀레산에서 만들어지며, 리놀레산은 식품에 흔히 들어 있는 오메가 6 지방이다. 아라키돈산이 골치거리인 프로스타글란딘 E2로 바뀌려면 사이클로옥시게나아제 2라는 효소가 있어야 하는데, 생선 기름은 이 효소의 작용을 억제한다. 요컨대 생선 섭취를 줄이면 암에 덜 걸리는 것이 아니라 더 걸리기 쉽다. 오염물질과는 무관하게 말이다.

우리는 암을 떠올리기만 해도 즉각 공포를 느끼지만, 알고 보면 뇌졸중과 심장질환 때문에 죽는 사람이 더 많다. 그리고 생선 섭취가 뇌졸중과 심장질환 예방 효과가 있다는 증거가 압도적으로 쌓이고 있다. 암과 심장질환에서만 그칠 것도 없다. 최근 증거에 따르면 생선 섭취는 당뇨에도 예방 효과가 있고, 알츠하이머병에도 좋을지 모른다고 한다. 어느 경우든 그 유익함의 근원은 오메가 3 지방으로 짐작되는데, 연어에 특히 이 지방이 많다. 게다가 연어는 다른 생선들보다 수은 오염도가 낮은 편이다.

소비자들은 생선 속 유기염화물의 이론적 위험에 더 무게를 둘 것인가, 아니면 생선 섭취의 확인된 편익에 더 무게를 둘 것인가 스스로 물어야 한다. 답이 뻔해 보이기는 하지만 말이다. 어쨌든 《사이언스》에 실렸던 연어 연구는 중요한 연구였다. 덕분에 생선 양식업자들이 유기염화물 잔류량을 줄이는 조치를 취할 것이고, 이것은 기술적으로 가능한 일이다. 오메가 3 지방 함량을 높이도록 유전자 조작된 카놀라와 대두 기름으로 만든 사료가 좋은 대안일 수 있다.

말이 나왔으니 말인데, 연어 통조림은 대부분 알래스카 자연산 연어로 만들어지므로 유기염화물 오염도가 최소 수준이다. 대부분의 생선 기름 정제에도(일일 섭취 권장량은 보통 1000밀리그램이다) 이런 화합물들이 안 들어 있다. 어쨌든 나는 양식 연어를 한 달에 한 끼 이상 먹으면 암 위험이 솟구친다고 했던 《사이언스》 논문 저자들의 주장은 절대 온당치 못하다고 믿는다. 자연산 연어가 훨씬 비싸기 때문에 양식 연어에 대한 경고는 사실상 사람들의 연어 소비량을 줄이는 효과를 낳을 테고, 그러면 질병 발생 위험이 높아질 것이다. 다만 임신부들은 자연산 연어를 고집하는 게 좋겠다. 신중에 또 신중을 기하기 위해서.

트랜스지방과의 전쟁

TRANS FAT WAR

캘리포니아 주 태뷰론 시의 이름을 들어 본 사람은 많지 않을 것이다. 그래도 그곳은 북아메리카 최초의 '트랜스지방 없는 도시'로 역사에 이름을 남긴 곳이다. 그 뒤를 따라서 뉴욕이 식당들에 인공 트랜스지방을 쓰지 못하게 하는 법을 통과시켰다. 심장질환으로 인한 사망률을 적잖이 줄일 수 있기를 바랐던 것이다. 보건 관료들의 추산에 따르면, 음식에서 트랜스지방을 제거함으로써 매년 교통사고로 죽는 뉴욕 시민의 수보다 많은 500명의 목숨을 구할 수 있다. 가공식품의 경우에는 성분표에 트랜스지방 함량을 꼭 명기하도록 정해져 있기 때문에, 트랜스지방을 피하고 싶은 소비자는 당장 그렇게 할 수 있다. 그러나 캐나다 국회의원 패트 마틴이 보기에는 그걸로 부족한가 보다. 그는 성분표에 관한 토론을 하던 중에 "제대로 표기가 되어 있다고 해서 음식에 독을 넣는 게 괜찮은 것은 아니다"라는 극적인 표현을 썼다. 그렇다면 식품에 들어 있다는 그 '독'은 정체가 무엇이고, 왜 들어 있을까?

트랜스지방은 수소화 반응의 부산물로 의도치 않게 식품에 들어가게 된 물질이다. 그런데 수소화 반응은 원래 건강에 이로운 조치로써 도입된 것이었다. 이에 결부된 화학적 의미를 자세하게 이해하려면 우선 지방에 관한 기본 지식을 배울 필요가 있다. 모든 지방은 탄소 세 개로 이루어진 글리세롤 분자를 뼈대로 하고, 거기에 지방산이라는 기다란 탄소 사슬이 붙어 있는 형태이다. 지방산의 탄소 원자들은 최대

"트랜스지방은 구석구석 퍼져 있다. 크래커, 파이, 쿠키, 감자튀김, 감자칩, 빵, 마가린이 트랜스지방으로 가득 찼다."

두 개까지 수소 원자를 매달 수 있다. 수소가 둘 다 달린 경우에는 그 지방산을 일컬어 수소가 '포화된' 포화지방이라고 한다. 사슬의 탄소들 중 두 개가 이중결합을 이룬 경우에는 '단일불포화지방'이라는 용어를 쓴다. 포화지방일 때보다 수소 수가 두 개 적으니 수소가 '불포화된' 분자라는 뜻에서이다. 이중결합이 하나 이상 존재할 때는 '다중불포화지방'이라고 부른다.

일반적으로 식물성 지방은 **단일불포화지방**p.65이거나 다중불포화지방인 편이고(야자기름과 코코넛기름은 예외이다), 동물성 지방은 포화지방인 편이다. 포화지방은 혈중 콜레스테롤 수치를 높이므로 영양학적으로 추방해야 할 대상으로 여겨져 왔다. 그러나 한편 포화지방은 고온에서 산소에 노출되어도 분해되지 않기 때문에, 굽거나 튀기는 요리에 적합하다. 게다가 실온에서 대개 고체이기 때문에 빵에 펴바르기가 좋다.

포화지방과 심장질환의 상관관계가 명확해지자, 식품 제조업자들은 보건당국의 재촉도 있고 해서 포화지방 사용을 줄이기 시작했다. 하지만 포화지방을 '몸에 더 좋은' 다중불포화지방으로 바꾸기만 해서 될 문제가 아니었다. 다중불포화지방은 식품에 쓰였을 때 포화지방과 똑같은 질감과 맛을 내지 못하고, 튀김에 여러 번 쓰일 수도 없다. 이것은 패스트푸드 업계에서는 무척 중요한 점이다. 불포화지방 중에서도 거의 모든 식물성 지방에 들어 있는 리놀렌산이 열에 특히 불안정하고, 산소에 노출되면 금세 상한 냄새를 풍긴다. 그러니 '부분 수소화' 과정을 통해서 포화지방과 불포화지방을 타협시키는 방법은 모든 요구를 다 만족시키는 듯했다.

수소화(경화)는 불포화지방과 수소 기체를 고압에 놓고 니켈 같은 금속 촉매로 반응시키는 기법이다. 지방의 이중결합들 중 일부가 수소와 반응하여 이중결합 수가 다중불포화지방보다는 적지만 포화지방보다는 많은 분자가 만들어진다. 이렇게 탄생한 부분경화지방은 튀김에서 우지를 대체할 만했고, 제빵에 쓰기에도 알맞았다. 이 지방은 실온에서 고체이므로 마가린 형태로도 널리 보급되었고, 마가린은 버터보다 몸에 좋은 대체물로 선전되었다.

당시 사람들은 '몸에 더 좋은' 이 대체물에 숨겨진 면이 있다는 것을 몰랐다. 수소화 과정에서 살아 남은 이중결합 중 일부가 원래의 '시스' 형태가 아닌 '트랜스' 배치로 전환된다는 사실에 사람들은 그다지 신경을 쓰지 않았다. 이렇게 배치가 바뀌면 탄소 사슬이 곧게 펴지는 효과가 발생하는데, 처음에는 이것이 바람직한 일처럼 보였다. 왜냐하면 사슬들이 서로 더 가까이 뭉칠 수 있어서 지방이 고형화되기 때문이다. 이렇게 하여 '트랜스지방'이 시장에 선보이게 되었다. 트랜스지방은 곧 구석구석 퍼졌다. 크래커, 파이, 쿠키, 감자튀김, 감자칩, 빵, 마가린이 트랜스지방으로 가득 찼다. 잘 된 일이야, 사람들은 생각했다. 트랜스지방은 '불포화' 부류에 속하니까 예전에 쓰던 포화지방보다 몸에 좋겠지.

그러나 1980년대가 되자 웅성웅성 불안한 소리들이 들리기 시작했다. 네덜란드 바헤닝언 농대의 마르테인 카탄은 스칸디나비아 사람들이 미국 사람들보다 포화지방을 더 많이 먹는 데도 심장동맥질환 발병률이 낮다는 점에 주목했다. 미국 식품 제조업체들이 트랜스지방을 선호하는 경향과 상관이 있을까? 카탄 박사는 이 점을 조사해보기로 했다. 그는 실험 참가자들에게 단일불포화지방, 포화지방, 트랜스지방이 두드러진 식단을 따르도록 지시했다. 포화지방을 많이 먹은 집단이 LDL('나쁜 콜레스테롤') 수치가 높아지고 HDL('좋은 콜레스테롤') 수치가 낮아진 것은 놀랄 일이 아니었다. 예상치 못했던 점은 트랜스지방 식단 집단이 포화지방 집단보다 경과가 나빴다는 점이다. HDL에 대한 총 콜레스테롤의 비중은 심장질환 위험을 평가하는 척도로 인정되는데, 트랜스지방 집단은 이것이 23퍼센트 오른 반면에 포화지방 집단은 13퍼센트밖에 오르지 않았다. 인정하건대, 참가자들이 섭취한 트랜스지방의 양은 북아메리카 사람들의 평균인 총 칼로리의 5퍼센트 수준보다 훨씬 많았다. 그래도 요지는 분명했다. 트랜스지방은 심장질환 위험을 증가시켰다.

미국 간호사 수천 명을 30년 이상 추적한 간호사건강조사도 스칸디나비아에서의 발견을 보강했다. 트랜스지방의 주 공급원인 케이크, 쿠키, 흰빵, 마가린 등을 많이 먹는 여성들은 심장질환 위험이 높았다. 혈액 검사를 해보니 적혈구 속 트랜스지방 양은 트랜스지방 섭취량과 또렷하게 비례했고, '나쁜' LDL 콜레스테롤 수치가 높아질수록, 그리고 '좋은' HDL 콜레스테롤 수치가 낮아질수록 많아졌다. 연구진은 트랜스지방과 위험의 관계를 정량화하기까지 했다. 적혈구 속 트랜스지방산 함량이 가장 높은 여성들은 가장 낮은 여성들에 비해 심장질환에 걸릴 위험이 3배 높았다. 이밖에도 트랜스지방을 **2형 당뇨**p.198, 유방암, 급성 심장사, 천식, 염증 위험 등과 연관지은 연구가 있다. 트랜스지방은 정말이지 고약한 물질 같다.

《뉴잉글랜드 의학저널》에 트랜스지방에 관한 과학 문헌들을 검토한 논문이 실린 적 있는데, 그 내용이 상당히 오싹하다. 식단에서 트랜스지방을 줄이는 것만으로는 충분치 못하고, 완전히 추방해 버려야 한다고 말하기 때문이다. 대규모 연구 네 개를 합쳐서 총 대상자 14만여 명의 데이터를 분석한 결과, 트랜스지방으로 인한 칼로리 섭취가 2퍼센트만 증가해도 심장동맥질환 위험은 23퍼센트 높아졌다. 하루에 1~2그램만 먹어도 위험하다는 뜻이다. 연구진은 트랜스지방 소비를 줄이면 북아메리카에서 매년 발생하는 심장동맥질환 사례 중 최대 25만 건쯤이 예방되리라는 놀라운 예측을 내놓았다.

트랜스지방은 뇌에도 영향을 미치는 듯하다. 사우스캐롤라이나 의대의 앤샬럿 그랜홀름 박사가 수행한 연구를 보면 그런 암시가 있다. 그랜홀름 박사는 물이 고인 미로 속에 발판을 하나 숨겨 두고 쥐들에게 그곳을 찾아 올라서도록 훈련시켰다. 그다음에 어떤 쥐들에게는 트랜스지방 식단을, 어떤 쥐들에게는 **다중불포화지방**p.61 식단을 먹인 뒤, 훈련 내용을 기억하는지 확인해 보았다. 다중불포화지방을 먹은 쥐들은 곧장 발판으로 헤엄쳐 간 반면에 트랜스지방을 먹은 쥐들은 우왕좌왕했다.

분자 수준에서 정확하게 어떤 일이 벌어지는지 알 수는 없으나, 아마도 트랜스지방이 염증을 일으켜서 신경세포 사이에 정보를 전달하는 특수 단백질이 손상되는 게 아닌가 싶다. 혹시 이 쥐들이 트랜스지방을 지나치게 많이 먹었을 것으로 생각할 독자가 있을까 봐 말하자면, 그렇지 않았다. 쥐들이 먹은 양은 북아메리카 사람들의 식단에 보통 든 정도였다. 그랜홀름 박사는 자기 결과에 자신도 몹시 심란했던지, 논문에서 다시는 **감자튀김**p.296을 먹지 않을 것이고 트랜스지방이 든 가공식품을 부엌에서 치우겠다고 다짐했다.

제조업체들은 과학자들의 조언을 받아들여 제품 속 트랜스지방 함량을 줄이려고 노력하는 중이다. 한 가지 방법은 리놀렌산 같은 다중불포화지방을 적게 포함한 기름을 쓰는 것이다. 앞서 설명했듯이 다중불포화지방은 열에 불안정해서 열을 받으면 산소와 결합하여 나쁜 냄

"옥수수유나 해바라기씨유는 리놀렌산 함량이 1퍼센트 미만이라 콩기름의 8퍼센트에 비해 낮지만, 가격이 비싸다. 물론 콩기름 속 리놀렌산을 수소화시키는 방법도 있지만, 그러면 트랜스지방이 생긴다."

새를 풍긴다. **옥수수유**p.62나 해바라기씨유는 리놀렌산 함량이 1퍼센트 미만이라 콩기름의 8퍼센트에 비해 낮지만, 가격이 비싸다. 물론 콩기름 속 리놀렌산을 수소화시키는 방법도 있지만, 그러면 트랜스지방이 생긴다.

최근에는 대안적인 접근법이 등장했다. 전통적인 이종교배 기법을 통해서 리놀렌산 함량이 낮은 대두 품종을 탄생시킨 것이다. 이 대두에서 짠 기름은 리놀렌산 함량이 3퍼센트 미만이므로 수소화하지 않고도 쓸 수 있다. 식품산업이 연간 사용하는 튀김 기름의 양이 무려 20억 킬로그램이 넘는다는 사실을 감안할 때, 저리놀렌산 콩기름의 시장은 어마어마하게 클 것이다. 농부들이 앞다투어 이 신품종을 심으려고 하는 것도 당연하다. 트랜스지방을 제거하는 방법은 이 밖에도 또 있다. 완전 수소화된 기름은 이중결합이 하나도 없으므로 트랜스지방도 없다. 콩기름(또는 다른 다중불포화지방 기름)을 완전히 수소화시켜서 왁스 같은 고체로 만든 다음, 그것을 액체 다중불포화지방과 반응시켜서 '에스터(에스테르) 교환' 반응을 일으키면 트랜스지방이 없는 튀김 기름을 만들 수 있다.

식품 제조업체들은 제품에서 트랜스지방을 제거함으로써 경쟁에서 한 발이라도 앞서려고 노력한다. 켈로그 사는 팝타르츠나 치즈잇 같은 제품을 만들 때 기존의 트랜스지방 포함 기름 대신에 몬산토 사

"건강한 아침식사를 원한다면 귀리, 아마씨, 과일을 먹자. 그러면 트랜스지방 따위는 걱정할 필요가 없다."

의 저리놀렌산 대두 품종인 비스티브 기름을 쓰기로 했다고 발표했다. 발표가 나자 아니나다를까 몬산토라는 말만 들어도 당장 흥분하는 유전자 조작 식품 반대자들이 분개하고 나섰다. 저리놀렌산 형질은 재조합 DNA 기술이 아니라 전통적인 이중교배 기법으로 도입된 것이었다. 하지만 북아메리카에서 재배되는 대부분의 대두가 그렇듯, 이 콩도 글리포세이트라는 제초제에 내성을 갖도록 형질 전환된 콩이므로, 어쨌든 유전자 조작 식품 부류에 속하는 것은 맞다.

저리놀렌산 대두에 대해서 우리가 정말 관심을 기울여야 하는 대목은 유전자 조작이냐 아니냐 하는 점이 아니라, 그것이 우리 건강에 큰 영향을 미칠 것인가 아닌가 하는 점이다. 우선 우리는 트랜스지방이 든 식품들이 영양학적으로 애당초 바람직한 식품이 아니라는 점을 인정해야 한다. 감자칩, 감자튀김, 팝타르츠, 덴마크 페스트리 같은 식품은 어떤 종류의 기름으로 만들어졌든 섭취를 제한해야 옳다. 엄밀하게 따지자면 저리놀렌산 기름으로 만든 것이 '몸에 더 좋기는' 하겠지만 그것이 전반적인 건강 상태에 얼마나 큰 차이를 낼 것인가는 의문이다. 간식을 먹어야겠다면 차라리 **사과**p.14를 먹는 게 낫다. 사과에는 트랜스지방이 없다. 오렌지에도, 바나나에도, 브로콜리에도 없다. 도넛 대신에 이런 것들을 먹으면 우리는 더 건강해질 것이다. 그랜홀름 박사의 쥐를 참고하자면, 더 똑똑해질지도 모른다.

식품 성분표에 트랜스지방 정보를 표기하게 한 것은 긍정적인 변화였다. 이제는 트랜스지방을 피하고 싶으면 그렇게 할 수 있으니까 말이다. 하지만 기억하자. 트랜스지방을 추방하면 이만큼 많은 목숨을 살릴 수 있다고 계산한 것은 어디까지나 이론적 계산일 뿐, 견고한 증거는 아니다. 지난 20년간 북아메리카에서 트랜스지방 소비는 일정하게 유지되어 왔지만 심장질환 발병률은 현저하게 낮아졌다. 물론 트랜스지방을 추방해서 나쁠 것은 전혀 없고, 추방이 불가능한 것도 아니다. 덴마크에서는 트랜스지방 함량이 2퍼센트가 넘는 식품은 팔지 못하게 되어 있는데, 그렇다고 덴마크 식품산업이 망했느냐 하면 그렇지 않다. 다만 케이크, 도넛, 튀김에서 트랜스지방을 없애기만 하면 이 식품들이 '건강한' 식품이 된다는 결론으로 비약하지 말자는 말이다. 덴마크에서 아침으로 덴마크 패스트리를 먹는 것은 괜찮고, 미국에서 먹는 것은 '유독하다'는 식으로도 생각하지 말자. 건강한 아침식사를 원한다면 귀리, 아마씨, 과일을 먹자. 그러면 트랜스지방 따위는 걱정할 필요가 없다.

트랜스지방 이야기를 좀더 복잡하게 만드는 정보를 하나 추가할까 한다. 알고 보면 트랜스지방이라고 죄다 악당인 것은 아니다. 불포화지방 수소화의 부산물로 생기는 지방, 마가린이나 기타 제빵제품에 든 지방은 틀림없이 몸에 나쁘지만, 모든 트랜스지방이 인공적인 것은 아니다. 자연에서 생기는 트랜스지방도 있다. '공액 리놀렌산'(CLA)이라고 하는 그 지방은 성질이 사뭇 다르다. CLA는 **우유**p.159나 체다치즈 같은 유제품에 주로 들어 있다. CLA를 가장 풍부하게 공급하는 식품은, 믿을지 모르겠지만, 치즈위즈(발라 먹기 좋은 크림 형태의 가공 치즈 제품 상표명—옮긴이)이다. 소고기, 양고기, 염소고기에도 좀 들어 있다. 동물의 장내 박테리아들이 사료에 든 리놀렌산을 CLA로 전환한 뒤에 동물의 근육과 젖샘조직에 저장하기 때문이다.

사람은 스스로 CLA를 만들지 못하지만, 연구에 따르면 CLA가 사람에게서 암과 심장질환과 **당뇨**p.42와 체중 증가를 막는 데 효과적일지도 모른다. 토끼에게 고콜레스테롤 사료를 먹이되 CLA를 함께 주면 심장질환 예방 효과가 있었다. 토끼의 트라이글리세라이드(혈중 지방) 양과 LDL 양도 줄었다. 쥐를 대상으로 한 실험을 보면 CLA는 인슐린 민감체로도 작용했다. 그러니 **인슐린**p.82을 충분히 생산하지 못하는 2형 당뇨 문제를 CLA가 부분적으로나마 해결해 줄지도 모른다. 당뇨 환자들은 트라이글리세라이드 수치가 높기 마련인데, CLA가 그것을 낮춰 주니까 그 역시 좋은 일이다. 모든 CLA가 다 좋은 것은 아니고 '시스-9, 트랜스-11'과 '시스-10, 트랜스-12' 형태의 이성체들만 생물학적 활성이 있다.

CLA의 특징 중에서 가장 매력적인 것을 꼽으라면 인체의 근육 대 지방 비율을 통제하는 효과를 말해야겠다. 석 달 동안 위약으로 대조군을 통제한 실험 결과, CLA는 과체중 환자들의 마른체중(제지방 체중) 비중을 현저하게 높였다. CLA를 매일 3.5그램씩 섭취한 사람들은 12주 동안 순수 지방이 1.7킬로그램 빠졌다. 이 분야의 세계적 권위자인 위스콘신 대학교 마이클 파리자 박사에 따르면 CLA의 진정한 능력은 체중 감소 뒤에 다시 몸무게(지방)가 느는 것을 막는 데 있다고 한다. 박사 자신도 매일 3 내지 4그램씩 먹는다고 한다.

CLA와 건강의 관계는 과연 매력적으로 보이지만, 그렇다고 육류나 고지방 유제품을 탐닉하기 시작할 것은 없다. 이런 연구들에서 확인된 편익은 평균적인 식단에 들어 있는 100밀리그램보다 훨씬 많은 양에서 나온 것이었다. 그러니 CLA가 정말 유익하다는 연구 결과가 앞으로 더 나온다 해도, 우리는 치즈위즈가 아니라 보충제를 통해서 CLA를 섭취해야 할 것이다.

음료 속 벤젠을 둘러싼 진실

BENZENE in BEVERAGES

한때 벤젠은 그 달콤한 향 때문에 에프터쉐이브로 쓰였다. 커피에서 **카페인**p.112을 제거하는 데에도 쓰였다. 클레멘틴 처칠(윈스턴 처칠의 아내)은 벤젠으로 머리를 감았다. 오, 세상은 얼마나 빠르게 변하는가! 오늘날 우리는 수돗물이나 **청량음료**p.183에 몇 ppb 정도 들어 있는 벤젠 때문에 걱정을 한다. 왜? 벤젠은 확인된 발암물질이라 피해야 하기 때문이다. 한편 벤젠은 현대인의 삶에 꼭 필요한 많은 제품들과 공정들에 필수적으로 존재하는 요소이다. 미량의 벤젠이 없는 곳은 없다. 환경에서 벤젠을 제거하기는 불가능하다고 할 때, 우리가 할 일은 합리적으로 위험을 분석하는 것이다.

벤젠이 꼭 사람의 활동 때문에 생겨나는 것은 아니다. 벤젠은 유기물이 분해될 때 형성되는 여러 화합물 중 하나이기 때문에 당연히 석유에도 들어 있다. 유기물이 탈 때도 벤젠이 형성되므로, 화산이나 산불에서도 벤젠이 나온다. 석탄을 태울 때도 마찬가지다. 영국의 뛰어난 화학자이자 전기 과학을 개척했던 마이클 패러데이는 1825년에 '등화용 가스'에서 처음으로 벤젠을 분리해 냈다. 당시에는 석탄이나 이탄을 태워서 얻는 가스등 불빛으로 집이나 거리를 밝혔다. 그러나 벤젠의 분자구조는 40년가량 수수께끼로 남아 있었다.

화학자들은 어떻게 탄소 여섯 개와 수소 여섯 개가 하나의 벤젠 분자를 이루는지 밝혀내지 못했다. 그러던 1865년, 독일 화학자 아우구스트 케쿨레는 뱀이 둥그렇게 제 꼬리를 문 꿈을 꿨고, 이 꿈 덕분에

탄소 여섯 개가 고리 모양으로 배열된 벤젠 구조를 생각해 냈다. 케쿨레는 벤젠 구조를 꿈에서 보았지만, 이 화합물이 산업세계 건설에 이토록 중요한 역할을 담당하게 되리라고는 꿈도 꾸지 못했을 것이다.

오늘날 벤젠은 원료인 석유로부터 어마어마하게 많이 생산되고 있다. 벤젠은 나일론, 폴리스티렌, 폴리카보네이트 등 플라스틱을 만드는 원재료로 쓰이고, 접착제, 세제, 염료, 살충제, 합성 고무, 폭약, 의약품을 만드는 데 쓰인다. 벤젠이 우리 삶을 편하게 만들어 준다는 데에는 이론의 여지가 없다. 그런데 벤젠이 우리 삶을 짧게 만들기도 하는 것일까?

벤젠이 몸에 나쁠지도 모른다는 최초의 단서는 벤젠 증기에 노출된 노동자들이 어지럼증, 두통, 손 떨림, 심지어 섬망증을 경험한다는 관찰에서 왔다. 모두 신경중독 증상들이었다. 그래서 산업현장에서 벤젠 노출을 줄이는 조치들이 시행되었지만, 소량에 장기간 노출될 경우에 대한 걱정은 끊이지 않았다. 그 역시 정당한 걱정이었다. 역학조사 결과, 수 년에 걸쳐 벤젠을 흡입한 노동자들은 백혈병 발생률이 높다는 사실이 밝혀졌기 때문이다. 다만 상관관계가 압도적인 것은 아니라서, 관련성이 처음 지적된 1928년 이래 지금까지 직업적 벤젠 노출 때문에 백혈병에 걸린 사례는 전 세계적으로 150여 건만 보고되었다.

우리들 대부분은 직업적 노출에 대해서는 걱정하지 않아도 된다. 그렇다면 음식이나 음료나 숨 쉬는 공기에 들어 있는 벤젠으로 인한 위험은 얼마나 될까? 이론적으로 따지자면 발암물질은 아무리 조금이라도 결코 안전하지 않다. 분자 단 하나가 DNA에 해를 끼쳐서 암을 낳을 수도 있기 때문이다. 하지만 현실적으로 따지자면 우리 주변의 숱한 발암물질을, 천연이든 합성이든, 완벽하게 제거하기는 불가능하다. 벤젠의 경우에는 대부분의 관계당국들이 정한 식수 속 최대허용농도가 5ppb이다. 이보다 고농도를 섭취하면 당장 장의사를 만나게 된

"청량음료 1리터에는 벤젠이 50마이크로그램 들어 있는 셈인데, 청량음료 속 벤젠으로 목숨을 잃으려면, 그

다는 뜻이 아니다. 5ppb가 표준이 된 까닭은 상수처리 체계에서 달성할 수 있는 최저 농도가 그쯤이기 때문이다.

벤젠과 암의 방정식에 숫자들을 집어넣어 보자. 우리가 아는 정보는 두 군데에서 왔다. 사람의 노출 데이터, 그리고 동물에게 먹인 실험 결과였다. 사람이 공기를 통해 0.1ppm 미만의 벤젠을 흡입할 때에는 백혈병 발병률이 높아지는 기척이 없었다. 사람이 하루에 흡입하는 공기량이 평균 20세제곱미터쯤 되므로, 계산해 보면 하루에 6밀리그램쯤 노출되는 건 괜찮다는 말이다. 동물 실험에서도 그 정도의 복용량으로는 암 발생률이 높아지지 않았다.

그렇다면 우리는 얼마나 많은 벤젠을 접하고 있을까? 2006년에 청량음료 속 벤젠을 걱정하는 말들이 있었다. 음료에 보존제로 첨가되는 벤조산 나트륨이 역시 여러 음료에 들어 있는 비타민 C와 반응하는 게 문제였다. 그 반응을 촉매하는 금속이 미량이라도 존재한다면, 비타민 C가 자유 라디칼을 생성하고, 그것이 벤조산을 벤젠으로 바꿔 놓는다. 그래서 어떤 음료들은 벤젠 함량이 50ppb에 이르는 것으로 드러났고, 이는 식수 허용기준의 10배이다. 하지만 계산을 좀 해보자. 그런 음료 1리터에는 벤젠이 50마이크로그램 들어 있는 셈이고, 그 음료를 하루에 120리터씩 마신다는 것은 거의 불가능하지만, 설령 마신다고 해도 직업적으로 노출되는 사람들에게서 아무런 영향이 드러나지 않았던 최대 섭취량에는 미치지 못한다.

"굳이 걱정거리라면 청량음료의 영양소 부족이다. 자동차에 기름을 넣을 때 흡입하게 되는 벤젠을 보자. 우리는 주유소에서 배기가스 때문에 시간당 20에서 30마이크로그램쯤 벤젠을 마신다."

물론 우리가 청량음료에서만 벤젠과 접촉하는 것은 아니다. 미국 식품의약국이 5년에 걸쳐 70가지 다양한 식품을 조사한 결과, 벤젠은 슬라이스 치즈와 바닐라 아이스크림을 제외한 모든 품목에서 발견되었다. 예를 들어 햄버거에는 4마이크로그램이 들어 있었는데, 이것은 담배 한 모금에 든 양의 10분의 1에 불과하다. 바나나는 최대 20마이크로그램까지 포함하고 있었다. 그러나 이 모든 노출량들을 다 합해도 백혈병과 연관관계가 있다고 알려진 수준에는 한참 이르지 못했다.

위험이 전무하다는 말인가? 그렇진 않다. 극미량의 벤젠 때문에 일련의 반응이 개시되어 암에 걸리는 불운한 사람이 있을 수도 있다. 따라서 우리는 온갖 노력을 기울여서 발암물질에 대한 노출을 최소화해야 하고, 특히 산업현장에 신경을 써야 한다. 다만 청량음료에 든 미량의 벤젠은 그리 대수로운 문제가 아니라는 말이다. 벤조산 나트륨 대신에 다른 보존제를 쓰면 그 미량마저도 제거할 수 있다.

굳이 걱정거리가 필요하다면 청량음료의 영양소 부족을 걱정할 일이다. 아니면 차에 기름을 넣을 때 흡입하게 되는 벤젠을 걱정하자. 그것이 20마이크로그램쯤 된다. 설령 주유소 직원에게 기름을 넣어달라고 하더라도 어차피 앞차에서 나오는 배기가스 때문에 우리는 시간당 20에서 30마이크로그램쯤 벤젠을 마시게 된다. 이에 비해 음식에서 섭취하는 양은 하루 평균 약 5마이크로그램이다. 환경에 유해한 다른 휘발성유기화합물(VOC)들에 대해서도 분석 결과는 비슷하다.

FDA는 식품 섭취량 연구의 일환으로 용매, 세정제, 기름때 제거제로 쓰이거나 여러 화학반응의 중간물질로 등장하는 20여 가지 VOC들의 농도를 확인해 보았다. 이런 물질은 수돗물 염소소독 과정의 부산물로 식품에 들어갈 수도 있고, 플라스틱에서 누출되어 들어갈 수도 있다. 스티렌, 클로로폼, 사염화탄소, 트라이클로로에틸렌 등 발암성이 있다고 의심되는 물질들에 대해 화학분석을 한 결과, 모두 ppb 수준에서 다들 식품에 들어 있었다. 하지만 벤젠과 마찬가지로 그 양은 독성을 낼 수 있는 수준에 한참 못 미쳤다.

예를 들어 보자. 사염화탄소가 위험을 일으킬 수 있는 최소 한계는 몸무게 1킬로그램당 0.02밀리그램을 매일 섭취하는 정도라고 알려져 있다. 핫도그 중에 간혹 사염화탄소가 11ppb까지 들어 있는 것이 있다. 70킬로그램 나가는 사람이 위험 수준에 달하려면 그런 핫도그를 매일 120킬로그램씩 먹어야 하는 셈이다. 내 말의 요지는, 우리가 휘발성 유기화합물을 음식이나 음료에서 섭취하는 양보다는 담배 연기, 자동차 매연, 산업 배기가스 등에서 흡입하는 양이 훨씬 많다는 것이다.

튀긴 음식 속의 다중불포화지방

TRANS FAT
in
FRIED FOODS

빈 슈니첼은 무지하게 커서 접시에서 넘쳤다. 다진 파슬리와 레몬즙을 위에 뿌린 그 요리는 끝내주게 맛이 좋았다. 지금도 처음 슈니첼을 먹었던 그때를 회상하면 내 입에 침이 고인다. 1956년 반정부시위 때 헝가리를 떠난 우리 가족에게 몬트리올 행을 주선해 주었던 이모는 리비에라라는 유럽식 식당을 경영했다. 그곳에서 나는 송아지 고기를 거의 종잇장처럼 얇게 두드려 편 뒤에 밀가루와 계란과 빵가루로 반죽을 입혀 황금빛으로 재빨리 튀겨낸 그 미식을 처음 맛보았다. 나는 슈니첼이 못 견디게 좋았다. 솔직히 말하면 지금도 좋아한다. 리비에라는 문을 닫은 지 오래지만, 나는 꽤 먹을 만한 수준으로 슈니첼을 요리하는 법을 스스로 익혔다. 하지만 달라진 점이 있다. 과학이 끼어들었고, 이제 내 즐거운 마음의 한편은 영양에 대한 걱정으로 물들었다. 나도 인정하기 싫지만, 붉은 육류나 튀김 요리를 자주 먹는 식습관에는 어두운 그림자가 드리워진 세상이기 때문이다.

요즘의 과학 문헌을 보면 '붉은 고기'와 '암'이라는 단어가 한 문장에 나란히 등장하는 경우가 걱정스러울 정도로 잦다. 그리고 암 발생에서 음식의 역할을 다룬 논문을 보면 식단 조절로 크게 예방 효과를 볼 수 있다는 결론이 흔하다. 그런 논문들이 권장하는 변화는 보통 채소 섭취를 늘릴 것, 그리고 육류와 고온에서 조리한 음식 섭취를 줄일 것이다. 예를 들어, 1990년대에 유럽에서 50만 명 가까이 되는 건강한 남녀를 모집하여 그들의 건강 상태를 추적한 조사가 있었다. 5년이 지난 뒤에 확인하자 대상자 가운데 1300명가량이 결장직장암에 걸렸다. 연구진은 이 환자들과 병에 걸리지 않은 사람들의 생활 습관을 비교해 보았다. 그랬더니 붉은 고기 및 가공육류 섭취량이 장암과 연관이 있다는 것이 밝혀졌다. 정량적으로 이야기하면 붉은 고기나 가공육류를 매일 160그램 이상 먹는 사람들은 매일 20그램 미만으로 먹는 사람들보다 장암에 걸리는 비율이 35퍼센트나 높았다. 닭고기는 문제되지 않았고, 생선을 먹는 것은 오히려 암 발생을 막아 주는 듯했다.

정확하게 왜 붉은 육류 및 가공육류가 문제인지 꼬집어 말하기는 어렵지만, 헤테로고리 아민(HCA)이 연루되었으리라 짐작해도 틀리지 않을 것 같다. 우리가 식품을 가열하면 무수한 화학반응이 개시된다. 세균을 죽이거나 근육섬유를 부드럽게 하거나 향미를 증진시키는 것처럼 바람직한 반응도 있지만, 그렇지 못한 반응도 있다. 고온이 되면 고기 속의 크레아티닌 같은 화합물들이 반응을 일으켜서 발암물질로 알려진 헤테로고리 아민을 형성한다. 온도가 높을수록, 조리 시간이 길수록, 헤테로고리 아민이 많이 생긴다. 이 화합물들은 비단 장암에만 연루된 것이 아니다. 붉은 고기 섭취량은 전립샘암, 위암, 췌장암과도 연관관계가 있고, 고기를 늘 바싹 익혀 먹는 여성들은 설 익히거나 적당히 익혀 먹는 여성들보다 **유방암**p.88 위험이 다섯 배 높다는 연구 결과도 있다. 닭고기나 생선은 왜 위험하지 않은지도 정확하게 알 순 없지만, 아마도 조리 시간이 더 짧기 때문이 아닐까 한다. 어쨌든 닭고기와 (특히) 생선은 붉은 고기보다 심장에도 더 좋다니 이래저래 반가운 일이다. 물론 튀기지 않았을 때의 이야기이다.

하버드 의대 연구진이 중장년 5000여 명의 심장 기능을 검사하여 확인한 바, 생선을 볶거나 구워서 자주 먹는 사람들은 심장질환 발병률과 혈압이 낮고 심장 혈류 흐름도 좋았던 반면, 튀겨서 먹거나 패스트푸드 샌드위치 형태로 자주 먹는 사람들은 심장 동맥경화 확률이 높았고 다른 심장 문제들도 더 많이 겪었다. 여기에서 유력한 범인은 튀김에 사용된 기름이다.

1950년대에 리비에라의 요리사들이 빈 슈니첼을 튀길 때 어떤 기름을 사용했는지 잘은 모르겠지만, 아마도 동물성 지방이었을 것이다. 그때보다 영양 지식이 더 풍부한 요즘 사람들은 그보다는 **다중불포화지방**p.61을 선호한다. 트랜스지방도 없기를 바란다. 그렇다고 해서 튀김에 따르는 문제들을 우리가 깨끗하게 해결한 것은 아니다. 사실은 트랜스-4-하이드록시-2-노네날(HNE)이라는 화합물이 새롭게 의심을 받고 있는 실정이다. 그게 왜 비난을 받을까?

여러분은 HNE에 대한 이야기를 아직 듣지 못했을 가능성이 높겠지만, 과학계에서는 이 물질이 이미 적잖은 소동을 일으키고 있다. HNE은 다중불포화지방(탄소-탄소 이중결합이 여러 개 들어 있는 지방)이 산소와 반응할 때 생긴다. 세포막에 존재하는 다중불포화지방이 HNE를 만들어서, 그것이 혈류로 이동해 간다. 나쁜 소식은, HNE가 심혈관질환, **파킨슨병**p.172, 알츠하이머병, 간 질환, 콩팥 질환, 심지어 암에까지 연관된다는 사실이다. 정말 듣고 싶지 않은 나쁜 소식이 또 있다. 다중불포화 기름, 특히 리놀레산이 든 기름(옥수수, 대두, 카놀라 기름)이 가열되면, 특히 여러 차례 반복 가열되면, HNE가 형성된다는 것이다. 그러니 식당들이 내놓는 황금색 튀김 요리에는 HNE가 잔뜩 들어 있을지도 모른다.

좋은 소식도 살펴보자. 땅콩 기름이나 **올리브유**p.63 같은 단일불포화지방은 쉽사리 오염되지 않는 편이다. 아, 그러나 식당에서는 그런 기름을 잘 사용하지 않는다. 그러니까 외식을 할 때는 튀김을 피하는 게 상책이다. 하지만 나는 집에서 먹는 슈니첼까지 포기하진 않았다. 대신에 먹는 횟수를 줄이고, 올리브유로 송아지 고기를 튀긴다. 입으로 가져가는 음식 한 조각 한 조각까지 걱정하면서 인생을 살아서야 되겠는가.

비닐 랩은 발암물질이 아니다

CARCINOGEN
from
PLASTICS

우리는 남은 음식을 비닐 랩에 싸서 보관한다. 샌드위치, 과일, 채소를 비닐 봉지에 담아 보관한다. 고기도 비닐에 싸여 판매될 때가 많다. 우리는 플라스틱 통에 든 음료를 마시고, 플라스틱으로 된 숟가락을 자주 사용하고, 플라스틱 컵으로 물을 마시고, 플라스틱 접시에 음식을 담아 전자레인지로 데운다. 그 결과 우리는 플라스틱에서 음식이나 음료로 새어 나오는 수십 가지 성분들을 섭취하게 된다. 플라스틱을 부드럽고 나긋나긋하게 만들어 주는 가소제, 단량체라고 불리는 작은 분자들을 이어서 플라스틱의 특징인 긴 사슬(중합체)을 만드는 데 사용되는 안정제와 촉매, 그 과정에서 남은 단량체들, 중합체가 분해되어 생긴 산물들. 이 모두가 우리 몸으로 들어올 수 있다.

그게 문제가 될까? 무시무시한 내용의 이메일을 유통시키는 사람들에 따르면, 대답은 "그렇다"이다. 그들의 억측에 따르면 가소제나 **다이옥신**p.336 같은 발암 성분이 플라스틱에서 새어 나오고, "음식에 비닐 랩을 씌워 전자레인지로 가열하면 유독한 독소들이 정말 음식으로 떨어진다"고 한다.

그런 이메일은 클레어 넬슨이라는 소녀의 흥미진진한 영웅담으로 이야기를 시작하곤 한다. 넬슨은 아칸소 주에 사는 탐구심 넘치는 고등학생으로, 다이(에틸헥실)아디프산(DEHA)이라는 가소제가 비닐 랩에 들어 있다는 사실을 어쩌다 알게 되었다. 또한 전자레인지 조리 중에 그 '발암물질'이 음식으로 옮겨지는가에 관하여 미국 식품의약국이 조사한 바가 없다는 것도 알게 됐다. 넬슨은 과학 전문가의 도움을 받아서 실험을 수행했다. 비닐 랩과 올리브유를 섞은 뒤에 전자레인지로 가열했더니 DEHA가 기름에 녹아 들었는데, 그 농도가 FDA의 기준인 0.05ppb보다 훨씬 높았다. 넬슨은 이 실험으로 미국 화학회의 우수학생상을 받았고, 그녀의 이야기는 많은 기자들을 매료시켰다. 기자들은 그녀를 평범한 시민들의 챔피언으로 애써 미화했다. 소비자를 고려하지 않는 산업계가 무능한 FDA의 방관에 힘입어 공중보건에 또 한 번 피해를 입히는 현장을 폭로한 영웅으로 그녀를 그렸다.

클레어 넬슨은 실제 존재하는 사람이고, 그 작업으로 상을 탄 것도 사실이다. 하지만 그 상은 잠재적 문제에 관해 체계적으로 조사했다는 점을 높이 사서 준 것이지, 암 위험을 발견한 사실을 인정하여 준 것은 아니었다. 애초에 폭로를 할 수가 없는 상황이었다. 왜냐하면 DEHA가 음식으로 이동하는 현상은 그전에 이미 다 조사된 것이었기 때문이다. 넬슨이 이 생각을 처음 떠올렸다는 이야기는 미화된 신화일 뿐이다. 게다가 넬슨이 기준보다 높은 결과를 얻었다는 것을 바꿔 말하면 FDA가 DEHA 섭취허용 기준을 이미 갖고 있었다는 뜻 아닌가. 그녀의 결과가 그리 놀랍다고도 할 수 없었다. 가소제가 기름으로 옮겨지는지 확인하기 위해서 랩을 기름에 담가 장시간 가열한다는 것은 아무리 봐도 현실적인 상황은 아니다. 마치 시내 운전의 위험을 평가하기 위해서 포뮬러 1 경주를 연구하는 꼴이다.

그건 그렇다 치고, 가소제가 사람들의 말마따나 정말 위험한가? 우리는 플라스틱을 부드럽고 유연하게 만들기 위해서 이 화학물질을 섞는다. 샤워커튼이 좋은 예이다. 가소제는 식품용 랩의 '밀착성'을 좋게 하는 데에도 쓰인다. 사람들이 가소제를 걱정하기 시작한 까닭은

"음식이 아주 뜨거워지면, 특히 당이나 지방 함량이 높은 음식은 비닐을 녹일 수 있다. 녹은 비닐을 먹는 것은 위험하진 않을지 몰라도 일단 맛이 없다."

이들 중 몇이, 특히 다이(에틸헥실)프탈산(DEHP) 같은 것이 에스트로겐과 유사한 성질을 띨 수 있고, 그렇다면 이론적으로 특정 종류의 암을 유발할지도 모르기 때문이다. 하지만 폴리염화비닐(PVC) 랩에 사용되는 가소제인 DEHA는 그런 부류에 속하는 물질이 아니다. 유럽연합과 미국 환경보호청은 DEHA를 '발암 의심물질이 아님'으로 분류하고 있다. 클레어 넬슨이 조사한 가소제도 이 DEHA였다.

DEHA를 가소제로 쓰는 랩은 PVC 랩뿐이다. PVC 랩은 상업적인 식품 포장재로 흔히 쓰이지만, 소비자들이 각자 구입해서 전자레인지용으로 쓰는 랩은 이 종류가 아니다. 가령 글래드 랩을 보면 저밀도 폴리에틸렌(LDPE)을 쓰기 때문에 프탈산은 아예 들어 있지 않고, 사란 랩도 마찬가지다(글래드 랩과 사란 랩은 성분이 다른 비닐 랩들로서 제품명이면서 상표명이기도 하다—옮긴이). 사란 랩은 예전에는 폴리염화비닐리덴으로 만들어졌다. 이 성분은 차단력과 밀착력이 우수했지만, 제조업체는 염소 화합물이 환경에 비치는 영향을 줄이기 위해서 2004년부터 그 대신 LDPE를 쓰기로 했다.

LDPE 자체는 밀착성이 뛰어나지 않지만 폴리아이소부텐이나 선형 저밀도 폴리에틸렌 같은 다른 중합체를 섞어 주면 점착성이 개선된다. 두 물질 모두 별다른 해가 없다. 사란 랩을 폴리염화비닐리덴으로 제조하던 시절에도 가소제로 시트르산 아세틸트라이부틸을 썼기 때문에, 제품에 '프탈산 문제'는 있을 수 없었다.

그렇다면 대체 어떤 '유독한 독소'(유독하지 않은 독소도 있나?)가 사란 랩에서 '음식으로 떨어진다'는 것인지 통 모를 일이다. 물론 어떤 종류든 비닐 랩을 음식에 직접 닿게 해서 전자레인지에 돌리면 안 된다는 건 합리적인 경고이다. 이유는 간단하다. 음식이 아주 뜨거워지면, 특히 당이나 지방 함량이 높은 음식이라면, 비닐을 녹일 수 있기 때문이다. 녹은 비닐을 먹는 것은 위험하진 않을지 몰라도 일단 맛이 없다.

그러면 음식을 플라스틱 용기에 담아 전자레인지로 가열할 때 발암물질인 다이옥신이 음식으로 들어간다는 비난은 사실일까? 다이옥신이 발암물질인 것은 사실이고, 우리가 총력을 기울여 그것을 피해야 한다는 것도 사실이다. 하지만 플라스틱이 다이옥신을 배출하려면 두 가지 조건이 갖춰져야 한다. 우선 염소 성분이 포함되어 있어야 하고, 다음으로 소각 온도에 가깝게 가열되어야 한다.

소비자들이 가정에서 사용하는 용기들(터퍼웨어, 글라드웨어, 러버메이드 등)은 폴리에틸렌이나 폴리프로필렌으로 만들어져 있기 때문에 다이옥신을 내지 못한다. 염소를 전혀 포함하지 않는다는 아주 단순한 이유 때문이다. 우리가 식당에서 음식을 포장해 오는 용기도 마찬가지다. 그런 용기들은 보통 폴리프로필렌으로 만들어진다. 폴리프로필렌으로 만든 용기나 옛날식 마가린 통 같은 플라스틱을 전자레인지에 쓰면 안 된다는 것이 상식이지만, 그것은 다이옥신 때문이 아니라 흐물흐물해지거나 녹을지도 모르기 때문이다.

이론적으로 따져서 다이옥신을 배출할 가능성이 있는 용기는 폴리염화비닐(PVC)로 만들어진 것뿐이다. PVC는 세정제나 화장품 용기로는 광범위하게 쓰이지만 전자레인지용 식품 용기에는 쓰이지 않는다. 설령 쓰였다 해도 전자레인지의 온도는 그리 높지 않아서 플라스틱을 분해시켜 다이옥신을 내놓을 정도가 못 된다.

"플라스틱 용기를 전자레인지에 돌리면 안 된다는 과학적 근거는 없다. 전자레인지의 온도는 그리 높지 않아서 플라스틱을 분해시켜 다이옥신을 내놓을 정도가 못 된다."

경고의 이메일이 아무리 돌아다녀도, 플라스틱 용기를 전자레인지에서 쓰는 것을 걱정할 만한 과학적 근거는 없다. 오히려 못 믿을 정보가 인터넷을 통해 손쉽게 퍼지고 그로 인해 쓸데없는 불안이 확산되는 현실을 걱정해야 할 것이다. 이런 현실을 잘 보여 주는 또 한 가지 사례가 과불소 화합물에 대한 두려움이다. 과불소 화합물은 포장재로도 쓰이고 테플론 조리기구를 만드는 데도 쓰이는 물질인데, 항간의 설에 따르면 이것 역시 발암물질이라고들 한다.

소비자들은 팝콘을 먹을 때 제 손이 더러워지는 것은 얼마든지 참지만 찬장에 넣어 둔 팝콘 봉지에서 기름이 배어 나오는 것은 못 견딘다. 그래서 과불소 화합물이 등장했다. 포장재에 과불소 화합물을 섞으면 기름기를 막아 주는 성질이 생긴다. 하지만 이 물질은 안타깝게도 버터맛을 내기 위해 팝콘에 발린 기름 덩어리로 옮아 간다. 또 그런 포장재 코팅에서 과불소옥탄산(PFOA)이 나오는 듯하다는 증거도 있고, 거의 모든 북아메리카 사람들의 피 속에 들어 있는 이 PFOA가 발암물질이라는 의심도 있다.

혹 전자레인지용 팝콘을 금하라고 거리 시위에 나서는 독자가 생기기 전에, 발암성에 관해 몇 가지 생각해 볼 점들을 마련했다. 발암물질이란 사람이나 동물에게 암을 일으킬 수 있는 물질이다. 지금까지

"과불소옥탄산(PFOA) 1ppb라는 것은 32년 중 1초에, 뉴욕에서 런던까지 화장지를 펼쳤을 때 그중 한 조각에 해당하는 농도이다."

약 60종의 물질이 인간 발암물질로 분류되었다. 석면, 알코올, 몇몇 비소 화합물, **벤젠**p.319, 담배 연기, 매연, **에스트로겐**p.89, 겨자 가스, 라돈, 자외선, 타목시펜, 염화비닐, 나뭇재 등이다. 사람을 대상으로 한 역학 조사를 보면 이런 물질들에 노출될 경우에 암이 생긴다는 사실이 분명하게 드러난다. 게다가 이런 화학물질들이 어떻게 병을 유발하는가를 설명해 줄 합리적인 분자적 메커니즘도 존재한다. 물론 용량이 중요하다. 담배를 한 모금 빨았다고 해서 암에 걸리는 건 아니다.

인간 발암물질로 확인된 것들과는 별개로, 동물 실험을 통해 확인된 동물 발암물질이 따로 더 많이 있다. 대부분의 경우에는 동물들에게 노출된 양이 너무 많아서 사람에게도 유효한 결과라고 보기에는 무리가 있다. 가령 푸르푸랄을 생각해 보자. 이 화합물은 플라스틱 제조에 쓰이는데, 곡물이나 고구마나 사과 등에 자연적으로 존재하는 물질이기도 하다. 푸르푸랄이 발암물질이라는 사실은 틀림이 없다.

설치류에게 체중 1킬로그램당 200밀리그램의 비율로 푸르푸랄을 먹이면 암이 생긴다. 그런데 빵은 곡물로 만들어지니까, 빵에도 푸르푸랄이 들어 있을 것이다. 따라서 과학 문헌에서 선택적으로 내용을 뽑아 내면 빵이 암을 일으킨다는 주장도 펼 수 있다. 작지만 결정적인 세부사항, 즉 설치류에게서 암을 일으킨 양에 가깝게 섭취하려면 사람이 하루에 대략 6000덩이씩 빵을 먹어야 한다는 점을 빼놓고 이야기한다면, 사람들의 찬장에 일대 혼란을 빚기 십상이다.

이 대목에서 다시 한번 명심하자. 천연 물질이든 합성 물질이든 세상에는 동물 발암물질로 이름 붙여 마땅한 물질이 수도 없이 많다는 사실을 말이다. 커피의 카페산, 감자튀김의 **아크릴아마이드**[p.294], 후추의 사프롤, 어떤 살충제들, PCB, 다이옥신, 몇몇 **불소 화합물**[p.260]이 이런 부류에 속한다. 그렇다고 해서 후추나 커피가 암을 유발한다는 말은 아니지 않은가. 오히려 그렇지 않다는 증거가 꽤 있다. 발암물질이 든 것은 사실이지만, 충분히 많지 않은 것이다.

다시 PFOA 문제로 돌아가자. 분석화학의 눈부신 발전 덕분에 우리는 그 화합물이 대부분의 사람들의 피 속에 약 5ppb의 농도로 들어 있다는 사실을 알게 되었다. 1ppb는 32년 중 1초에, 뉴욕에서 런던까지 화장지를 펼쳤을 때 개중 한 조각에 해당하는 농도이다. 우리 몸에 PFOA가 그다지 많이 들어 있지 않은 것은 분명하다. 하지만 그 조금이라도 애초에 왜 들어 있을까? 어디에서 왔을까? 사람들은 테플론 제조업체들에게 비난의 손가락을 겨눴다.

테플론을 제조하는 과정에는 '유화중합' 공정이 있는데, 이때 기름 성분과 물을 섞기 위해서 계면활성제라는 화학물질을 동원한다. PFOA는 이 목적에 안성맞춤이다. 최종 제품에는 계면활성제가 남지 않기 때문에 테플론 냄비나 프라이팬에서 PFOA가 배출되는 일은 없다. 적어도 정상적인 조리 온도에서는 말이다. 섭씨 3500도가 넘으면 테플론이 분해되면서 미량의 PFOA가 나올지도 모르지만, 우리 주변에 존재하는 PFOA가 여기에서 나왔을 리는 절대 없다.

사실을 밝히자면, 테플론 주요 제조업체인 듀퐁 사는 아주 최근까지도 PFOA 누출방지에 그다지 꼼꼼하게 신경을 쓰지 않았고, 웨스트버지니아 주 파커스버그에 있는 공장 주변의 물을 PFOA로 오염시켰다. 그 때문에 지역의 암 발생률이 높아졌다는 고발이 등장했고, 이어 집단소송이 제기되었다. 듀퐁 사는 3억 달러 이상을 지불하기로 하고

"전자레인지용 팝콘 포장 속의 불소화 텔로머를 걱정하느니 팝콘 속의 포화지방을 걱정하는 편이 더 합리적이다. 팝콘이 타서 발암물질이 생기는 걸 원치 않는다면, 테플론 팬을 쓰자!"

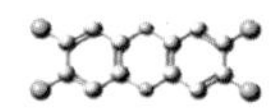

합의를 보았지만 혐의를 인정하진 않았고, 상대의 암 연구가 PFOA 이외의 다른 원인들을 통제하지 않았다는 사실을 지적했다. 더 최근에 듀퐁은 환경보호청으로부터 1025만 달러의 벌금을 부과 받기도 했다. 회사가 스스로 수행한 독성 조사 중에서 일부를 보고하지 않았다는 이유에서였다. 조사 결과에는 테플론 제조 공장에서 일하는 한 여성이 낳은 아기의 제대혈에서 PFOA가 검출되었다는 내용도 있었다. 어쨌든 벌금은 위험 유발에 대한 것이 아니라 데이터 보고 누락에 대한 것이었다.

공장에서 PFOA가 누출된 것만으로는 이 화학물질이 이토록 널리 분포되어 있는 사실을 설명할 수 없다. 그런데도 환경보호청은 제조업체들로 하여금 2010년까지 PFOA 배출을 95퍼센트 줄이도록 했고, 2015년까지는 완전히 없애도록 했다. 듀퐁은 정해진 날짜보다 앞서서 목표를 달성하겠다는 계획을 이미 발표했다. 어쨌든 테플론 제조공정에서 PFOA를 없앤다고 해서 우리 피 속에 든 PFOA까지 없어지지는 않을 것이다. 애초에 그것이 주 공급원이 아니기 때문이다.

더 그럴싸한 시나리오는 따로 있다. 토론토 대학교의 화학자 스코트 마버리가 효과적으로 밝혀낸 바에 따르면 식품 포장재, 코팅재, 페인트, 불연성 스티로폼, 잉크, 접착제, 왁스 등에 널리 쓰이는 단쇄 불소화 화합물, 즉 '불소화 텔로머'가 환경이나 인체에서 분해되어

PFOA를 낼 수 있다. 화학자들은 이 물질의 대체품을 찾아내야 할 것이다.

우리가 환경 속의 PFOA를 줄이지 않으면 어떻게 될까? 이 화학물질이 잔류성이 높다는 것만은 분명한 사실이다. 존스홉킨스 대학교 연구진은 대학병원에서 태어난 아기들의 탯줄에 거의 예외 없이 이 물질이 들어 있는 것을 확인했다. 그래서 해로울까? 현재로서는 그렇다는 증거는 없다. 일반인들이 보통 접하는 양에 비해 단위 자체가 다를 만큼 많은 PFOA에 노출되는 듀퐁 노동자들을 검사했을 때에도 암 발생률이 증가했다는 별다른 증거는 없었다. 다만 콜레스테롤 수치가 높아지는 듯하다는 암시는 있었다.

환경보호청이 직접 수행한 위험평가를 보아도 PFOA를 가리켜 발암물질일 가능성을 암시하는 데이터가 아주 박약하게 존재한다고 말했을 뿐이다. 쥐를 대상으로 한 실험 결과는 이중적이었다. 보고서에는 'PFOA가 쥐에게서 종양을 일으키는 듯하나, 그 활동 방식이 사람에게서도 똑같이 벌어질 것 같지는 않다'고 분명하게 적혀 있다.

'테플론 화합물 암 유발' 아니면 '테플론 프라이팬에 잠복한 위험' 같은 기사 제목은 선정성을 노린 기자들이 사실을 그릇되게 표현한 것이다. 혈중 PFOA 농도 5ppb가 해를 끼친다는 증거는 어디에도 없다. 우리가 현재 아는 바에 따르면, 전자레인지용 팝콘 포장 속의 불소화 텔로머를 걱정하느니 팝콘 속의 포화지방을 걱정하는 편이 더 합리적이다. 그리고 우리는 언제든 구식으로 팝콘을 만들 수 있다. 프라이팬을 꺼내서, 기름을 좀 둘러 가열한 뒤, 옥수수 알을 넣자. 팝콘이 타서 발암물질이 생기는 걸 원치 않는다면, 테플론 팬을 쓰자!

과연 다이옥신 때문에 암에 걸릴까?

MILK, MEAT
and
DIOXINS

“저도 좀 알고 싶습니다.” 고기나 우유 속의 다이옥신이 암을 일으키느냐는 질문을 받을 때 내가 하는 대답이다. 이것은 그 질문에 대해 현재의 과학이 내놓을 수 있는 유일한 대답이기도 하다. 어떤 사람들은 다이옥신이 참으로 강력한 발암물질이라서 아무리 적은 양도 음식에 들어가선 안 된다고 주장하고, 또 어떤 사람들은 우리가 현재 노출되는 미량 정도라면 아무런 악영향이 없다고 주장한다. 이 상황을 다루려면 우리는 화학물질이 건강에 미치는 영향을 조사하는 학문인 독성학에 의지해야 한다. 독성학이 절대적인 해답을 제공하진 못할지라도, 동물 실험, 생화학적 반응 경로에 대한 지식, 분자 구조, 인간에 대한 역학조사 데이터에 기반해서 모종의 결론을 내려 주기는 한다.

독성학자들은 화학물질의 급성 효과를 예측하는 데에는 아주 능숙하다. 우리는 아스피린 약 100알을 한 번에 먹으면 죽기 쉽다는 사실을 알고 있다. 비소, 사이안화물, 스트리크닌의 치사량도 잘 알려져 있다. 반면에 만성적인 효과를 예측하는 일에서는, 즉 급성 재앙을 일으키는 양보다 한참 적은 양에 장기간 노출되었을 때 어떻게 되는지 알아내는 일에서는, 독성학의 기반이 훨씬 부실하다. 급성 독성을 관찰한 내용을 바탕으로 삼아 만성 효과를 예측할 수는 없다. 예를 들어 비타민 D는 급성 독성이 있지만, 소량을 매일 섭취하면 오히려 건강에 좋다. 커피 100잔에 들어 있는 양의 **카페인**p.112은 어른도 죽일 수 있지만, 하루에 **커피**[p.109] 한 잔 마시는 것에는 독성이 없다. 다량의 화학물질에 한 차례 노출되었을 때 뒤따르는 생화학적 반응은 소량에 장기간 노출되었을 때의 반응과는 다르다는 게 상식이다. 가령 클로로폼에 급성 노출되면 현기증이 나면서 진정 효과가 있는 반면, 소량의 클로로폼에 만성 노출되면 간 손상이 온다. 다이옥신에 다량 노출되면 염소여드름이라는 심란한 피부 질환이 생긴다. 하지만 그 사실을 알아 봤자, 음식에 든 미량의 다이옥신이 암을 일으킬 것인가 하는 문제에 관해서는 아무런 단서도 얻을 수 없다.

애초에 왜 다이옥신 문제가 제기되었을까? 실험 동물들에게 다이옥신을 다량 먹이면 반드시 암이 생기기 때문이다. 그러나 이런 연구의 의미에 대해 우려를 표하는 과학자도 많다. 왜냐하면 동물에게 어떤 화학물질을 다량 주었을 때 암이 생긴다면, 아무리 소량을 주더라도 그 양에 비례하는 만큼 같은 종류의 암이 발생할 것이라는 전제를 깔기가 쉽기 때문이다.

사실 우리 몸은 암을 일으킬지도 모르는 손상 DNA 분자를 수선하기 위해 다양한 효소를 생성할 줄 안다. 더구나 우리는 천연 물질이든 합성 물질이든 잠재적 발암물질들에 매순간 노출되어 살아간다. 태양의 자외선, 숯불로 구운 스테이크 속의 벤조피렌, 와인 속의 알코올 등이 모두 확인된 발암물질이지만, 이들이 소량일 때는 우리 몸이 잘 다루는 것 같다. 십중팔구 발암물질에도 여타 독소들처럼 '문턱 효과'가 있을 것이다. 그 문턱을 넘어서면 인체를 보호하는 화학 기능이 압도당해 버리지만, 문턱 아래일 때는 아무 문제도 없는 것일 테다.

표준적인 동물 독성 시험은 '최대내성용량(MTD)'을 가장 기본으로 삼고 진행된다. 이것은 어떤 화학물질을 동물에게 주었을 때 아무런 악영향도 일어나지 않는 최대량을 말한다. 그 양을 초과하면 동물이 아프게 된다. 이때 만약 암이 생기는 경우라면 문제의 화학물질이

'발암물질' 이 되는 것이다. 이렇게 동물에게 아무런 영향을 미치지 않는 최대량을 먼저 알아낸 다음에 그것을 바탕으로 삼아 사람에 대한 안전한 노출 수위를 정한다.

그런데 MTD는 사람이 노출될 수 있는 수준을 한참 넘어선 양일 때가 많다. 가령 사람이 살면서 접할 수 있는 양보다 10만 1000배 많은 양으로 어떤 화학물질을 쥐에게 주었을 때 종양이 생긴다면, 설령 10만 배에서는 종양이 발생하지 않는다 해도 그 물질은 발암물질로 분류된다. 사실 더 합리적으로 접근하자면, 사람이 노출될 법한 최대량을 먼저 정하고 그것에 안전계수 100쯤을 곱한 뒤, 그 양을 갖고서 동물 실험을 해보는 게 옳을 것이다. 그러면 현실적인 의미가 전혀 없이 그저 이론적일 뿐인 발암성을 놓고 불필요한 걱정을 부풀려 하는 일도 막을 수 있을 것이다.

동물 실험에는 그밖에도 여러 문제들이 있다. 사람은 커다란 쥐가 아니다. 둘은 생화학적으로 차이가 있다. 쥐의 경우에는 메탄올을 다량 섭취해도 시력 손상이 오는 일이 없지만, 사람과 기타 영장류는 그렇다. 나이트로벤젠은 원숭이, 토끼, 쥐에게보다는 사람, 개, 고양이에게 훨씬 독하게 작용한다. 햄스터 한 마리를 죽이는 데 필요한 다이옥신의 양은 기니피그의 치사량보다 5000배 많다.

암은 어떨까? 다이옥신이 어떤 동물들에게 암을 일으킨다는 것, 나아가 다른 발암물질들보다 적은 양으로도 영향을 미친다는 것은 사실이다. 쥐의 경우에는 체중 1킬로그램당 10나노그램 비율로 매일 다이옥신을 섭취하면 간 종양이 생기는데, 킬로그램당 1나노그램 수준일 때는 아무 영향이 없다. 사람의 평균적인 노출 정도는 킬로그램당 0.002나노그램쯤 되니, 동물에게서 아무런 영향이 없는 양의 0.2퍼센트쯤 된다. 그래도 다이옥신이 환경에 제법 많다는 것을 감안할 때, 걱정해야 마땅하다고 할 수 있다.

"다이옥신은 대기로 나왔다가 땅과 식물에 침전되고, 우리가 작물을 먹거나 작물을 먹은 동물을 먹을 때 우리 몸으로 들어온다. 이 적은 양도 문제가 될까?"

다이옥신은 독성이 서로 다른 17가지 변종들을 묶어서 지칭하는 말이다. 이 화합물들은 연소 과정이나 몇몇 산업 공정에서 의도치 않은 부산물로 생겨난다. 다이옥신은 대기로 나왔다가 땅과 식물에 침전되고, 우리가 작물을 먹거나 작물을 먹은 동물을 먹을 때 우리 몸으로 들어온다. 이 적은 양도 문제가 될까? 훨씬 많은 양에 노출되었던 사람들의 경과를 보면 단서를 잡을 수 있다.

악명 높은 고엽제인 에이전트오렌지 속에 오염물질로 든 다이옥신에 노출되었던 베트남 참전용사들, 제초제 산업에 종사하는 노동자들, 1976년에 이탈리아 세베소의 한 화학공장에서 사고로 다량의 다이옥신이 누출되었을 때 피해를 입었던 희생자들, 소각 시설 근방에 사는 사람들을 조사한 연구가 많이 있다. 어떤 조사에서는 몇 가지 암의 발생률이 살짝 높아졌다는 결과가 나왔지만, 또 어떤 조사에서는 다이옥신과의 상관관계를 찾지 못했다는 결과도 나왔다. 심지어 어떤 조사에서는 오히려 발병률이 낮아졌다는 주장도 나왔다.

음식 속 다이옥신에 관해서라면 소량으로도 암이 촉진된다는 증거가 몇 있다. 하지만 곰팡이에 존재하는 아플라톡신 같은 발암물질을 미리 동물에게 먹인 뒤에 다이옥신을 주었을 때에만 그랬다. 다른 발암물질을 먹이기 전에 다이옥신을 주면 오히려 암 발생률이 낮아졌다. 독성학이 현재 우리에게 말해 줄 수 있는 내용은 그 정도밖에 안 되는 것이다.

제4부

잘못된 속설 바로잡기

기적의 구기자 주스라는 사기

THE MIRACLE
of
GOJI JUICE

어떻게 하면 '세계 제일의 영양학자'가 될 수 있나? 대회라도 있나? 모든 영양학자들이 모여서 투표를 하나? 논문을 제일 많이 발표하면 되나? 아니면 그저 책이나 제품 판매를 담당하는 홍보 회사가 수여한 호칭인가? 약사이자 '약초 전문가'이자 '영양학 박사'인 얼 민델은 마지막 경우인 듯하다. 민델은 하나의 산업이다. 그는 강의를 하고, 책을 쓰고, 텔레비전과 라디오에 출연하고, 무엇보다도, 놀라운 영양학적 발견들을 해낸다. 가령 사람을 '20년은 더 젊어 보이게 하고 젊게 느껴지게 하는' 신비의 제품 구기자(고지베리) 주스 같은 것이다.

민델은 노스다코타 대학교에서 약학 학사학위를 받았으니 알 만큼 아는 사람일 텐데도 사뭇 이상한 주장들을 해댄다. 그가 한 홍보물에서 말하기를, 정어리처럼 DNA와 RNA 함량이 높은 식품을 먹으면 노화 과정을 역전시킬 수 있단다. 그러나 이런 핵산은 체내에서 완전하게 소화되기 때문에 그 형태 그대로 세포에 들어가 뭔가 작용을 할 리가 없다. 민델은 과산화물제거효소(SOD)를 가리켜 '항노화' 효소라고 하면서 구강 정제로 선전했다.

사실 SOD의 효능에 대한 증거는 없거니와, 그 효소가 소화 과정에서 살아남지도 못할 것이다. 좋다. 이런 내용들은 엄밀하게 따지면 약학이 아니니까, 민델이 틀릴 수도 있다고 하자. 하지만 그는 영양학

박사학위도 갖고 있다고 하지 않았나. 영양학자라면 핵산과 효소의 화학에 관하여 아는 게 당연할 텐데 말이다. 민델은 그 학위란 것을 퍼시픽웨스턴 대학교에서 땄다. 그곳은 교실이 없고, 강의나 실습도 제공하지 않는 학교이다. "퍼시픽웨스턴 대학교는 학생들이 사전에 받은 교육과 훈련, 직업적 경험, 과거 체험에서 습득한 지식에 내재된 가치를 인정하기 때문에 강의 참석 없이도" 학위를 준다고 한다.

이제야 왜 민델 '박사'가 주류 영양학과 좀 단절된 느낌을 풍기는지 이해할 수 있을 듯하다. 주류 영양학은 실험실 연구, 역학조사, 위약 통제 실험에 기반을 두기 때문이다. 그는 아마 제대로 된 자격을 지닌 전 세계 수많은 영양학 연구자들의 성취를 대단치 않게 평가할 텐데, 그것도 이해할 만하다. 영양학 연구자들은 민델처럼 '기적'을 산출해 내지 못하니까 말이다. 과학에서는 기적이 그렇게 쉽게 나오는 게 아니건만 민델은 '기적 발견의 역사'를 자랑한다. 그는 《기적의 콩》이라는 책을 썼다. 다음에는 《놀라운 사과식초》를 썼다. 《러시아 건강 비법》이라는 묵직한 책에서는 16가지 마술적인 약초들로 암, 심장질환, 간질환을 이길 수 있다고 했다. 그리고 이제 민델은 '그 어떤 발견보다도 중요한 건강상의 발견'을 해냈다고 말한다. 그것은 바로 히말라야 구기자 주스이다.

민델에 따르면 아시아 사람들은 '무수한 세대에 걸쳐' 이 처방을 사용함으로써 온갖 종류의 건강 문제를 해결해 왔다. 그러면 그가 새로 발견한 내용은 정확하게 무엇이란 말일까? 북아메리카 사람들에게 히말라야 구기자 주스를 파는 법 아닐까? 이 아시아 열매의 즙이 민델의 주장대로 기적적인 치유력을 발휘한다는 증거가 있을까? 민델이 내놓은 보강 증거들 중 하나만 소개하면 이런 식이다. 당나라 때(기원후 800년경) 유명한 절이 하나 있었다. 절 담장은 구기자 덩굴로 뒤덮여 있었는데, 사람들이 그 옆에 우물을 하나 팠다. 세월이 흐르는 동안 수

많은 열매들이 우물로 떨어졌다. 그 절에서 기도를 한 사람들은 모두 혈색이 불그스레한 것이 건강해 보였고, 여든이 되어도 머리가 세지 않았고, 이도 빠지지 않았다. 왜냐하면 그 우물물을 마셨기 때문이다. 안 믿긴다고? 글쎄, 그렇다면 민델의 이야기를 하나 더 들어보자. 과거의 장수자들 중 기록이 잘 남은 사람으로 중국의 이청원이라는 사람이 있다. 그는 1678년에 태어나 252살을 살았고, 14번 결혼했다. 어떻게 그렇게 오래 살았느냐고? 매일 구기자를 먹었기 때문이다!

구기자 주스의 효험을 찬양하는 무수한 웹사이트들에 따르면, 민델은 수년에 걸친 연구 끝에 제품을 완성했고, 당연히 그의 제품은 유사 제품들보다 효력이 월등하게 좋다. 그가 했다는 연구는 어떤 것이었을까? 그가 홍보 사진에서처럼 가운을 입고 실험실에서 작업을 했나? 임상시험을 했나? 그가 정말 실험을 했더라도 적어도 과학 문헌으로 발표된 기록은 없다. 그는 주스를 마시는 사람들이 질병 예방 효과를 경험한다는 점을 확인하기 위해서 통제군 연구를 했나? 내가 찾아본 바로는 아니었다. 하지만 그런 과학적 엄밀성은 애초에 필요가 없을지도 모른다. 민델은 참으로 조심성이 있어서, 홍보물이나 웹사이트에서 자기 제품이 질병 치료용으로 쓰일 수 있다고는 분명하게 표현하지 않았기 때문이다.

기적적인 효능을 지닌 비전의 음료가 있다는 이야기는 이것이 처음이 아니었다. 노니 주스가 있었고, 망고스틴 주스가 있었고, 믿을지 모르겠지만, 피클 주스도 있었다. 주장하는 내용은 대개 비슷했다. 항상 등장하는 말은 비타민이 풍부하게 들었다는 것, 아미노산과 미네랄과 항산화물질이 완벽한 비율로 혼합되어 있다는 것, 거기에 더해 특수한 성분이 있다는 것인데, 구기자 주스의 경우에는 그 특수한 성분이 '면역 강화 다당류' 라고 한다. 참고자료로 제시되는 것들은 보통 시험관 실험 결과로서 약간의 생리적 활성을 확인했다는 내용이다.

사실 그런 정도의 결과는 거의 모든 과일과 채소에 대해 얻을 수 있다. 정말로 물어야 할 질문은 그런 주장들이 말하는 건강상의 효능을 증명해 줄 인간 임상시험이 있었는가 하는 점이다. 내가 의학 문헌을 확인해 본 바로는 구기자 주스에 대한 그런 연구는 중국에서 딱 한 번 있었다. 화학요법을 받는 암 환자들에게 구기자 추출액을 주었더니 예후가 좋아졌다는 내용이었다. 그것만으로는 구기자 주스를 기적의 음료로 인정해 줄 수 없다. 하지만 어쩌면 다른 영역에서 효능이 있을지도 모르겠다.

구기자 주스 웹사이트들이 즐겨 인용하는 중국 속담이 있는데, "천리 길을 여행할 때는 구기자를 먹지 말라"는 말이다. 이것은 아내를 대동하지 않고 멀리 여행하는 남자들에게 경고하는 내용이다. 왜? 홍보업자들도 말하듯, 구기자는 인체 여러 계통의 기능을 튼튼하게 뒷받침하는데, 성 충동을 통제하는 계통도 그에 포함되기 때문이다. 나는 그 말이 사실인지는 잘 모르겠다. 하지만 구기자가 튼튼하게 뒷받침하는 게 확실히 있긴 하다. 바로 얼 민델이다.

유대식 음식을 둘러싼 난리법석

KOSHER FOOD

식품 제조업자들은 어떤 음식에 '자연'이나 '유기농'이나 '콜레스테롤 제로'나 '저 트랜스지방'이라는 딱지를 붙이면 판매가 늘어난다는 것을 잘 안다. 이런 묘사들의 뒤를 이어, 요즘은 '코셔' 딱지를 붙인 제품이 늘어나는 추세이다. 코셔 음식(유대인식 음식)이 일반 음식보다 깨끗하고 건강하다는 인상이 있기 때문에 마케터들이 그 덕을 보려는 것이다.
북아메리카에서는 유대인이 아니면서도 코셔 음식을 구입하는 소비자가 500만 명쯤 되고, 광우병, **살모넬라균**p.300에 감염된 닭, 오염된 바다에서 잡은 갑각류에 대한 기사가 신문에 실릴 때마다 판매가 급증한다. 히브루내셔널 핫도그는 자기 제품이 다른 제품들과 달리 "더 높으신 분의 요구도 만족시켜야 한다"는 광고 문구를 써서 크게 히트를 쳤다. 사람들은 그처럼 '더 높으신 분'의 요구도 만족시키는 제품이라면 필시 몸에도 더 좋으리라 믿는 듯하다. 그러나 코셔 음식을 먹는 것은 육체적 건강과는 별 관련이 없고 영적 건강과 관련이 있을 뿐이다.

모세가 '더 높으신 분'의 뜻을 받들어 식사 계율을 만든 의도는 백성을 질병으로부터 보호하기 위한 것이라고 믿는 사람이 많다. 유대인 중에도 그렇게 생각하는 사람이 있다. 그것이 옳은 가설인지 판단하려면 카시루트 율법의 내용을 알 필요가 있다. 우선 미신부터 털어 버리자. 코셔 음식이란 랍비의 축복을 받은 음식을 말하는 것이 아니다. 구약에서 처음 명기된 뒤 수세대의 학자들에 의해 정교하게 다듬어져 온 엄격한 지침들에 따라서 준비한 음식을 코셔 음식이라고 한다.

철두철미하게 따르려고 들면 무수하게 많은 세목들이 있지만, 계율의 핵심만 요약하면 다음과 같다. 되새김질을 하고 발굽이 갈라진 포유동물만 먹을 수 있다. 따라서 소와 양은 되고, 돼지와 토끼는 안 된다. 닭이나 오리처럼 길들인 가금류는 괜찮고, 지느러미와 비늘이 있는 생선도 괜찮지만, 곤충은 안 된다. 육류를 유제품과 같이 먹는 것은 안 되지만, 계란이나 과일이나 채소나 곡물을 육류 혹은 유제품과 함께 먹는 것은 괜찮다. 육류에 썼던 부엌도구를 유제품에 써서는 안 되고, 그 반대도 마찬가지이다. 동물은 날카로운 칼을 써서 손으로 도축해야 하고, 피를 모조리 뺀 뒤에 시체에 병이 있는지 검사해야 한다.

코셔 음식이 건강에 좋다고 주장하는 사람들은 보통 돼지에 초점을 맞춘다. 돼지가 먼지에서 뒹굴고, 변을 먹기도 하고, 간혹 선모충 같은 기생충을 지니기 때문에, 신께서 모세를 통해 돼지를 먹지 말라고 명하셨다는 것이다. 그러나 알고 보면 소야말로 촌충, 대장균, 탄저균 등 훨씬 다양하고 불쾌한 기생충을 옮긴다. 닭도 변을 쪼아 먹고, 살모넬라나 캄필로박테르처럼 사람에게 질병을 일으킬 수 있는 미생물들을 지닌다.

조리한 돼지고기가 다른 육류보다 더 위험하다고 생각할 이유는 없다. 그러나 돼지는 탁 트인 사막에서 기르기가 어렵다. 돼지는 그늘이 있어야 하고, 소나 양과 달리 건초나 변변찮은 관목을 먹고는 살 수가 없다. 돼지는 씨앗이나 덩이줄기처럼 사람이 먹는 음식을 먹는다. 한마디로 말해서 성경 시대의 농부들에게 돼지는 현명한 투자처가 아니었던 것이다.

육류와 유제품을 함께 먹지 말라고 한 규율은 어떨까? 그것들을 함께 먹으면 소화장애가 생긴다는 과학적 증거는 없다. 코티지 치즈를 담았던 그릇에 스테이크를 담아 먹는다고 해서 건강상의 문제가 생길 리는 결코 없다. 그러면 모세 벤 마이몬(1135~1242년, 이븐 마이문, 마이모니데스라고도 불리는 유대계 자연철학자—옮긴이) 같은 위대한 학자조차 '돼지고기는 인체에 유해한 영향을 미친다'고 가르쳤던 까닭은 무엇일까? 12세기 사람들도 코셔 동물이 다른 동물들처럼 병을 옮긴다는 사실은 틀림없이 잘 알았다. 그런데도 그렇게 단언을 했던 까닭은, 모세와 그의 '조언자'가 자의적인 계명을 내렸을 리는 없다고 너무나 굳게 믿어서였을 것이다.

계명에 의도가 있는 것은 사실이었겠으나, 그 의도는 건강 문제가 아니라 종교적 규율 문제였을 것이다. 카시루트 계율들은 식사와 같은 일상적인 행동에도 영적인 의미를 부여하기 위해 만들어졌을 것이다. 그 계율들을 따른다는 것은 신이 언제 어디에나 임하신다는 사실을 강조하고, 항상 신의 계명을 따라야 한다는 사실을 인식하는 일이다.

그렇다면 비종교적인 이유에서 코셔 음식을 구입하는 수백만의 사람들은 헛돈을 쓰는 것일까? 꼭 그렇지는 않다. 예를 들어 갑각류에 알레르기가 있는 사람이라면 코셔 음식은 맘 놓고 먹을 수 있다. 코셔 음식 중에 'D' 자가 붙은 것은 유제품이 포함되었다는 뜻이므로, **락토스 거부증**p.163이나 유제품 알레르기가 있는 사람들은 'D' 자가 없는 제품을 선택하면 안전하다.

코셔 닭고기는 일반 닭고기보다 세균이 적을지도 모른다. 염장 과정에서 미생물이 많이 죽기 때문이다. 하지만 적절하게 조리하면 어차피 모든 닭고기가 안전하다. 코셔 가금류가 더 신선하고 맛이 좋은 편인 것은 사실이다. 광우병에 관련된 흥미로운 논점도 있었다. 통상의 도축 방식은 동물의 뇌를 때려 죽이기 때문에 그 과정에서 뇌 조직이 흩어져서 광우병을 일으키는 프리온 단백질이 혈류로 들어간다고 주장하는 사람들이 있었다. 코셔 도축업자, 즉 쇼헤트는 단칼에 동물의 목을 베기 때문에 그런 걱정이 없다는 것이다.

코셔 음식이라고 해서 호르몬이나 항생제를 안 쓰고 기른 동물이라는 뜻은 아니다. 첨가물이 안 들었다는 뜻도 아니다. 다만 붉은 염료인 카민(곤충에서 얻는다) 같은 몇몇 첨가물은 사용되지 않았을 것이다. 또 코카콜라 같은 제품에 코셔 딱지가 붙었다는 것은 코셔 동물이 아닌 재료에서 유래한 물질은 포함하지 않았다는 뜻이다. 콜라 맛을 낼 때 쓰이는 글리세린도 식물성 원료에서 얻은 것이어야 한다.

무엇보다도 코셔 식품이 영양학적으로 월등한 것은 아니라는 점은 확실한 사실이다. 히브류내셔널이 설령 더 높으신 분의 요구를 충족시키는 방식으로 **핫도그** p.223를 만들었을지라도, 그 핫도그에도 지방과 소금이 듬뿍 들어 있기는 매한가지다. 그 핫도그도 너무 많이 먹으면 더 높으신 분과 카시루트의 세목에 관해 토론하는 날이 앞당겨질 것이다.

의심스러운 DHEA의 효능

DHEA
DOUBT

"이것 참 곤란해지겠는데!" 2006년에 디하이드로에피안드로스테론(DHEA)과 노화에 관한 연구가 《뉴잉글랜드 의학 저널》에 실렸을 때, 미국 '책임있는영양협의회' 사무실에는 틀림없이 이런 분위기가 팽배했을 것이다. 협의회는 식품 보충제 업계가 후원하는 로비 단체이고, DHEA는 매년 수백만 달러씩 판매고를 올려 주는 업계의 총아였다. 홍보 담당자들이 DHEA를 '젊음의 원천'으로 포장하여 성공리에 선전해 왔으니, 딱히 놀랄 만한 성과도 아니었다.

애초에 사람들이 DHEA에 흥미를 가지게 된 계기는 이 물질의 체내 농도가 20대 때에 최고가 되었다가 이후 줄곧 줄어든다는 사실이 발견되었기 때문이다. 70대가 되면 젊을 때 몸속에 돌아다니던 양에서 5분의 1 정도만 남는다. 혹시 이 감퇴 과정을 늦추면 노화가 방지되지 않을까? 과연 물어볼 만한 질문이었다. DHEA가 남녀의 성 호르몬 생산에 관여한다고 알려져 있고, 성 호르몬들은 인체에서 중요한 기능을 수행하기 때문에 더 그랬다. DHEA는 부신에서 콜레스테롤을 재료로 삼아 합성되고, 에스트로겐과 테스토스테론의 전구물질로 기능한다. DHEA를 호르몬이라고 부르는 경우가 자주 있지만 사실 DHEA는 호르몬의 정의에 들어 맞지 않는다.

호르몬이란 합성된 장소로부터 먼 곳으로 가서 모종의 생리학적 활성을 일으키는 화학적 전령물질을 말한다. DHEA는 그렇게 활동한다고 확인된 예가 없다. 물론 그렇다고 해서 DHEA가 노화에 관여하지 않는다고 배제할 것만은 아니다. 사람들은 동물 실험을 통해서 상황이 확실하게 밝혀지기를 바랐다.

설치류를 대상으로 한 초기의 실험들은 고무적이었다. 아니, DHEA의 효과가 거의 기적처럼 보일 정도였다. 보충제를 섭취한 쥐들은 비만도가 낮아졌고, 면역 기능이 좋아졌고, 심장질환과 암 위험이 줄었다. 하지만 이 효과가 사람에게도 적용되는가에 대해서는 처음부터 의문이 있었다. 왜냐하면 설치류는 DHEA를 거의 생산하지 않는다고 봐도 좋을 정도라서, 실험에서 섭취했던 용량은 자연적으로 체내에 순환하는 양에 비해 상대적으로 어마어마하게 많았기 때문이다.

어쨌든 충분히 흥미로운 데이터였으므로, 과학자들은 내처 사람에 대한 연구를 진행했다. 그리고 캘리포니아 대학교의 엘리자베스 배럿코너 박사가 흥분되는 발견을 해냈다. DHEA 수치가 높은 남성들은 심장질환으로 인한 사망률이 낮았던 것이다. 뒤이어 보충제 제조업체들이 정말 짜릿하게 여겼을 발견이 또 나왔다. 역시 캘리포니아 대학교에 있던 새뮤얼 옌 박사가 위약 통제 실험을 통해서 50세에서 65세 사이의 남녀 각 여덟 명을 석 달간 추적했는데, 그 결과 DHEA 집단의 면역 기능에 긍정적인 변화가 있었을 뿐 아니라 피험자들이 스스로 느끼는 '안녕'의 정도도 높아졌던 것이다.

그것은 광고를 찍어 내기에 충분한 이야깃거리였고, 곧 DHEA 보충제들이 건강식품점에 등장하기 시작했다. 그러나 정작 배럿코너와 옌 박사는 자기들의 연구가 초보적인 단계였고, DHEA 섭취를 권장하기에는 알려지지 않은 사실이 너무 많다고 항의했다. DHEA 선전물에는 버지니아 의대의 리처드 웨인드루흐 박사가 수행한 생쥐 수명 연구도 비중 있게 인용되곤 하는데, 박사 역시 이 실랑이에 한마디를 보태어, 자기 연구가 맥락을 무시한 채 인용되고 있으며 자기 실험의 생쥐들이 더 오래 살았다는 것은 사실이 아니라고 해명했다.

DHEA의 효능을 주장하는 광고들이 주로 이야기하는 것은 체중 감량 효과이다. 그러나 미국 식품의약국은 그 주장을 인정하지 않았다. 왜냐하면 그럴 경우 DHEA는 신약 승인을 받게 되는 것이나 마찬가지였기 때문이다. 식품의약국은 시장에서 DHEA 성분을 금지하는 경고를 내렸다. 하지만 DHEA는 더욱 강도가 높은 주장들을 들고 나와 화려하게 복귀했다. 1994년에 영양보조제건강교육법이 통과되었는데, 이상하게도 그 법에 따르면 DHEA는 약품이 아니라 식품 보충제로 분류되었던 것이다. DHEA가 육류에 자연적으로 존재하기 때문에 '식품'이라는 논리였다.

캐나다는 미국보다 신중한 접근을 취했다. DHEA를 옹호하는 주장의 내용이 영양학적인 게 아니라 약학적인 것이기 때문에 판매를 허가할 수 없노라고, 정확하게 판단했다. 하지만 많은 캐나다 사람들이 회춘을 약속하는 '슈퍼 호르몬' 광고에 혹해서 통신판매로 미국으로부터 제품을 구입하는 형편이다.

DHEA 광고들은 대개 교묘하게 되어 있다. 연구 내용을 언급하기는 하되 온전한 그림을 제공하지 않는다. 실험 기간이 짧았다는 점, 대상자 수가 적었다는 점, 체내 호르몬 농도를 바꾸는 일에는 부작용이 따를지도 모른다는 점을 말하지 않는다. 그러나 마요클리닉 연구진이 《뉴잉글랜드 의학저널》에 발표한 논문 덕분에 일사천리로 달리던 DHEA 유행에 드디어 제동이 걸릴지도 모르겠다. 위약 대조군을 설정하여 2년 동안 진행한 그 연구는 이제까지의 DHEA 보충제 연구들 중에서 가장 장기간에 걸쳐 가장 훌륭하게 수행된 것이었다. 단 DHEA가 갖고 있다고 하는 모든 효능을 빠짐없이 조사한 것은 아니었다. 성충동은 조사 대상이 아니었고, 루푸스 같은 질병들에 대한 효과도 향후 연구 과제로 남겼다.

이전의 실험들과는 달리 마요클리닉의 조사는 고작 한 줌의 사람들을 대상으로 한 것이 아니었다. 중장년 남성 87명과 여성 57명을 대상으로 했다. 결과는? DHEA 75밀리그램을 매일 복용시킨 결과, 혈중 DHEA 농도는 예상대로 높아졌지만 산소 소비량, 인슐린 민감성, 근육 강도, 신체 조성 등 노화의 지표로 널리 인정되는 항목들에서는 아무런 영향이 없었다. 뼈 미네랄 밀도가 약간 달라지긴 했으나 연구자들에 따르면 그 차이가 대단치 않았고 일관되지도 않았다. 실제로 차이가 있다고 보더라도 다른 의약품을 써서 얻을 수 있는 수준에 비하면 효과라고 하기에도 무색한 정도였다.

이것은 영양보조제 업계가 바란 결과가 아니었다. 책임 있는 영양협의회의 언론 대응 전문가들은 어떻게든 손을 써야 했다. 그들은 "DHEA를 비교적 고용량으로 복용해도 남녀 모두 안전하다는 것을 확인한 연구들 가운데 최장 기간에 걸쳐 수행된 실험이다"라고 의기양양 선언하는 보도자료를 발표했다. 훌륭한 연구에 의해서 안전성이 검증되었으니 DHEA를 계속 복용해도 좋다는 뜻을 내비치려는 것이었다. 그 '훌륭한 연구'에 의해서 DHEA의 효능 없음이 밝혀졌다는 사실은 전혀 언급하지 않은 채 말이다. 안타깝게도 요즘은 그런 식의 정보 조작이 흔한 일이다. 과학적 논란거리를 두고 대립하는 양쪽 진영이 모두 그렇게 하는 시대이다. 그러니 우리 머리가 아플 수밖에.

얼토당토않은 알칼리 요법

ALKALINE NONSENSE

암을 예방하고 싶다면 제대로 먹어라. 이런 조언을 어디선가 들어보았을 것이다. 하지만 어떻게 먹는 게 제대로 먹는 것일까? 어떤 대체요법 치료사들에 따르면, '알칼리성' 식단을 섭취함으로써 우리 몸을 '산성'이 아니라 '알칼리' 상태로 유지하면 된다. 너무나 간단해서 마음이 끌리는 이야기이다. 이 이론을 지지하는 자들의 주장에 따르면, 정상 세포가 암 세포가 되어 갈 때에는 세포의 산소 소비가 줄고 산성 물질 생산이 가속된다. 그런 환경에서는 암 세포가 더욱 빠르게 증식한다. 그런 일을 막으려면 어떻게 해야 할까?

세포들이 산소를 충분히 공급 받을 수 있도록 하고, 생산된 산성 물질을 중화시켜야 한다. 어떻게? 과산화수소나 오존 같은 산소 공급원을 체내에 주입하고, '알칼리' 식품을 먹으면 된다. 암이 이미 터를 잡은 상태라면 '가장 알칼리성이 강한 영양 미네랄'인 세슘의 복용량을 늘려야 한다. 이렇게 간단할 수가. 그리고 이렇게 잘못된 말일 수가!

비상식적 요법을 선전하는 사람들은 단 몇 가닥의 과학적 사실들을 가지고서 거대하고 복잡한 그물을 짜내어, 과학을 잘 모르는 절박한 처지의 사람들을 덫에 빠뜨린다. 그런 일이 종종 있다. 알칼리 요법의 경우에는 독일 의사 오토 바르부르크의 작업에서부터 이야기가 시작된다. 바르부르크는 세포 대사에 관한 연구로 1931년에 노벨 의학상을 받은 사람이다. 그는 악성 세포가 자랄 때는 정상 세포가 자랄 때보다 산소가 훨씬 적게 소요된다는 것, 악성 세포의 대사 경로는 혐기성(산소를 필요로 하지 않는 성질)이고, 그 결과 젖산이 생산된다는 것을 밝혀냈다.

이 개념은 한동안 조용히 묻혀 있었는데, 1980년대 들어 의학 교육을 받은 바 없는 키스 브루어 박사라는 물리학자가 자신이 세운 얼토당토 않은 이론을 뒷받침하는 증거랍시고 이 개념을 차용했다. 브루어는 칼륨과 칼슘이 세포 내에서 글루코스와 산소의 운반을 통제하고, 세포막에 염증이 생길 경우 그 운반 체계가 방해된다고 주장했다. 그러면 세포의 산성이 높아지고(pH가 낮아지고), 산소 공급이 줄고, DNA에 암 특징적인 변화가 생기는, 이른바 '바르부르크 효과'가 생긴다고 했다.

브루어는 나아가 세슘은 화학적 성질이 칼륨과 비슷하기 때문에 세포들에 가서 잘 작용하지만, 칼륨과는 달리 세포 내로 산소만 투과시키고 글루코스는 통과시키지 않는다고 했다. 그 결과 암 세포에 산소는 충분히 공급되지만 글루코스는 결핍되고, 따라서 젖산이 덜 생기고, 알칼리성이 높아지고, 세포가 죽는다고 주장했다. 그럴싸하게 들릴지 몰라도 브루어의 '바르부르크 효과'는 죄 틀린 말이다. 암 세포들이 산소를 쓰지 않는 대사 방식으로 변환하는 것은 사실이지만, 설령 산소가 존재하는 환경이라도 암 세포들은 혐기성 대사를 고집한다.

브루어는 제 논증을 뒷받침하는 증거로 아리조나 주의 호피 인디언, 페루 고산지대의 원주민, 파키스탄 북부 훈자 지역 사람들에게는 암이 거의 없다는 말을 했다. 그런 지역의 토양에는 세슘이 풍부해서 식단의 'pH가 높기' 때문이라고 했다. 그들의 암 발생률이 실제로 낮은지 의심스럽거니와, 설령 정말 낮다고 해도, 제대로 조사도 하지 않고 그 이유를 음식 속 세슘 덕으로 돌릴 수는 없다.

그러나 브루어는 기어이 업적을 이루고야 말려는지, 1984년에는 다음과 같은 주장을 담은 논문을 발표했다. "서른 명이 넘는 대상자들에게 실험을 수행한 결과, 모든 사례에서 종양 덩어리가 사라졌다. 암으로 인한 통증과 부작용도 12시간에서 36시간 사이에 모두 사라졌다. 이전에 화학요법이나 모르핀 투약을 많이 받은 환자일수록 증상 철수에 걸리는 시간이 길어졌다." 전 세계 수많은 이학박사들과 의학박사들이 갖은 연구에도 불구하고 알아내지 못한 암 치료법을 자기가 발견했다고 주장한 것이고, 심지어 화학요법이 해롭다고까지 말한 것이다.

기적적으로 치료되었다는 그 환자들은 다 어디 있으며, 누가 그들을 치료했을까? 브루어는 헬프리드 사토리 박사(일명 압둘-하크 사토리 교수)가 워싱턴 D.C. 일대에서 이 믿기 힘든 위업을 이뤘다고 했다. 사토리 박사란 2006년 7월에 태국에서 무면허 의료 시술죄와 사기죄로 고소되어 체포된, 바로 그 사토리 박사이다. 그의 죄목은 절박한 환자들에게 염화 세슘 투약을 비롯한 이른바 '암 치료법'을 시술해 주는 대가로 한 사람당 최대 5만 달러를 받은 것이었다.

어떤 질병이라도 고칠 수 있다고 환자들에게 매번 약속했던 그 대단한 의사는 사뭇 화려한 경력을 자랑한다. 미국에서 그는 '오존 박사'라는 악명 높은 별명으로 알려져 있다. 염화 세슘 투약, 커피 관장, 오존 주입 같은 승인되지 않은 요법들을 시술하며 환자들에게 사기를 친 죄로 버지니아 주에서 5년을, 뉴욕에서 9개월을 복역했다.

말할 필요조차 없는 일이겠지만, 브루어의 말과는 달리 사토리가 암을 치료했다는 환자들에 관한 기록은 하나도 없다. 현재 오스트레일리아 경찰은 사토리의 방식에 따라 염화 세슘 정맥주사를 시술한 치료원들을 조사하는 중이다. 환자 여섯 명이 그런 곳에서 주사를 맞은 뒤에 사망했다.

염화 세슘으로 세포의 pH를 높인다는 것은 과학적으로 이치가 맞지 않는 말이다. 하지만 나는 꼭 그 때문에 그 치료법이 효과가 없다고 말하는 것은 아니다. 무엇보다 일단 효과가 있다는 증거가 없기 때문이다. 오존이나 세슘으로 암을 치료했다는 통제 실험은 찾아볼 수 없는 반면, 염화 세슘이 심장부정맥이나 사망을 일으킨다는 증거는 있다. 대체요법사들이 인체의 pH를 높일 목적으로 경구 처방을 할 때는 비교적 소량을 복용시키기 때문에 실제로 치명적인 결과가 발생할 가능성은 낮지만, 아무튼 염화 세슘이 세포 속 산을 중화시킨다는 발상은 터무니 없는 헛소리일 뿐이다.

그렇다. 세슘은 '알칼리성' 금속이다. 세슘 금속을 물에 떨어뜨리면 알칼리성 용액이 된다. 하지만 염화 세슘은 세슘 금속과는 다르다. 염화 세슘은 중성염이다. 그리고 뭐가 어쨌든 간에 혈액의 pH는 염화 세슘 흡수로는 바뀌지 않는다. 아니, 사실상 그 어떤 음식을 먹어도 바뀌지 않는다. 사람의 혈액은 경이로우리만치 뛰어난 완충 능력을 지닌 용액이므로, 산성을 변화시키려는 그 어떤 시도에도 잘 저항한다. 우리가 무엇을 먹고 무엇을 마시든, 혈액은 구성성분들을 조절하여 때로는 산으로, 때로는 염기로 기능하게 함으로써 pH를 7.4로 유지한다.

식단에 따라 pH가 변하는 체액은 소변뿐이다. 빵, 시리얼, 달걀, 생선, 육류, 가금류를 먹으면 오줌의 산성이 높아질 수 있고, 전부는 아니지만 대부분의 과일과 채소는 소변을 더 알칼리성으로 만든다. 과일과 채소 함량이 높고 육류 함량이 낮은 식단을 채택하면 정말로 암 위험이 낮아지지만, 그것은 암 세포의 pH 변화와는 절대 아무 상관이 없다. '알칼리' 식단으로 암을 예방하거나 치료한다는 개념은 너무 간단하여 유혹적으로 느껴질 수도 있지만, 현실적으로 그것은 그저 단순하기만 한 생각이다.

녹차로 체중을 감량한다고?

GREEN TEA THERAPY?

청량음료 제조업체들은 곤경에 빠져 있다. 그들의 제품을 영양학적으로 따지는 사람이 갈수록 늘어나고 있는 데다 그 결과도 그다지 좋지 못하다. 학교들은 **청량음료**p.183 판매를 금지하는 추세이고, 대중은 설탕이 듬뿍 든 데다가 '텅 빈 열량empty calorie (열량은 내지만 영양소는 부족하다는 의미—옮긴이)'을 내는 음료를 갈수록 경계하는 분위기이다.

설탕을 인공 감미료로 바꾸는 것은 마케팅 측면의 근심에 대한 해답이 아닌 듯하다. 왜냐하면 인공 감미료의 안전성 문제가 아직 해소되지 못했다는 (일반적으로 근거가 없는) 통념을 사람들이 품고 있기 때문이다. 텅 빈 열량이나 제로 칼로리는 판매를 북돋우지 못하는 듯하니, '마이너스 열량'을 도입하면 어떨까? 자기가 공급하는 열량보다 더 많은 열량을 '태우게' 하는 음료라니, 정말 매력적이다. 코카콜라 사는 새로운 녹차 음료인 엔비가를 내놓으면서 바로 그런 주장을 내세웠다.

코카콜라 사의 수석 과학자인 로나 애플바움 박사에 따르면 "엔비가는 태우는 열량을 늘려 주고, 과학과 자연의 완벽한 동반 관계를 보여 주는" 제품이다. "완벽한 동반 관계"란 것을 자세히 살펴보자. 우선 열량은 "태우는" 것이 아니다. 열량은 물건이 아니라 측정 단위이다. 간략하게 설명하면, 1킬로칼로리(kcal)는 물 1킬로그램의 온도를 1도 높이는 데 필요한 열의 양이다. 그러면 '열량을 태운다'는 표현은 어디

"정말로 체지방이 염려된다면 무엇보다도 적게 먹고 많이 운동해야 한다. 녹차 음료? 가능성이 희박하다."

에서 왔을까? 물질이 탈 때는 열이 발생한다. 가령 파이 한 조각이 300킬로칼로리라고 하면, 그것을 칼로리미터라는 폐쇄 상자 속에서 태울 때 물 300킬로그램의 온도를 1도 높일 만한 열이 발생한다는 뜻이다.

우리 몸도 그 케이크 조각을 '태울' 수 있다. 케이크의 지방, 탄수화물, 단백질이 분해되거나 대사되는 일련의 체내 화학 과정에서 300킬로칼로리에 준하는 에너지가 방출된다는 뜻이다. 반응의 생산물들은 결국 호흡이나 대소변을 통해 몸 밖으로 배출되고, 그때 생산된 에너지는 체온 유지에 쓰이거나 인체 기관과 근육을 제대로 움직이는 데 필요한 힘을 내는 데에 쓰인다.

우리가 음식에서 얻을 수 있는 잠재적 열량을 모두 '써버리지' 않으면 몸이 음식의 구성성분들을 완전히 '태울' 필요가 없는 셈이라, 그 나머지가 몸에 저장된다. 따라서 몸무게가 는다. 반면에 우리가 활발하게 활동을 하면 저장되어 있던 에너지 공급원들이 불려 나와서 적절한 반응을 거쳐 에너지를 내고, 그러면 몸무게가 준다. 그러니까 체중을 줄이려면 섭취하는 음식에서 공급 받는 열량보다 더 많은 열량을 써 버려야 한다.

엔비가 세 캔은(한 캔은 330밀리리터이다) 15킬로칼로리밖에 내지 않는다. 게다가 코카콜라에 따르면 엔비가는 인체 대사를 촉진하여 하루에 60에서 100킬로칼로리를 더 소비하도록 한다. 열 형태로 방출되는 그 열량은 몸에 저장된 영양소들이 몸에서 빠져나가는 성분들로 변환되는 과정에서 내놓는 것이다. 그 뜻을 생각해 보면, 엔비가를 하루에 세 캔씩 마시면 체중이 준다는 말이다. 코카콜라 사는 드러내놓고 그렇게 주장하기를 삼가고 있지만, 체중 감량에 대한 기대 때문에 제품이 날개 돋친 듯 팔리기는 당연히 바란다.

이제 과대선전 뒤에 숨은 과학을 살펴볼 차례이다. 이 모든 이야기는 1999년에 주네브 대학교의 연구자들이 **녹차**p.126에 든 카테인 성분이 카테콜 O-메틸기전이효소의 작용을 억제한다는 사실을 발견하면서 시작되었다. 그 효소는 신경전달물질인 노르에피네프린을 분해한다. 노르에피네프린은 지방 산화와 열 생산을 촉진하는 물질이다. 그러므로 사람들은 이렇게 추론했다. 만약에 노르에피네프린 분해가 억제된다면 열 생산이 늘어날 테고, 그러면 체중이 감량될 가능성이 있다. 이 추론은 녹차를 애호하는 아시아 사람들에게는 과체중 비중이 낮다는 관찰과도 잘 들어맞는 듯 보였다. 그렇다면 아시아 사람들이 녹차 카테킨 성분을 섭취하는 양과 비슷한 만큼을 자원자들에게 제공하고서 그들의 에너지 소비를 측정해 보면 되지 않을까?

표준적인 기법은 완벽하게 밀폐된 호흡상자에 피험자들을 넣고, 방 안팎으로 드나드는 이산화탄소와 산소 양을 기록하는 것이다. 인체가 영양소를 '연소' 할 때에는 산소가 필요하고, 그 과정에서 이산화탄소와 에너지(열량)가 생산된다. 산소 흡수량과 이산화탄소 배출량을 보면 얼마만큼의 에너지가 생산되었는지 계산할 수 있으므로, 24시간 동안 지출된 총 에너지가 얼마인지 알 수 있다. 남성 10명에게 녹차 카테킨 375밀리그램이 든 캡슐을 매일 먹인 뒤에 그렇게 측정해 보았더니, 에너지 지출이 80킬로칼로리쯤 늘어난 것이 확인되었다. 몹시 인상적인 수준은 아니지만, 과학적으로 의미가 있는 결과이기는 하고, 후속 연구를 부추기기에도 충분했다.

코카콜라 사가 엔비가 홍보에 쓴 연구 결과는 이 외에도 몇 가지가 더 있다. 한 연구에서는 남성 15명과 여성 16명에게 시제품 음료를 하루에 세 번 마시게 함으로써 카테킨 540밀리그램과 카페인 300밀리그램을 매일 섭취시켰다. **카페인**p.112 역시 대사를 촉진한다고 알려진 물질이다. 그랬더니 에너지 지출이 하루에 100킬로칼로리쯤 늘어났는데, 그러면서도 심박수나 혈압에는 아무 변화가 없었다는 점이 또한 안심되는 면이었다. 시험 기간이 사흘밖에 되지 않았기 때문에 체중 감소는 확인되지 않았다. 물론 상당히 소규모 연구이긴 하지만, 코카콜라가 엔비가를 이토록 대대적으로 홍보하고 나섰으면서 어째서 이 결과를 과학 문헌으로 발표하지 않았는지가 퍽 궁금하다.

2005년에 일본 연구자들은 녹차 추출물에 약간의 체중 감량 효과가 있다는 사실을 이중맹검 실험을 통해 보여 주었다. 카오 주식회사의 종업원 38명 중 절반은 매일 저녁식사마다 카테킨이 690밀리그램 함유된 녹차 음료를 곁들여 마셨고, 나머지 절반은 카테킨이 22밀리그램 든 차를 마셨다. 실험 참가자들은 모두 자기 체중 유지에 필요한 열량에서 10퍼센트쯤 적은 저열량 식단을 따랐다.

석 달 뒤, 카테킨 섭취자들은 보통 차를 마신 사람들보다 몸무게가 1.1킬로그램 더 빠졌다. 흥미로운 결과이다. 혹시 카오 사가 어떤 제품을 만드는 회사인지 짐작이 가는가? 카테킨이 강화된 녹차를 만든 회사이다. 회사는 심지어 "이 녹차는 카테킨 함량이 높으므로 체지방이 염려되는 사람들에게 알맞습니다"라는 문구를 제품에 붙여도 좋다는 허가를 일본 정부로부터 얻어 냈다. 하지만 우리가 정말로 체지방이 염려된다면 무엇보다도 적게 먹고 많이 운동해야 한다.

몸을 움직인 뒤에 엔비가로 갈증을 해소하면 효과를 더 많이 볼 수 있을까? 한 캔당 카테킨 함량이 90밀리그램에 불과한 음료가 현저한 체중 감량 효과를 낼 수 있을까? 나는 가능성이 희박하다고 본다.

‘디톡스’ 식단이라는 신화

DETOX MENU
SYNDROME

밀가루도, 고기도, 유제품도, 알코올도, 카페인도, 설탕도, 소금도, 가공식품도 안 된다. 과일과 채소, 밀이 들지 않은 파스타, 현미, **견과류**p.147, 씨앗, 콩류, 두부, 레몬주스를 많이 먹고, 물을 잔뜩 마신다. 이런 식단을 뭐라고 부를까? 유행을 좇는 사람들은 이것을 ‘디톡스(독소 제거)’ 식단이라고 부른다. 진지한 영양학자들은 ‘기괴한’ 식단이라고 부른다.

디톡스 옹호자들은 현대의 생활방식에 따라 살아갈 때 우리 몸에 독소들이 넘치게 된다고 주장한다. 하지만 독소에 대한 그들의 정의는 다소 모호한 감이 있다. 그들이 주로 염두에 두는 것은 아마 농약 잔류물, 식품 첨가물(이런 성분들을 다스리는 엄격한 규제가 있는데도 말이다), 그리고 PCB나 **다이옥신**p.336이나 가소제나 수은 같은 환경 오염물질들이다. 그리고 설탕, 소금, 고기, 유제품도 독성 물질 목록에 추가되는 듯하다. 디톡스 옹호자들에 따르면, 이런 독소들이 체내 조직에 쌓여서 체중 증가, 두통, 더부룩함, 피로, 면역력 저하, 피부 노화를 야기한다. 그 독소를 주기적으로 씻어 내지 않으면 우리는 불행한 운명을 맞을 수밖에 없다는 것이다. 그리고 그 씻어 내는 방법이 바로 디톡스 식단을 따르는 것이다.

하지만 증거가 어디에 있는가? 디톡스 식단을 따른 뒤에 대소변이나 땀을 검사해 보면 ‘독소’들이 검출된다는 연구가 있는가? 나는 그런 데이터를 하나도 찾지 못했다. 사실 우리 몸은 항시 독소 제거 기능을 수행하고 있다. 간과 콩팥은 합성물이든 천연 물질이든 바람직하지 않은 침입자를 제거하는 데에 통달한 기관들이다. 혹 디톡스 식단이 그런 기관들의 효율을 높여 줄까? 누가 뭐라 해도 그런 섭생법을 따른 뒤에 몸이 한결 가뿐해졌다고 증언하는 사람들이 있지 않은가 말이다.

BBC는 이것이 뜨거운 소재가 될 것임을 냄새 맡고, 디톡스 식단을 시험해 보기로 했다. 〈음식에 관한 진실〉 프로그램 제작자들은 어느 록페스티벌에서 파티를 즐기던 19세에서 33세 사이 여성 10명을 모집해 디톡스 실험에 참가시켰다.

그들은 여성 다섯 명에게는 전형적인 디톡스 식단을 따르게 했고, 나머지 다섯 명에게는 규칙적이고 건강한 보통 식단을 따르게 했다. 그런 뒤에 모든 대상자들이 과학 연구를 위해서 체액을 조금씩 희생했다. 제작자들은 여성들의 소변 속 크레아틴 농도를 측정하여 콩팥 기능을 점검했고, 혈액 속 간 효소들의 기능을 시험하여 간 상태를 알아보았다.

항산화 능력의 척도가 될 수 있는 비타민 C와 E의 혈액 농도도 검사했고, 디톡스 지지자들이 중요한 독소로 꼬집어 말하곤 하는 알루미늄 농도도 측정했다. 그러나 두 집단 사이에 이렇다 할 차이는 발견되지 않았다. 확연한 독소 제거 효과는 없었다. 그러면 디톡스 세척을 통해서 활력이 충전된 것 같다고 말하는 사람들은 어찌 된 노릇일까?

카페인[p.112]과 알코올이 두통을 일으킬 수 있기 때문에 그런 물질을 없앤 것이 도움이 되었을지도 모른다. 음식 섭취를 줄이면 더부룩함이 완화되고, 거의 기아 상태에 가깝게 굶주리면 역설적이게도 활력이 고조되어서 황홀경에 가까운 느낌을 받을 수도 있다. 이것은 아마 진화의 흔적일 것이다. 그 옛날에 굶주린 사람들은 먹을 것을 수색하기 위해서 마지막 힘을 짜내야 했을 테니까 말이다.

디톡스 식단이 가뿐한 기분을 주는 게 사실이라고 해도, 그 지지자들의 생각에는 흠이 있다. 그들은 우리가 정기적으로 몸속을 세척한다면, 그릇된 식단으로 인한 피해를 몸이 용서해 줄 거라고 믿는다. 건전한 영양학은 그런 것이 아니다. 우리는 문제가 생겼을 때 극적인 조치를 취할 게 아니라 항상 건강한 식습관을 취하도록 노력해야 한다. 하지만 이런 말은 단기적인 식단 변화를 통해 기적적으로 건강을 회복할 수 있다는 주장만큼 잘 팔리기가 힘들다. 베스트셀러 《되찾은 생명》을 쓴 마취학자 앤소니 사틸라로는 극적인 이야기가 얼마나 잘 팔리는지를 보여 준 사례이다.

사틸라로 박사는 1970년대 말에 온몸에 암이 번졌다는 진단을 받았다. 운이 따르려고 그랬는지, 박사가 어느 히치하이커를 차에 태웠는데, 그 청년은 자연주의 요리학교를 막 졸업한 터였다. 젊은이는 암에 걸렸다고 해서 꼭 죽어야 하는 것은 아니며, 암 치료는 어렵지 않다고 말했다. 그리하여 사틸라로 박사는 장수식품 연구의 세계로 뛰어들었다. 절박한 사람은 절박한 일을 하게 마련이다. 그래서 고기, 유제품, 과일, 기름, 달걀이 추방되었고, 현미, 삶은 채소, 해초, 된장국, 자두 절임이 들어왔다.

센 진통제로나 겨우 다스려지던 통증이 거의 당장 사라졌고, 거의 3년 만에 암도 확실하게 사라졌다. 《되찾은 생명》은 베스트셀러가 되었고, 덕분에 수많은 암 환자들이 희망에 차서 장수식품학에 발을 들여놓았다. 굳이 말할 필요도 없는 일이지만, 사틸라로의 발자국을 좇았으되 제 운명을 되돌리지 못한 많은 환자들은 자신의 체험을 간증하는 책을 쓸 기회조차 갖지 못했다. 게다가 사틸라로의 암도 재발했고, 이번에는 어떤 식단도 그를 구해주지 못했다. 처음 그의 증세가 호전되었던 것이 정말 '디톡스' 장수 식단 때문이었을까? 누가 알겠는가. 사틸라로는 고환과 전립샘과 갈비뼈 하나를 제거하는 수술을 받았고, 에스트로겐 요법도 받았다.

사틸라로 박사는 독소 제거를 통해 건강 회복 비법을 깨달았다고 주장한 최초의 인물도, 최후의 인물도 아니다. 1950년대에 아돌푸스 호헨제는 매일 밤 항문에 마늘쪽을 꽂아서 체내 독소를 제거하라고 권했다. 아침에 숨에서 마늘 냄새가 나면 독소 화학물질들이 몸 밖으로 나가는 증거라고 했다. 1970년대에는 '노화 방지 연구 및 뇌 생화학 분야의 선구적인 독립 연구자들'이라는 덕 피어슨과 샌디 쇼가 베스트셀러 《생명 연장》을 써서 사람들로 하여금 보충제를 매일 30알씩 먹으라고 했다. 데이비드 스타인먼은 1980년대에 《중독된 행성을 위한 식단》을 들고 나와서 식품 속 농약과 산업적 화학물질의 유해 효과에 대응하려면 니아신을 고용량으로 복용해야 한다고 추천했다.

1980년대에는 하비 다이아몬드와 메릴린 다이아몬드의 《건강한 삶》이 나왔다. 그 책은 전분과 단백질을 함께 먹지 않는 것이 독소 제거로 가는 중요한 단계라고 주장했다. 21세기에 들어서는 자연요법사 피터 디아다모가 《혈액형에 따른 식사법》이라는 책을 써서 참신한 개념을 소개했다. 혈액형이 A형이고 유방암 병력이 있는 여성은 달팽이를 먹으면 효과를 볼 수 있다고 추천하는 식이었다.

《뛰어난 미국식 디톡스 식단》이라는 책에서 알렉스 제이미슨은(한 달 동안 맥도날드 햄버거만 먹어서 제 몸을 슈퍼 사이즈로 만들었던 영화감독 모건 스퍼록의 여자친구로서, 스퍼록의 몸을 예전으로 돌려 놓는 일을 도왔다고 한다) 학창 시절 미술 시간에 밀가루와 물로 종이반죽을 만들었던 것을 떠올려 보라고 한다. 흰빵을 먹으면 몸속에서 그런 덩어리가 생긴다는 게 그녀의 주장이다. 그러니 흰빵은 먹지 말아야 하고, 인체 정화 효과가 있는 해초류를 많이 먹어야 한단다. 퍽도 맛있겠다. 나는 그저 다음번에 등장할 디톡스 요법이 몸과 마음 모두에 맛 좋은 것이기만을 바랄 뿐이다.

과학자와 사기꾼, 누구를 믿어야 할까?

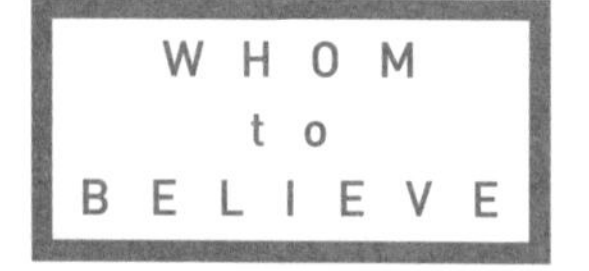

"최악의 무지는 그렇지 않은 것을 그렇다고 확신하는 일이다." 마크 트웨인이 1800년대에 어떤 생각으로 이 말을 했는지는 내가 잘 모르겠지만, 어쨌든 그의 현명한 경구는 오늘날 널리 퍼지고 있는 몇몇 영양학 '정보'들에도 멋지게 적용되는 것 같다. 어떻게 하면 세상에 나도는 숱한 비상식들 중에서 상식을 분별해 낼 수 있을까? 대부분의 과학적 논제들은 흑백으로 구분되는 게 아니라 다채로운 음영의 회색들로 설명되므로, 이 질문에 대해서 간단한 대답은 있을 수 없다. 누구도 진실을 전유하고 있을 수는 없다.

그래도 어쨌든 우리가 최선의 선택을 하려면, 믿을 만한 학술지에 발표되며, 동료 집단의 심사를 거친 과학 문헌들에서 도출된 합의를 바탕으로 삼아 의견을 구축해야 한다. 안타깝게도 과학자들은 대중에게 정보를 전달할 때 나지막하게, 대체로 지루하게 데이터를 읊조리는 경향이 있는 반면, 활동가들은 연단에서 열변을 토하듯 포효한다. 그러나 독단과 감정 분출을 과학으로 혼동해서는 안 된다. 구체적인 사례를 들어서 이야기하면 이해가 쉬울 것 같다.

앞서 보았듯이 **아스파탐**p.206이나 **수크랄로스**p.216 같은 인공 감미료는 논란의 대상이다. 반대자들은 그런 물질들을 피해야 옳다고 우리를 설득한다. 옹호자들은 그 물질들을 지침대로만 잘 사용하면 당뇨 환자들에게 도움이 되고, 칼로리 섭취를 줄이려는 사람들에게도 도움이 된다고 주장한다.

이 싸움에 출전한 선수들은 누구일까? 한편에는 미국 식품의약국, 캐나다 보건국, 그밖에 전 세계 80여 개 나라의 규제당국들이 있다. 화학, 생물학, 독성학, 생리학, 역학 분야에서 이학박사나 의학박사 학위를 받은 엄선된 전문가들이 그 참모진을 이루고 있다. 반대편에는 야릇하고 잡다한 인물들이 모여 있다. 감미료 반대 십자군을 이끄는 사람을 몇 명만 소개하면, 재닛 스타 헐 박사, 베티 마티니 박사, 제임스 보웬 박사, 조지프 머콜라 박사가 있다. 이들을 만나 보자.

헐 박사는 클레이튼 자연건강 대학교에서 영양학 박사학위를 받았다. 그곳은 비인가 통신학교이고, 독소 제거와 치유, 홍채진단, 동종요법, 인간 에너지장 등의 교육 과정을 제공한다. 참 편리하게도 대학교가 직접 치유 제품들을 온라인으로 판매한다. 학생뿐 아니라 누구라도 다양한 동종요법 제품이나 약초 보충제를 구입할 수 있고, 심지어 반려동물을 위한 보충제도 잔뜩 구비되어 있다.

학교가 기초 화학 과정도 제공하지만(헐 박사도 환경과학을 공부할 때 화학 수업을 좀 들었을 것이다), 헐 박사가 "스플렌다는 4분의 1이 설탕이고 4분의 3이 화학물질"이라고 주장하거나 "자연에서 발견되는 염소는 인위적으로 만들어진 오염된 염소와는 다르다"고 주장하는 것을 보면 그 과목을 잘 배운 것 같지는 않다. 헐은 또 수크랄로스 제조업체들이 휘발성 염소를 '잡아 두기' 위해서 아세톤, 벤젠, 폼알데하이드, 메탄올 등 휘발유와 원유에 '사용되는' 물질들에 의존한다고도 말한다. 이 무슨 뒤죽박죽 말도 안 되는 말인가!

헐은 수크랄로스에 '치명적 화학물질'인 염소가 들어 있기 때문에 수크랄로스에도 독성이 있다고 말하고 싶은 것 같다. 물론 수크랄로스에는 염소가 들어 있다. 분자 하나당 염소 원자가 세 개씩 들어 있다. 하지만 그들은 당 분자의 뼈대에 단단히 결합되어 있고, 염소 기체와는 아무 상관이 없다. 수크랄로스가 '일으키는' 악영향을 이해하려면

'염소 중독 증상을 살펴봐야 한다'는 헐의 주장은 한마디로 틀린 말이다. 수크랄로스에서 염소 기체가 전혀 나오지 않기 때문이다. 수크랄로스 복용량의 85퍼센트가량은 인체에 아예 흡수되지 않는다. 나머지는 더 단순한 화합물들로 분해가 되지만, 그래도 탈염소화는 일어나지 않기 때문에 염소가 몸에 흡수되는 일은 없다.

베티 마티니 박사, 아스파탐과 수크랄로스 같은 고약한 물질을 세상에서 쓸어버리는 일을 제 사명으로 삼은 그 역시 염소 문제를 지적한다. 그녀가 수크랄로스 제조회사에 보낸 편지 내용을 보면, 그녀는 제조업체보다 화학 지식이 더 풍부한 것만 같다. "염소가 얼마나 위험한지 잘 모른다면, 제조업자 일을 그만두거나, 그도 아니라면 당당하게 귀하의 제품을 DDT라이트 제품이라고 밝히기 바랍니다. 혹 소비자 대중이 수크랄로스가 염화탄소 독소라는 사실을 이해하지 못할 정도로 아둔하다고 생각하는 것입니까?" 마티니는 수크랄로스의 악영향을 정리한 자신의 자료를 점자로 찍어서 제조사의 중역과 연구자들에게 보내겠다고까지 제안한다.

그들이 DDT 같은 염화 물질의 부작용을 앞에 두고도 보지 못하니, 눈이 먼 것이 틀림없다고 말하면서 말이다. 물론 DDT는 염화 화합물이다. 하지만 그 사실은 수크랄로스와는 당최 아무 관련이 없다. 독성은 분자의 정확한 삼차원 구조에 따라 결정되는 것이지, 어떤 원자들로 구성되었느냐에 따라 결정되는 것이 아니다.

마티니 박사는 자기 견해를 보강하기 위해서 남들의 작업을 끌어들이곤 하는데, 특히 제임스 보웬 박사의 연구를 거듭 인용한다. 마티니는 보웬을 가리켜 저명한 "의사이자 연구자이자 생화학자"라고 부른다. 그 연구자가 과학 문헌을 발표했다는 기록은 전혀 없으나, 어쨌든 그는 "아스파탐 중독 때문에 본인이 루게릭병에 걸렸다는 사실을 발견한 뒤부터 20년 이상 감미료 연구에 몸 바쳐 왔다"고 한다. 보웬에 따르면 염소는 "자연의 투견 같은 존재로서, 살생제, 제1차 세계대전의 독가스, 염산을 만드는 반응제로 활용되는 흉포한 원소"이다. 이런 사실은 수크랄로스와는 하등의 관련이 없다.

보웬 박사의 화학적 무지를 보여 주는 발언이 더 있다. 아스파탐이나 수크랄로스 같은 물질은 미국 대중의 "정신을 통제"하고자 살포되는 것이란다. 막후의 조종자는 누구일까? 보웬에 따르면 시온주의자들이다. "우리를 아스파탐에 굴복시키는 일이 그들에게는 시온주의와 이스라엘을 위해 수행해야 할 애국적인 임무이다! 프리메이슨들과 사탄 숭배자들 역시 우리와 우리 내각을 붕괴시키기 위해서 갖은 노력을 다 한다."

보웬은 열변을 토한다. "도널드 럼스펠드가(한때 감미료 판매회사의 회장이었다) 아스파탐을 시장에 내놓은 데에는 시온주의자, 모사드, 브네이 브리스, 프리메이슨, 기타 사탄적 조직들의 비호가 있었다." 보웬은 또 타이타닉 호가 침몰한 것은 영향력 있는 기독교인들을 죽이려는 음모였고, 쌍둥이 빌딩이 무너진 것은 부시 대통령을 비롯한 사탄숭배자들이 교묘한 각본에 따라 폭발을 일으켰기 때문이라고 주장한다.

인기 웹사이트를 운영하며 다양한 보충제를 판매하는 정골요법사 조지프 머콜라 박사도 독성학 권위자로 보웬을 언급한다. 공정하게 판단하건대, 나는 머콜라가 보웬의 독살스러운 반유대주의를 모르고 있다고 생각한다. 조금만 뒷조사를 해본다면 그 정신 나간 사람을 참고자료로 언급하는 일을 머콜라도 당장 그만둘 것이라고 믿고 싶다. 머콜라는 일회적인 증언들, 수크랄로스에 PCB처럼 염소가 들어 있다는 진부한 사실, 감미료 안전성 연구들이 부적절하게 수행되었다는 주장 등을 바탕으로 해서 나름대로 반수크랄로스 논변을 제기한다.

머콜라의 요지는 모든 염화 화합물이 나쁘다는 것이다. (멋진 항생제 반코마이신에 염소가 들어 있다는 사실을 그가 알까 모르겠다.) 과학 연구를 분석하는 데 있어서 정골요법 지식은 그다지 적합한 배경은 아닌 것 같다. 영양학적 개념을 따지는 데 있어서도 마찬가지다. 최근에 머콜라는 FDA로부터 경고장을 두 통 받았다. 그의 보충제가 질병을 치료하거나 완화한다는 주장은 불법이니까 선전을 그만두라는 내용이었다. 이에 머콜라는 법에 걸리지 않는 방식으로 표현을 바꾸었다.

나라고 해서 인공 감미료의 팬은 아니다. 전반적으로 건전한 생활방식을 권장하는 데에 초점을 맞추어야 하는데, 인공 감미료는 그 초점을 흐리기 때문이다. 인공 감미료는 비만 문제에 대한 답이 못 된다. 세상 모든 물질이 그렇듯이 그것들도 드물게나마 부작용을 일으킬 수 있다. 그러나 전체적인 위험 대 편익을 저울질할 때에 여러분은 무엇을 신뢰하는 편이 낫겠는가. 동료 집단의 검토를 거친 과학 논문들인가, 아니면 헐, 마티니, 보웬, 머콜라 박사 같은 잡다한 인물들이 지껄이는 말인가?

나가는 말

음식에 정답이 있을까?

휴우! 소화시키기 버거운 이야기를 잔뜩 늘어놓았다. 그렇지 않은가? 이렇게 음식에 관한 이야기를 되새김질한 결과로 우리가 얻는 것은 무엇일까? 요즘은 과학 연구가 홍수처럼 쏟아지는 시대라, 어떤 견해를 취하든 그것을 뒷받침하는 증거를 찾을 수 있을 것 같다. 하지만 우리는 하나의 연구를 지나치게 강조하지 않도록 주의해야 한다. 과학에서는 연구 하나가 위대한 진전을 이루는 경우는 드물기 때문이다. 낭만을 걷어 내고 진실을 말하자면, 과학은 언젠가 전문가들이 의견 일치를 보는 날이 오기를 기대하면서 지금 가능한 작은 발걸음들을 모아 조금씩 나아가는 작업이다.

영양학의 경우에도 사정은 크게 다르지 않다. 그리고 그런 과정을 통해서 꽤 명확한 합의가 내려져 있다. 과일, 베리류, 채소를 많이 먹어라. 하루에 여덟에서 열 줌 정도 먹도록 노력하면 좋고, 잘 씻어서 먹되 유기농으로 기른 것인지 일반적인 방식으로 기른 것인지는 크게 괘념치 않아도 좋다.

다양성을 추구하자. 색깔을 다채롭게 먹을수록 좋다. 일주일에 두어 번 생선을 먹고, 가임기의 여성이나 어린아이는 수은 함량이 높을 수 있는 황새치나 참치 등의 섭취는 제한할 필요가 있다는 것만 명심하자. 붉은 육류는 가끔만 즐겨야 하고, 차라리 가금류가 낫다.

육류든 가금류든 접시에서 작은 부분만 차지하도록 하고, 나머지는 현미나 통곡물 파스타, 채소로 채우자. 하루를 시작할 때는 귀리, 아마씨, 베리류를 먹도록 해보자. 달걀을 두려워할 필요는 없다. 일주일에 다섯 개쯤 먹는다고 해도 혈중 콜레스테롤에 별 영향이 없을 것이다.

가공식품 섭취를 최소화하자. 특히 소금과 경화지방이 많이 들어간 것을 피하자. 저지방 유제품은 훌륭한 칼슘 공급원이므로 식단에 포함되어야 한다. **청량음료**p.319는 영양학적으로 고려할 만한 가치가 거의 없다. 녹차는 훌륭한 음료이다. 커피는 몇 가지 문제가 있긴 해도 적당량을 마시면 괜찮다.

견과류p.147는 탁월한 간식이다. **카놀라유**p.59나 **올리브유**p.63를 쓰되 어쨌든 튀김이나 바비큐는 자주 먹지 말자. 다크 초콜릿이 초콜릿 케이크보다 더 나은 디저트이다. 알코올 음료도 하루에 한 잔은 괜찮다. 총 열량 섭취를 자신의 에너지 지출과 맞춰야 한다는 것은 두말 할 필요도 없는 상식이다. 그리고 세상에는 '기적의' 음식이나 음료는 없다는 것을 기억하자.

그리 복잡할 것은 없다. 그렇지 않은가? 하지만 여기에 다른 요인들이 끼어드는 게 문제이다. 대부분 사람들의 맛봉오리는 채식 버거보다 햄버거를, 렌즈콩보다 감자튀김을, 저지방 코티지 치즈보다 브리 치즈를, 사과보다 사과 패스트리를 선호한다. 때때로 맛봉오리의 충동을 채워 주고픈 욕구가 들 때는, 뭐, 그렇게 하자. 앞서도 말했지만 인생에는 입으로 들어가는 음식 한 조각 한 조각까지 걱정하는 것보다 중요한 일이 많다. 그리고 어차피 전체적인 식단이 중요하다. 매일 사과를 먹으면서도 영양학적으로 악몽 같은 식단을 취할 수 있고, 이때금 도넛을 먹으면서도 건전한 식단을 유지할 수 있다.

정확하게 어떤 구성을 취해야 좋은 식단인가 하는 점은 끝없이 조금씩 조정되기 마련이다. 위에서 나열한 지침들은 확고한 과학에 기반을 둔 것이기 때문에 향후에 어떤 연구가 등장하더라도 크게 변할 리 없겠지만, 세세한 항목들은 분명히 바뀌어 나갈 것이다. 예를 들어 계피가 **2형 당뇨**[p.124] 환자의 혈당 조절에는 도움이 될지 몰라도 **1형 당뇨**[p.125]에는 소용이 없다는 사실을 우리는 최근에야 알게 되었다.

한편 사과는 우리가 생각했던 것보다 훨씬 좋은 식품일지도 모른다. 최근의 연구에 따르면 임신 중에 매일 사과를 먹은 여성들의 아이는 커서 천식에 걸릴 위험이 낮았다. **엽산**[p.143] 함량이 높은 유전자 조작 토마토를 개발할 수 있으리라는 소식도 얼마 전에 들려왔는데, 그게 사실이라면 그런 식품의 섭취는 권장해야 마땅할 것이다.

거의 하루도 빼놓지 않고 쉴 새 없이 등장하는 새로운 연구들의 내용을 꼼꼼하게 분석해 보면, 대부분은 우리가 한껏 간추려 본 영양학적 기본 원칙들을 이리저리 다른 말로 표현한 것에 지나지 않는다는 사실을 깨닫게 된다. 그러니까 채소, 과일, 통곡물, 저지방 유제품을 기본으로 해서 식사를 하되, 과식하지 말라는 말이다.

그렇기 때문에 나는 내일 아침식사로 오트밀을 먹을 것이다. 그 위에 아마씨 간 것을 뿌리고, 베리를 얹고, **오렌지 주스**[p.146]로 입가심을 할 것이다.

점심에는 통곡물 빵 사이에 토마토, 양상추, 치즈를 끼운 샌드위치를 먹고, 후머스 조금, 바나나 하나, 배 하나를 곁들일 것이다(내가 생선에 알레르기만 없다면 참치나 연어 통조림도 먹을 수 있을 텐데 말이다). 간식? 소금기 없는 견과류, 당근, 유산균 요구르트를 먹을 것이다. 음료? 물, 커피, 아니면 차를 마실 것이다.

저녁으로는 콩과 보리로 만든 수프, **시금치**[p.142] 샐러드, 파프리카로

양념한 닭고기에다 내가 요즘 새로 개발한 요리인 브로콜리, 토마토, 현미 캐서롤을 먹을까 한다. 디저트? 딸기와 포도가 좋겠다. 어쩌면 다크 초콜릿에 찍어 먹을지도 모른다.

그러고서 잠자리에 들어서는 스모크햄 샌드위치, 감자튀김, 피클을 먹는 꿈을 꿀 것이다. (가끔은 꿈을 현실로 만들기도 한다.) 참, 한 가지를 잊을 뻔했다. 내가 매일 먹는 것, 사과를 빼놓을 수는 없지!

귀 얇은 사람들을 위한 똑똑한 음식 책

회사를 그만두고 전업으로 번역을 하면서부터 나는 하루 세 끼 먹는 일이 얼마나 어려운 것인지 톡톡히 느끼게 되었다. 주로 외식하는 생활을 할 때에도 무엇을 먹을까 하는 고민은 있었지만, 외식 횟수가 줄자 고민이 이만저만 늘어나는 게 아니었다. 어떤 식단을 짜야 하나, 비싸도 유기농 제품을 사야 하나, 어떤 조리법을 써야 하나…… 딱히 대단한 것을 해먹겠다는 생각이 전혀 없는데도 그랬다.

고민이 되다 보니 이때부터 각종 매체들의 먹을거리 정보에도 눈길이 가기 시작했다. 그리고 놀랐다. 언뜻 보기에는 정보가 범람하는데, 막상 체계적으로 따를 만한 정보는 흔치 않았다. 나는 알량한 경력이나마 과학 공부를 했으니 과학 기사 읽기에는 나름 단련이 되어 있다고 자부했건만, 앞뒤 다 잘라먹고 결론만 내놓은 기사를 보면 어떻게도 해석을 할 수가 없었다.

더군다나 선택적 편향에서 벗어나기가 힘들었다. 부끄러운 말이지만, 가령 다이어트에 좋다는 음식 정보를 보면 아무리 허술한 자료라도 믿고 싶다는 마음에서 덜컥 믿어 버렸고, 싫어하는 음식에 관해서는 일부러 잊고 좋아하는 음식에 관해서는 사소한 것이라도 기억하여 위안으로 삼았다. 겨우 다이어트에 대한 집착 때문에 이런 편향이 일어날진대, 하물며 질병 때문에 식이요법을 실시해야 하는 절박한 처지의 사람이라면 이 난무하는 정보들에 얼마나 마음이 휘청거릴 것인가.

그럴 즈음에 이 책을 만났다. 지은이가 화학 교수 조 슈워츠라고 해서 나는 읽기 전부터 두 가지 기대를 품었다. 첫째는 화학자답게 철저히 과학적인 견지에서 음식을 둘러싼 왈가왈부를 풀어헤쳐 주리라는 기대였고, 둘째는 《장난꾸러기 돼지들의 화학피크닉》처럼 간간이 유머가 뿌려져 있어 지루하지 않으리라는 기대였다. 나는 둘 다에서 전혀 실망하지 않았다!

뭐니 뭐니 해도 이 책의 가장 큰 장점은 구체적이고 객관적인 정보가 풍성하다는 점이다. 60가지가 넘는 주제들이 다뤄졌으니, 누구라도 평소 효능이 궁금했던 식재료에 관한 내용을 발견할 수 있을 것이고, 아니면 트랜스지방이나 성장촉진호르몬 등 이른바 오염에 관한 장에서라도 관심 가는 항목이 있을 것이다. 게다가, 근래 허다하게 출간된 먹을거리 관련 책들 중에서도 이 책은 특정한 주의를 기본으로 깔지 않은 객관성이 돋보인다.

저자는 어떤 식습관을 버리고 어떤 것을 채택하라는 주장을 전혀 전제하지 않았다. 몬산토 사의 연구는 죄다 거짓말이라고 생각하지도 않고, 몇몇 특이체질 사례가 보고되었다고 해서 어떤 식재료를 무조건 악당으로 몰지도 않는다. 가급적 많은 임상 시험 결과들을 종합하여 전반적인 득실을 따져 보는 게 저자의 전략이다. 그런 것이 '구체적이고 객관적인 정보'라면 꽤 지루하겠다고? 글쎄, 겁주기와 부풀리기로 가공된 자극적인 정보들에 비하면 한참 학술적인 글쓰기인 것은 맞지만, 저자가 워낙 대중강연에 능숙한 사람이니 지루할 일은 없을 것이다.

책을 모두 읽고 나서야 깨닫게 되는 장점이 하나 더 있다. 지엽적 정보들을 아우르는 안목을 갖게 된다는 사실이다. 저자는 어떤 물질이 몸에 좋은가 혹은 해로운가를 판단하는 방법은 단 하나, 과학적 실험을 통하는 것밖에 없다고 말한다. 따라서 어떤 정보가 주어졌을 때는 그 근거가 되는 실험이 제대로 수행되었는지, 재현되는 결과인지, 과학계에 널리 합의가 이루어진 사항인지 짚어 보는 게 필수라고 한다. 과학에서는 고작 한두 번의 실험으로 뭔가가 입증되는 경우가 절대 없으니, 한두 가지 결과에 혹하여 특정 음식을 비난하거나 찬양하지 말라는 것. 거꾸로, 충분히 연구가 이뤄진 내용이라면 아무리 개인의 선입견에 반하더라도 사실로 인정해야 옳다는 것이다. 예를 들자면 모든 식품첨가물을 독이라고 보는 것은 합리적이지 못하거니와 소탐대실하는 일이라는 것이다. 이런 시각은 앞으로 독자들이 다른 정보들을 해독할 때 훌륭한 판단의 기준이 될 만하다.

앞서 저자에게는 특정한 주의주장이 없다고 했지만, 생각해 보니 딱 하나 있다. '세상에는 기적의 식품 따위는 없다' 는 신념! 특정한 무엇을 먹느냐 마느냐가 아니라 전반적인 균형이 중요하다는 믿음이다. '생선을 먹으면 오메가 3 지방으로 머리가 좋아지나요?' 라거나 '생선은 중금속에 오염되기 쉽다니 절대 먹지 말아야 하나요?' 라고 물을 게 아니라 '전체 식단에 생선을 어느 정도 포함시키는 것이 좋을까요?' 라고 묻는 것이 올바른 질문이라는 것이다. 오늘은 이 정보에, 내일은 저 정보에 흔들흔들 기울며 그저 자신의 얇은 귀를 한탄하던 나와 같은 독자들이라면, 이 책에서 냉철하고 굳은 심지를 갖는 법을 배울 수 있을 것이다.

2009년 10월

김명남

식품

질병

용어

ㅅ

ㅇ

ㅈ

귀 얇은 사람을 위한
똑똑한 음식책

초판 1쇄 발행 | 2016년 8월 8일

지 은 이 조 슈워츠
옮 긴 이 김명남
책임편집 정일웅

펴 낸 곳 바다출판사
발 행 인 김인호
주 소 서울시 마포구 어울마당로5길 17 (서교동, 5층)
전 화 322-3885(편집), 322-3575(마케팅)
팩 스 322-3858
E-mail badabooks@daum.net
홈페이지 www.badabooks.co.kr
출판등록일 1996년 5월 8일
등록번호 제 10-1288호

ISBN 978-89-5561-854-9 03590